高等学校网络工程系列教材

无线与移动网技术

（第2版）

唐震洲　施晓秋　刘　军

高等教育出版社·北京

内容简介

　　本书是"高等学校网络工程系列教材"之一，主要内容包括绪论、无线网络的物理层、无线网络的数据链路层、无线个域网与蓝牙技术、无线局域网、数字蜂窝移动通信系统、宽带数字蜂窝移动通信系统、低功耗广域网、移动 Ad Hoc 网络、无线传感器网络、移动 IP技术等。本书以无线与移动网络的知识与技能为核心，内容系统，结构合理，实用性强。

　　本书既可作为高等学校网络工程、计算机科学与技术等专业相关课程教材，也可供网络工程从业人员参考。

图书在版编目（ＣＩＰ）数据

　　无线与移动网技术／唐震洲，施晓秋，刘军主编
. --2 版 . --北京：高等教育出版社，2020.9
　　ISBN 978-7-04-054852-5

　　Ⅰ.①无… Ⅱ.①唐… ②施… ③刘… Ⅲ.①无线网
-高等学校-教材 ②移动网-高等学校-教材 Ⅳ.
①TN92

　　中国版本图书馆 CIP 数据核字(2020)第 141413 号

Wuxian yu Yidongwang Jishu

策划编辑　张海波	责任编辑　张海波	封面设计　张　楠	版式设计　张　杰
插图绘制　于　博	责任校对　马鑫蕊	责任印制　田　甜	

出版发行　高等教育出版社	网　　址	http://www.hep.edu.cn
社　　址　北京市西城区德外大街 4 号		http://www.hep.com.cn
邮政编码　100120	网上订购	http://www.hepmall.com.cn
印　　刷　北京七色印务有限公司		http://www.hepmall.com
开　　本　787 mm×1092 mm　1/16		http://www.hepmall.cn
印　　张　21.5	版　　次	2013 年 4 月第 1 版
字　　数　400 千字		2020 年 9 月第 2 版
购书热线　010-58581118	印　　次	2020 年 9 月第 1 次印刷
咨询电话　400-810-0598	定　　价	43.00 元

本书配套的数字资源使用方法如下：

1. 计算机访问 http://abook.hep.com.cn/187973，或手机扫描二维码、下载并安装 Abook 应用。

2. 注册并登录，进入"我的课程"。

3. 输入教材封底防伪标签上的数字课程账号（20 位密码，刮开涂层可见），或通过 Abook 应用扫描封底数字课程账号二维码，完成课程绑定。

扫描二维码
下载 Abook 应用

4. 单击"进入课程"按钮，开始本数字课程的学习。

课程绑定后一年为数字课程使用有效期。受硬件限制，部分内容无法在手机端显示，请按提示通过计算机访问学习。

如有使用问题，请发邮件至 abook@hep.com.cn。

前　言

本教材第一版至今已七年，作为一本定位于工程应用型人才培养的网络与通信类本科专业教材，被数十所高校所采用，获得了高度的认可。此次改版，主要为读者带来三方面的变化与改进。

首先，技术新发展带来教材、教学内容体系更新。伴随无线与移动网络用户规模、应用范围的快速增长，无线与移动网技术也得到了长足的发展，当前无线与移动网络产业同样正在经历新一轮以"智能化"为牵引的科技和产业革命。无线与移动网络的"新业态"已初露端倪。例如，本教材第一版编写之际，国内还在发展第三代移动通信系统，而现在已经开始向第五代高度融合的智能化移动通信系统进军了，物联网的无线组网和部署也发生了深刻的改变。这种"新业态"对本教材所涵盖的知识、能力都提出了新的要求。这就要求我们的教材也能够与时俱进，从培养学生工程能力出发，对现有教材的结构体系和内容进行适当的调整与优化，删减部分陈旧的技术，强化宽带移动通信系统相关内容，新增低功耗广域物联网技术等。

其次，教学新模式带来了教材形态的更新升级。教育信息化和网络化的大背景下，传统的纸质教材已不能适应当前新型教学模式和学习方式的需要。纸质教材与线上资源相结合的新形态、新模式正在成为教材建设的新主流。本教材配套的在线课程"无线与移动网技术"已在中国大学 MOOC 上线，并入选浙江省精品在线开放课程，拥有丰富的开放共享资源，包括涵盖 100 多个知识点与能力点，总时长达 1 000 余小时的教学视频和配套的多媒体课件，并提供题库资源和线上讨论互动板块。而且在线资源仍在持续维护和更新中，可以很好地支撑 MOOC 方式下学生个性化的自主学习和混合式教学。

第三，融入教材新内容、新形态的教学理念更新。本教材依托温州大学网络工程专业开发，该专业为国家一流专业建设点。作为国内第三个、地方院校首个通过工程教育认证的网络工程专业点，"学生中心、产出导向、持续改进"的 OBE 理念已深入专业的每一门课程。除上述在线资源外，还可以为读者提供遵循 OBE 理念和工程教育认证要求的课程教学大纲以及课程教学质量线上评价服务等。

本版教材共 11 章，内容大体上可分为无线通信理论部分（第 1~3 章）和主流无线与移动网络部分（第 4~11 章）。其中，第 11 章由刘军编写，其他各章由唐震洲编写，全书由施晓秋修改定稿。思科系统（Cisco System）的宁琛、傅儒松工程师和华为杨家园工程师为教材开发提供了建议与部分参考资料，在此谨表由衷的谢意。

教材的此次改版得到了教育部产学协同育人项目"新工科背景下产学协同的网络工程新技术教学建设与实践"和浙江省高校"十三五"第二批新形态教材建设项目的共同支持。

教学建设永远在路上，我们非常欢迎读者就教材使用与课程教学中的相关问题进行沟通与探讨。我们的联系方式是 mr. tangzz@ gmail. com。

编　著

2020 年 3 月

第 1 版前言

　　随着无线与移动网络的快速发展与日益普及，在高等学校相关专业中开设无线与移动网络课程显得非常必要。本教材编著者结合浙江省新世纪教学改革项目"面向应用型人才培养的计算机网络实践教学体系的改革与创新"、全国教育科学"十一五"规划课题"我国高校应用型人才培养模式研究"子课题"以网络工程师和网络架构师为目标的网络工程应用型人才培养模式的研究"，对面向应用型人才培养的网络工程实践教学体系进行了深入研究与教学改革实践。作为课题研究成果，本教材旨在提供一本讲授无线与移动网络原理和主流技术，且体现网络工程专业应用型人才培养目标与特色的系统性教材。

　　本教材从结构上可分为无线通信理论和典型的无线与移动网络两部分。无线通信理论部分（第1~3章）着重介绍无线通信基础、无线网络的基本知识与理论基础；典型的无线与移动网络部分（第4~12章）按无线个域网、无线局域网、无线城域网、无线广域网的顺序，依次介绍了各种典型的无线与移动网络以及移动 IP 技术，并从工程角度介绍了若干无线网络规划与部署的方法。

　　本教材主要具有如下特色。

　　（1）教学目标定位准确。本教材主要面向高等学校网络工程专业（或专业方向）的本科生，旨在为未来从事网络工程领域工作的学生打下无线与移动网技术方面的专业知识与技能基础。因此，在介绍各种无线网络时把重点放在网络架构上，而不是只强调具体的通信技术原理。而且在介绍技术原理时更多地强调定性的分析与理解，适当减少公式的罗列与定量计算。

　　（2）教学内容具有针对性与适用性。基于对课程教学目标的定位，以高等学校网络工程专业学生所需的无线与移动网络知识及技能为核心，系统而又有针对性地选择教学内容，合理编排内容。本教材在适用范围上，除了网络工程专业外，还可辐射计算机科学与技术、通信工程、电子信息工程等本科专业。此外，也可作为相关领域在职人员的参考书。

　　（3）对接主流技术与业界需求。本教材接轨业界需求，对接主流技术，同时也反映了无线与移动网络的最新发展。例如，本教材涉及了 TD-SCDMA 第三代移动通信技术；整合了作为物联网核心技术之一的无线传感器网络，并用独立的一章简要介绍了无线传感器网络的相关知识。此外，采用产学合作开发模式提高教材内容与业界需求的接轨性，教材编写团队包括校内专职教师与业界资深工程师。

本书第 5 章由张纯容撰稿，第 11、12 章由刘军撰稿，其他各章由唐震洲撰稿，全书由施晓秋修改定稿。本教材的编写得到了浙江省新世纪教学改革项目、浙江省重点教材建设项目、温州大学重点建设教材项目的立项资助；思科系统（Cisco Systems）的宁琛、傅儒松工程师为本教材的编写提供了建议与部分参考资料，在此谨表由衷的谢意。

针对应用型人才培养，本教材在教学内容的选择、编排及教学方法的设计等方面进行了一些改革与创新，我们非常希望广大读者对此提出建设性意见与建议。我们的联系方式是：mr. tangzz@ gmail. com 或 sxq@ wzu. edu. cn。

编　者

2012 年 12 月

目　　录

第 1 章　绪　　论

本章首先对无线网络进行概述，包括无线网络的发展与演进、无线网络的定义与分类、无线网络的体系结构与组网模式，以及无线网络所面临的问题与挑战等。同时，对全书内容的安排做简单介绍，为读者阅读提供线索。

1.1　引言

1.1.1　什么是无线网络

无线通信（wireless communication）是利用电磁波信号可以在自由空间中传播的特性进行信息交换的一种通信方式。无线通信的发展始于电磁波的发现。1865 年，英国物理学家詹姆斯·克拉克·麦克斯韦从理论上证明了电磁波的存在；1888 年，德国物理学家海因里希·鲁道夫·赫兹在实验中证实了电磁波的存在；1900 年，意大利电气工程师和发明家伽利尔摩·马可尼等人利用电磁波进行远距离无线电通信取得了成功，1901 年，马可尼又成功地将无线电信号传送到大西洋彼岸的加拿大。它标志着人类世界进入无线通信时代。

与有线通信相比，无线通信适应性好，不受应用环境限制；实现成本低，不用敷设明线或架设电缆。同时，无线通信的发展使用户在运动过程中保持通信成为可能。通信中的一方或双方处于运动中的通信称为移动通信。

以无线通信技术为依托，以无线电磁波作为信息传输媒体的网络称为无线网络。无线网络概念涵盖的范围很广，常见的有无线传感器网络、蓝牙网络、WiFi 无线局域网、蜂窝移动通信网络、卫星网络等。在很多无线网络中，设备在参与通信的同时，往往能够在一定范围内移动，这种支持网络用户在移动时保持通信的网络称为移动网络。由于蜂窝移动通信网络是与人们日常生活密切相关的移动网络，因此，在很多场合下，移动通信网络也特指蜂窝移动通信网络。

1.1.2 无线网络的分类

无线网络所采用的通信技术、实现规模及应用范围各不相同，因此存在多种分类方式。

按照网络组织形式，无线网络可分为有结构无线网络和自组织无线网络。有结构无线网络具有固定的网络基础设施，负责移动终端的接入和认证，并提供网络服务，比如蜂窝通信网络和无线局域网；自组织无线网络按照自发形式组网，网络中不存在集中管理机制，各节点按照分布式方式协同提供网络服务，包括无线传感器网络和移动自组织（Ad Hoc）网络。

按照网络的覆盖范围和应用目标不同，无线网络也可以分为无线广域网、无线城域网、无线局域网、无线个人区域网等多种类型，如图 1.1 所示。每种类型的网络使用不同的协议和技术，同时服务于不同的目标。

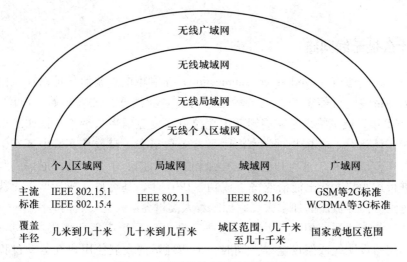

图 1.1   不同覆盖范围的无线网络

1. 无线广域网

无线广域网（wireless wide area network，WWAN）的覆盖范围非常广阔，可以是一个国家或地区，甚至一个大洲。典型代表就是蜂窝移动通信网络。随着无线通信技术的发展，目前无线广域网已经能够支持高达数十兆位每秒的数据传输速率。

2. 无线城域网

无线城域网（wireless metropolitan area network，WMAN）的有效覆盖半径可以达到几千米至几十千米，能够提供很高的数据传输速率。无线城域网能够使用户在一个城市的不同地点建立无线联系，如在不同的办公楼间或不同的校园间进行无线联系，而不必花高昂的费用敷设光缆、电缆和租赁线路。目前，主流的无线城域网标准是 IEEE 802.16 标准。

3. 无线局域网

无线局域网（wireless local area network，WLAN）使用无线电波作为数据传输介质的局域网，其有效覆盖半径通常为几十米到几百米。无线局域网可用于禁止敷设大量电缆线路的临时办公地点或其他场合，也可作为有线网络的补充，以方便那些要在同一建筑物中不同地点、时间办公的用户。目前，无线局域网已经广泛应用在商务区、大学、机场及其他公共区域。无线局域网最通用的标准是 IEEE 802.11 系列标准。

4. 无线个人区域网

无线个人区域网（wireless personal area network，WPAN，简称无线个人网、无线个域网等）的有效覆盖半径一般为几米到几十米，主要服务于个人工作、娱乐或家庭内对无线网络连接的需要。相对于传统局域网的概念，个人区域网的覆盖范围可能更小，目标单一。无线个人区域网常用的无线通信技术有红外通信技术、蓝牙无线通信技术或者 WiFi 等短距离无线通信技术。目前主流无线个人区域网标准是 IEEE 802.15.1 标准和 IEEE 802.15.4 标准。

1.1.3 无线网络的发展

从 20 世纪 20 年代末期最早意义上的无线网络问世至今，无线网络的发展经历了将近一个世纪的时间。在这近百年的时间里，无线通信技术、电子和微系统技术飞速发展，不断推动无线网络的演进。本节以两条较具代表性的主线来介绍无线网络的发展：一是以话音为主要业务的广域移动通信网络，二是以高速率数据通信为特征的无线局域网络。

1. 广域移动通信的发展

现代意义上的移动通信开始于 20 世纪 20 年代末期，其发展基本经历了 6 个阶段。

第一阶段：20 世纪 20 年代—40 年代。在早期发展阶段，首先在短波频段上开发出专用移动通信系统，其代表是美国底特律市警察使用的车载无线电系统。1928 年，美国普渡大学学生发明了工作于 2 MHz 的超外差式无线电接收机，并很快在底特律警察局中投入使用，这是世界上第一种可以有效工作的移动通信系统。其特点是为专用系统开发，工作频率较低。

第二阶段：20 世纪 40 年代中期—60 年代初期。在此期间，先后出现了第一个采用幅度调制技术的移动通信系统和第一个采用频率调制技术的移动通信系统。第二次世界大战后，原本为军事服务的移动通信技术逐渐应用于民用领域。到20世纪50年代，美国和欧洲部分国家相继成功研制了公用移动电话系统，在技术上实现了移动电话系统与公用电话网络的互通，并得到了广泛的应用。例如，1946年，美国建立了世界上第一个公用汽车电话网，称为"城市系统"。当时使用3个频道，通信方式为单工。随后，德国（1950年）、法国（1956年）、英国（1959年）等相继研制了公用移动电话系统。但遗憾的是，这种公用移动电话系统由于采用了人工接入方式，系统容量非常小。

第三阶段：20世纪60年代中期—70年代中期。其间，美国推出了改进型移动电话系统，实现了无线频道自动选择并能够自动接续到公用电话网。这一阶段是移动通信系统改进与完善的阶段，其特点是采用大区制、中小容量，使用450 MHz频段，实现了自动选频与自动接续。

第四阶段：20世纪70年代中期—80年代中期。随着民用移动通信用户数量的增加、业务范围的扩大，有限的频谱供给与可用频道数要求激增之间的矛盾日益尖锐。为了更有效地利用有限的频谱资源，美国贝尔实验室提出了在移动通信发展史上具有里程碑意义的小区制、蜂窝组网的理论，为移动通信技术的发展和新一代多功能通信设备的产生奠定了基础。这个阶段是移动通信蓬勃发展的时期。1978年底，美国成功研制高级移动电话系统（advanced mobile phone system，AMPS），并于1983年首次在芝加哥投入商用。随后，其他国家也相继开发出蜂窝移动通信系统。这一阶段的首要特点是蜂窝移动通信系统成为实用系统，并在世界各地迅速发展起来。特别是微电子技术的长足发展，为移动通信设备的小型化、微型化的实现提供了基础。其次，提出并形成了蜂窝移动通信系统的新体制，实现了频率复用，大大提高了系统容量，解决了公用移动通信系统大容量与频率资源有限之间的矛盾。最后，随着大规模集成电路的发展而出现的微处理器技术日趋成熟，计算机技术发展迅猛，这些都为大型通信网的管理与控制提供了技术手段。

第五阶段：20世纪80年代中期—21世纪初。这是数字蜂窝移动通信系统高速发展时期。第一代模拟蜂窝移动通信系统在应用中暴露出频谱利用率低、移动设备复杂、费用较高、业务种类受限以及通话保密性差等问题，特别是其容量不能满足日益增长的移动用户的需求。因此，新一代数字蜂窝移动通信系统应运而生。

20世纪90年代初，数字蜂窝移动通信系统，即第二代移动通信系统（second-generation mobile system，2G）问世。与模拟蜂窝移动电话相比，数字蜂窝移动通信系统的频谱利用率更高、系统容量更大、无线传输质量更好。1991年全球移动通信系统（global system for mobile communications，GSM）在欧洲投入商用。随后，采用码分多址（code division multiple access，CDMA，也称码分多路访问）技术的数字蜂窝移动通信系统也在美国成功商用。我国也在1994年建成第一个GSM数字移动通信网，并迅速发展成全球网络规模和用户规模第一的网络，2001年又建成了世界最大的CDMA数字移动通信网。

2G网络不仅在话音传输方面获得了巨大的成功，同时在数据传输方面也取得了很多成就。2000年出现了一种新的通信技术：通用分组无线业务（general packet radio service，GPRS），它能够为移动用户提供高速无线IP和X.25分组数据接入服务。GPRS进而又发展为增强型数据速率GSM演进（enhanced data rate for GSM evolution，EDGE）技术。EDGE是一种从第二代移动通信系统向第三代移动通信系统过渡的技术，它使带宽明显提高，单点接入速率峰值为2 Mbps，单时隙信道的数据传输速率可达到48 Kbps，从而使移动数据业务的传输速率峰值达384 Kbps，这为移动多媒体业务的实现提供了基础。

第六阶段从21世纪初至今，是宽带蜂窝数字通信系统的时代。20世纪末，第三代移动通信系统（third-generation mobile system，3G）的标准先后被制定并商用。3G具有较高的频谱利用效率，可实现高速数据传输，在室内环境可达2 Mbps，步行时达384 Kbps，高速运动时达144 Kbps；3G可提供多种数据传输速率，支持从话音、分组数据到多媒体的融合业务，实现全球覆盖及全球无缝漫游。目前，国际上三大3G技术标准为WCDMA、CDMA2000和TD-SCDMA。其中，TD-SCDMA是我国自主创新的移动通信标准，开创了世界百年通信史上中国人进入国际标准领域的历史，也成为我国自主创新的一面旗帜。2012年，在ITU-R WP5D会议上正式确定了第四代移动通信系统（fourth-generation mobile system，4G）技术标准。4G网络的下行数据传输速率可以达到100 Mbps，上行数据传输速度为20 Mbps。4G成功商用后，用户可以方便地将多种移动终端设备接入4G系统，实现多业务、多终端的互联。目前，第五代移动通信系统（fifth-generation mobile system，5G）商用也在快速展开。5G具有超高的数据传输速率、毫秒级的传输延迟、超高的传输可靠性和海量的接入数。5G为万物智能互联提供了坚实的基础。

2. 无线局域网的发展

在无线移动广域网蓬勃发展的同时，以高速率数据通信为特征的计算机网络也在迅速地向无线方向扩展。

1971年，夏威夷大学的一项研究课题首次将计算机网络技术与无线电通信技术结合起来，建立了第一个基于分组的无线局域网，并命名为ALOHAnet。ALOHAnet跨越夏威夷的4座岛屿，将分散在这些岛屿中7个校园里的计算机与位于欧胡岛（Oahu）上的中心计算机互联起来。20世纪80年代，美国和加拿大的无线电爱好者设计并建立了终端节点控制器（terminal node controller，TNC），将计算机通过无线电报设备连接起来。终端节点控制器的作用为调制和解调，实现计算机数字信号与模拟无线电信号的转换。

1985 年，美国联邦通信委员会（Federal Communications Commission，FCC）开放了工业、科学和医疗频带（industria scientific and medical band，ISM），即 902 MHz、2.4 GHz 以及 5.8 GHz 三个频带。ISM 频带对无线局域网产业产生了非常巨大和积极的影响，无线网络设备提供商开始利用这一频带设计与开发产品。但是，当时缺乏统一的无线局域网标准，设备提供商只能使用各自专用技术的设备。受限于特定的设备供应商以及不同供应商之间的兼容性问题，不同无线网络之间难以实现互联。

在这样的背景下，IEEE 于 1991 年 5 月成立了 802.11 工作组，着力于无线网络介质访问控制（medium access control，MAC，也称媒体访问控制）和物理层规范的制定。1997 年 6 月 26 日，IEEE 802.11 标准制定完成，1997 年 11 月 26 日正式发布。它是第一代无线局域网标准之一，对无线网络技术的发展和应用起到了重要的推动作用，促进了不同厂商的无线网络产品的互联互通。该标准定义了无线局域网的物理层和介质访问控制规范，允许无线局域网及无线设备制造商开发、制造、可互操作的网络设备。

但是，这个早期版本的无线局域网标准其数据传输速率最高只能达到 2 Mbps，在传输速率和传输距离上都不能满足人们的需求。因此，IEEE 802 小组在此基础上，又相继推出了两个分支的新版本：802.11b 和 802.11a。IEEE 802.11b 载波频率为 2.4 GHz，数据传输速率最高为 11 Mbps，相当于当时 10 Mbps 以太网的水平，并且兼容原始的 IEEE 802.11 标准。802.11a 规范使用 5 GHz 工作频段。IEEE 802.11a 引入了正交频分复用（orthogonal frequency division multiplexing，OFDM）技术，大幅提高了频带利用率，数据传输速率可达 54 Mbps，能够有效支持话音、数据、图像业务。

2003 年 6 月，IEEE 802.11 工作组发布了 IEEE 802.11g 规范，使工作于 2.4 GHz 的无线局域网物理层的数据传输速率同样也能够达到 54 Mbps。IEEE 802.11g 也采纳了 IEEE 802.11a 中的 OFDM 技术，并且与 IEEE 802.11b 兼容。

同时，为了满足人们对数据传输速率日益提高的要求，IEEE 于 2002 年 9 月成立了高吞吐量研究小组，专门探讨进一步提升无线局域网速度的可行性。2003 年 9 月，IEEE 成立 802.11n 任务组，负责制定 100+ Mbps 无线局域网标准。2009 年 9 月 11 日，IEEE 标准委员会终于批准通过 802.11n 成为正式标准。IEEE 802.11 引入了诸如多输入多输出（multiple-input multiple-output，MIMO）、智能天线和 OFDM 等技术，使数据传输速率高达 300 Mbps。2013 年 12 月，IEEE 802.11n 的演进版本 IEEE 802.11ac 正式发布。IEEE 802.11ac 通过物理层、介质访问控制层一系列技术更新实现对 1 Gbps 以上传输速率的支持，它的最高速率可达 6.9 Gbps。当前，最新的 IEEE 802.11 ax 已经实现高达 9.6 Gbps 的数据传输速率。IEEE 802.11 发展历程见图 1.2。

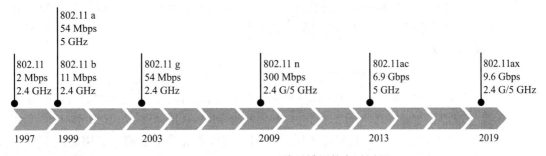

图 1.2   IEEE 802.11 无线局域网的发展历程

我国对于无线局域网技术的研究起步比较晚，20 世纪 90 年代初才开始。西安电子科技大学于 1994 年 3 月研制成功我国第一台无线局域网样机。由于 IEEE 802.11 标准存在着严重的安全技术漏洞，工业和信息化部开始下达无线局域网国家标准起草任务。2000 年，中国"宽带无线 IP 标准工作组"成立，着手开发中国无线局域网安全技术，同年 11 月完成标准草案。2003 年 5 月，我国正式发布 WAPI（wireless LAN authentication and privacy infrastructure，无线局域网鉴别和保密基础结构）国家标准，并宣布于 2003 年底实施。2006 年 1 月，我国颁布了无线局域网国家标准 GB 15629.11—2003/XG1—2006《信息技术 系统间远程通信和信息交换 局域网和城域网   特定要求   第 11 部分：无线局域网媒体访问控制和物理层规范（第 1 号修改单）》及其扩展子项国家标准：GB 15629.1101—2006 给出了 5.8 GHz 频段高速物理层扩展规范，GB15629.1104—2006 给出了 2.4 GHz 频段更高数据速率扩展规范，GB/T 15629.1103—2006 给出了附加管理域操作规范，形成了全面采用 WAPI 技术的无线局域网国家标准体系。WAPI 是中国自主研发、拥有自主知识产权的无线局域网安全技术标准。对于个人用户而言，WAPI 带来的最大益处就是让用户的笔记本计算机更加安全。

1.2   无线网络的体系结构

1.2.1   OSI 参考模型

1979 年，国际标准化组织（International Organization for Standardization，

ISO）成立了一个分委员会来专门研究一种用于开放系统的计算机网络体系结构，并于 1983 年正式提出了开放系统互连（open system interconnection，OSI）参考模型，简称 OSI/RM。这是一个定义异构计算机互联的标准体系结构，"开放"是指任何计算机系统只要遵守这一国际标准，就能与位于世界上任何地方的、也遵守该标准的其他计算机系统进行通信。

1. ISO/OSI 七层模型

ISO/OSI 参考模型（简称 OSI 模型）是一种将异构系统互联的分层结构，它定义了一种抽象结构，并非描述具体实现。也就是说，OSI 模型中的每一层都只涉及层的功能定义，而不提供关于协议与服务的具体实现。OSI 参考模型如图 1.3 所示，由下而上共有 7 层，分别为物理层、数据链路层、网络层、传输层、会话层、表示层、应用层。

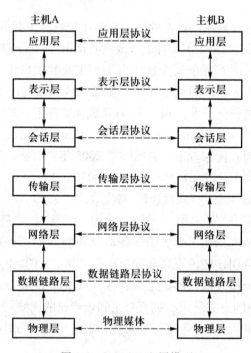

图 1.3　ISO/OSI 七层模型

2. OSI 各层功能简介

物理层（physical layer）：物理层的主要功能是为上层提供物理连接，实现原始比特流的物理传输。同时，物理层还负责规定物理接口的机械、电气、功能和规程特性。

数据链路层（data link layer）：物理层的原始比特流传输是不可靠的。数据链路层通过在数据传输中提供差错控制和流量控制等机制，为相邻节点之间提供可靠的数据传输。

网络层（network layer）：网络层负责网络中任意两个节点之间的通信，为它们选择合适的传输路径。同时，网络层还负责为网络中节点寻址。

传输层（transport layer）：传输层负责端到端的进程（process）之间的数据传输。传输层是承上启下的层，其下三层主要面向网络通信，以确保数据被准确、有效地从源主机传输到目标主机；其上三个层主要面向用户，为用户提供各种服务。

会话层（session layer）：会话层的功能是在两个节点间建立、维护和释放面向用户的连接。另外，会话层也提供了令牌管理和同步两种服务功能。

表示层（presentation layer）：表示层关心的是所传输数据的语法和语义。它的主要功能是协调不同通信系统之间信息的表示方式，包括数据格式转换、数据加密与解密、数据压缩与恢复等功能。

应用层（application layer）：应用层负责为用户提供网络应用的接口。为此，应用层包含很多不同的应用与应用支撑协议，如名字服务、文件传输、电子邮件、虚拟终端等。

1.2.2 TCP/IP 参考模型

1. TCP/IP 参考模型概述

TCP/IP 参考模型由美国国防部（United States Department of Defense）创建，故在有些文献或资料中又被称 DoD 模型。TCP/IP 参考模型分为四层，由下而上分别为网络访问层、网际层、传输层、应用层。

在 TCP/IP 参考模型中，网络访问层是 TCP/IP 模型的最底层，负责接收从网际层提交的 IP 分组并将它通过底层物理网络发送出去，或者从底层物理网络上接收物理帧，然后抽取 IP 分组交给网际层。网络访问层允许主机连入网络时采用不同的网络技术（包括硬件与软件）。当各种异构的物理网络被用作传送 IP 分组的通道时，将其视为属于这一层的内容。

网际层负责将源主机发送的分组独立地送往目标主机。该层为分组提供最佳路径选择和交换功能，并使这一过程与它们所经过的路径和网络无关。TCP/IP 参考模型中的网际层在功能上相当于 OSI 参考模型中的网络层。

传输层负责在源节点和目标节点的两个对等进程之间提供端到端的数据通信。为了标识参与通信的传输层对等实体，传输层提供了关于不同进程的标识。为了适应不同的网络应用，传输层提供面向连接的可靠传输与无连接的不可靠传输两类服务。

应用层涉及为用户提供网络应用，并为这些应用提供网络支撑服务。由于TCP/IP将所有与应用相关的内容都归为一层，所以该层涉及处理高层协议、数据表达和会话控制等任务。

应该指出，TCP/IP参考模型是OSI参考模型之前的产物，所以两者间各层不存在严格的对应关系。在TCP/IP参考模型中并不存在与OSI参考模型中的物理层与数据链路层直接对应的层，相反，由于TCP/IP的主要目标是致力于异构网络的互联，所以对物理层与数据链路层部分没有作任何限定。

2. TCP/IP参考模型中的各层主要协议

TCP/IP参考模型是伴随Internet发展起来的网络模型，所以在这个模型中包括了一系列行之有效的网络协议，目前有100多个。这些协议用于将各种计算机和数据通信设备组成实际的TCP/IP计算机网络。因此，TCP/IP在很大程度上被认为是一个协议系列或协议栈，图1.4给出了TCP/IP参考模型中的一些重要协议。

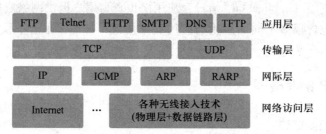

图1.4　TCP/IP模型各层使用的协议

在网络访问层中，包括各种现有的主流物理网协议与技术，例如局域网中的以太网、令牌环网、FDDI、无线局域网和广域网中的帧中继、ISDN、ATM、X.25和SDH等。

网际层包括多个重要的协议。互联网协议（internet protocol，IP）是其中最核心的协议，该协议规定网际层数据分组的格式；因特网控制消息协议（Internet control message protocol，ICMP）用于实现网络控制和消息传递功能；地址解析协议（address resolution protocol，ARP）用于提供IP地址到介质访问控制（MAC）地址的映射；反向地址解析协议（reverse address resolution protocol，RARP）则提供了介质访问控制地址到IP地址的映射。

传输层提供了两个协议，分别是传输控制协议（transmission control protocol，TCP）和用户数据报协议（user datagram protocol，UDP）。传输控制协议提供面向连接的可靠传输，通过确认、差错控制和流量控制等机制来保证数据传输的可靠性，常常用于有大量数据需要传送的网络应用。用户数据报协议提供无连接的不可靠传输服务，主要用于不要求数据顺序和可靠到达的网络应用。

应用层包括了众多的应用与应用支撑协议。常见的应用协议有：文件传送协议（file transfer protocol，FTP）、超文本传送协议（hypertext transfer protocol，HTTP）、简单邮件传送协议（simple mail transfer protocol，SMTP）、远程登录协议（telnet protocol，也称虚拟终端协议）；常见的应用支撑协议包括域名服务（domain name service，DNS）和简单网络管理协议（simple network management protocol，SNMP）。

1.2.3 无线网络的协议模型

无线网络的协议模型同样是一种分层的体系结构，但一般只涉及 OSI 参考模型的物理层、数据链路层和网络层。需要注意的是，这并不意味着基于无线网络的应用不要考虑传输层、会话层、表示层和应用层等高层的规范，只是因为通信网络采用无线网络或有线网络，从传输层开始，对数据和用户而言应该是透明的。

物理层是无线网络中非常重要的一个层次。物理层规定了信号在无线信道中传输时的载波频率、调制与解调方式、信道复用方案、编解码方案、扩频与解扩方式等。可以说，物理层技术在很大程度上决定了无线网络所能支持的数据传输速率与传输距离。

无线网络的数据链路层包含两个子层，即介质访问控制子层与逻辑链路控制子层。其中，逻辑链路控制子层位于介质访问控制子层之上，负责数据链路的控制，包括差错控制、流量控制等。与传统的有线局域网一样，介质访问控制子层用于协调各个站点对共享信道的访问。介质访问控制技术对于无线网络的效率起着至关重要的作用。

所有无线网络协议模型都必须包含物理层与数据链路层，而网络层则并不是必需的。例如，对于任何以用户为中心的无线网络而言，在网络层完全可以借用现有的 TCP/IP 技术。因为 TCP/IP 参考模型在网际层采用 IP 协议，故可以在网络访问层兼容各种不同的底层通信网络，可以是无线的，也可以是有线的。

但是，对于某些无线网络，比如移动自组网络、无线传感器网络等，由于它们在路由方面的一些特殊性，要求有针对性地设计新的路由协议。而且，对于诸如无线传感器网络这种以数据为中心的无线网络，与以地址为中心网络具有完全不同的寻址特性，也并不需要 IP 协议的支持。因此，这些网络的协议模型中还包含网络层。

无线网络的协议模型并不包含传输层。但是，初始版本的传输控制协议（TCP）不适于无线网络环境，需要做一定程度的修正。这是因为 TCP 协议为了实现拥塞控制（congestion control）而对网络做了一些假设，即报文的丢失主要是由于网络拥塞引起的。这个假设在 TCP 协议发布之初是成立的。TCP 协议发布于 1981 年。当时，绝大多数网络都是以有线介质作为传输信道的。有线介质的传输质量非常好，数据传输的丢包率非常低。因此，一旦发生分段（segment）丢失，完全可以认为是网络发生了拥塞，从而触发传输控制协议的拥塞控制机制，并进入慢启动阶段，大幅降低源节点的数据发送数率。

但对于无线网络而言，传输介质的可靠性相比于有线电缆而言大大降低。无线链路的高误码率特性与碰撞冲突取代网络拥塞而成为分段丢失的主要原因。此时，如果传输控制协议发现有分段丢失，正确的做法是应该让源节点尽可能快地重发被丢失的分段，而不应该触发拥塞控制机制。否则，慢启动加上高误码率的无线链路，会使整个网络的吞吐量急剧下降。目前，传输控制协议已经做了修正，在拥塞控制中充分考虑有线网络与无线网络各自的特征。也就是说，从传输层开始对数据和用户屏蔽通信子网。

1.3　无线网络的组网模式

1.3.1　Infrastructure 模式

Infrastructure 模式即基础设施模式。在 Infrastructure 模式中，无线网络至少有一个基站（base station）或者称为接入点（access point）与无线终端进行通信。基站与终端之间通过单跳的点对点方式进行通信，而终端与终端之间的通信则必须通过基站来转接。如图 1.5 所示，小区 1 中终端 A 与终端 C 之间的通信需要借助该小区的基站来转发；而位于小区 1 的终端 B 要发送数据给位于小区 2 的终端 E 时，数据首先发给小区 1 的基站，小区 1 的基站再将数据通过高速有线网络传输至小区 2 的基站，最后由小区 2 的基站将数据转发给终端 E。

现行的蜂窝移动通信系统，包括 2G 的 GSM、CDMA 以及 3G 的 TD-SCDMA、WCDMA 以及 CDMA2000 的网络都属于 Infrastructure 模式。另外，IEEE 802.11 无线局域网最典型的网络结构也属于 Infrastructure 模式。

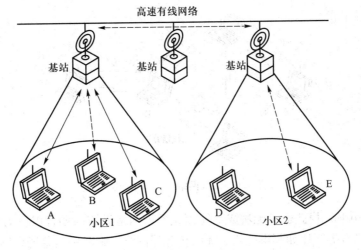

图 1.5　无线网络的 Infrastructure 模式

1.3.2　Ad Hoc 模式

采用 Infrastructure 架构的网络能够提供高质量的服务，但这种网络都是有中心主机的，要基于预设的网络设施才能运行。对于某些特殊场合来说，Infrastructure 模式网络并不能胜任，比如，战场上部队快速展开和推进，地震或洪水等灾后的营救等。这些场合的通信不能依赖于任何预设的网络设施，而需要一种能够临时、快速、自动组网的移动网络。Ad Hoc 模式就可以满足这样的要求。

采用 Ad Hoc 模式构建的网络是一种没有基础设施支持的移动网络，网络中节点为移动主机或终端，节点之间的通信完全依托于节点之间的协同。当两个节点处于彼此通信覆盖范围内时，它们可以直接通信。而当两个相距较远且超出单跳通信覆盖范围的节点要通信时，需要通过它们之间的其他节点进行转发才能实现。以图 1.6 所示的 Ad Hoc 网络为例，主机 A 和 B、C 和 D 等都在彼此的通信覆盖范围内时，它们可以直接通信。主机 A 和 E 要通信时，需要通过它们之间的主机 B 和 D 的转发才能实现。因此在 Ad Hoc 网络中，网络中的节点不仅具有普通移动终端所需的功能，而且具有报文转发能力。

采用 Ad Hoc 模式构造的网络是一种对等网络，其中所有节点的地位平等。同时，网络具有很强的动态性与自组织性。节点可以随时加入和离开网络，可以随处移动，也可以随时开机和关机，因而网络的拓扑结构随时可能发生变化；在节点故障与节点动态加入或离开时，网络可以通过节点之间的重新自组织继续运行，具有很强的抗毁性。

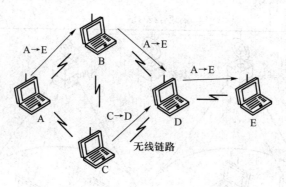

图 1.6 无线网络的 Ad Hoc 模式

Ad Hoc 模式适于无法或不便预先敷设网络设施的场合以及需快速、自动组网的场合等，比如军事应用、无线传感器网络、临时和紧急场合等。

1.4 无线网络所面临的问题与挑战

与有线网络相比，无线网络为人们带来了很大的便利。但是，无线网络也存在一系列特殊的技术问题与挑战，包括恶劣的信道特性、无处不在的干扰、有限的能量供应以及开放信道环境所带来的安全隐患等。

1.4.1 恶劣的信道特性

与有线信道的良好信道状况完全不同，移动通信中的无线信道状况非常恶劣。例如，模拟有线信道中典型的信噪比约为 46 dB。而且对有线信道来说，其传输质量是可以控制的，通过选择合适的材料与精心加工可以确保在有线传输系统中电气环境相对稳定。有线传输介质的信噪比波动通常不超过 1~2 dB。与此相比，在无线网络中，由于终端的移动性和传播环境的复杂性，接收信号的强度经常会出现骤然下降，即所谓的衰落，衰落甚至可达 30 dB。而在城市环境中，一辆快速行驶车辆上的移动站点的接收信号在一秒内的显著衰落可达数十次。这种衰落现象导致接收信号质量严重恶化，影响了通信的可靠性。

对于无线通信而言，恶劣的信道特性是不可回避的根本性问题。要在这样的信道条件下提供可以接受的传输质量，就必须采用各种技术措施来抵抗衰落产生的不利影响。目前，已经出现了各种抗衰落技术，包括抗衰落的调制解调技术、均衡、分集合并、扩频、跳频、交织和编码纠错等。本书将在第 2 章对无线信道的快衰落以及部分抗衰落技术做详细介绍。

1.4.2　无线信道的干扰

无线信道是一个开放的信道。人们所处的自然空间里充斥着各种频率的无线电信号，如广播信号、各种无线通信网络所产生的信号、各种家用电器辐射产生的无线信号等。所以，无线信道很容易受到干扰。

无线信道受到各种各样的干扰。在通信技术领域，关注得更多的是同频干扰和邻信道干扰。同频干扰是指无用信号的频率与有用信号的频率相同，且对接收同频有用信号的接收机造成的干扰。邻信道干扰是指相邻或相近频道的信号间产生的相互干扰。同频干扰广泛存在于诸多无线网络之中，例如，移动蜂窝通信系统邻近的同频小区之间、密集部署的无线局域网之间、工作于同一频段的无线局域网设备与蓝牙设备之间等。而邻信道干扰的存在同样十分普遍，工作于相邻频段的无线局域网设备之间、相邻频段的蜂窝小区之间都会存在邻信道干扰。

同频干扰和邻信道干扰能够利用先进的通信技术来减缓干扰，比如智能天线、无线资源管理策略等。在网络的规划与部署方面，通过增加频率保护带、提高滤波精度、增加站址间距、优化天线安装、限制设备参数等方法，也能有效地抑制同频、邻信道干扰。

1.4.3　电源管理

当人们在移动过程中使用笔记本计算机处理公司的一个业务报表，或者使用智能手机与亲朋好友进行视频对话时，由电源插座来供电不仅非常不方便，而且往往也不可能有合适的电源插座可供使用。因此，无线移动设备必须配备相应的供电设备，其中最为普遍的是电池。由于电池的容量是十分有限的，无线移动设备的电源管理十分必要。特别是对于一些无法更换电池的无线终端设备，比如随机散布在山地的无线传感器节点，能量有效性是网络性能的第一要素。

无线设备的能量消耗主要包括两个方面，分别为系统正常运行能耗以及无线通信能耗。其中，系统正常运行能耗包括操作系统内核能耗、各种应用程序能耗、显示设备能耗等；而无线通信能耗则是由各种无线模块进行信号传输所产生的，包括 GSM、3G、蓝牙、WiFi 等模块的无线通信能耗。

为了解决电池续航问题，供应商在无线设备中采用了各种节能技术，可以通过采用更低能耗的芯片、改善操作系统、改进显示设备等方法降低系统正常运行的能耗，这些方法不属于通信技术范畴；而对于无线通信能耗，目前也提出了很多技术方案，比如各种功率控制技术、自适应的工作/休眠调度机制等。

1.4.4 无线网络的安全

无线网络的应用扩展了用户的自由度,还具有安装时间短,增加用户或更改网络结构方便、灵活及经济等特点,可以提供无线覆盖范围内的全功能漫游服务等。然而,这种自由也带来了新的挑战,包括安全性问题。

首先,由于无线网络通过无线电波在空中传输数据,在数据发射机覆盖区域内几乎所有的无线网络用户都能接触到这些数据。只要具有相同接收频率就可能获取所传递的信息。要将无线网络环境中传输的数据仅仅传送给一个目标接收者几乎是不可能的。

其次,无线网络另一个安全问题是潜在的电磁破坏,即有人故意干扰无线网络,使整个网络无法使用。例如,对于 GSM 系统,每台终端在通信时都会占用一个频段的某个时隙,而系统可以分配的频段与时隙是有限的。如果有人利用多部终端同时进行长时间连线,就会阻止其他用户接入网络,从而降低网络的用户体验质量。又如,对于采用载波监听多路访问协议实现传输的无线局域网,当一个节点发送信息时,其他节点必须等待。如果这类网络中某个恶意节点通过某种机制反复不停地发送信息包,那么网络中其他节点将无法实现正常的数据通信,并可能导致网络陷入瘫痪。

再次,由于无线移动设备在存储能力、计算能力和电源供电时间方面的局限性,原来应用于有线环境下的许多安全方案和安全技术不能直接应用于无线环境。因此,需要研究适合无线网络环境的安全理论、安全方法和安全技术。

最后,无线网络的移动性使安全管理难度更大。在有线网络中,终端设备与接入设备之间通过线缆连接,终端不能在大范围内移动,因此对用户的管理比较容易。而在无线网络中,终端设备不仅可以在较大范围内移动,而且还可以跨区域漫游,这意味着无法对移动设备实施足够的物理防护,从而导致其易被窃听、破坏和劫持。攻击者可能在任何位置通过移动设备实施攻击,而在全球范围内跟踪一个特定移动设备是很困难的。

总之,无线网络的脆弱性是因其传输介质的开放性、终端的移动性等多方面原因造成的。因此,在无线网络环境中,要设计实现一个完善的无线网络系统,除了考虑在无线传输信道上提供完善的移动环境下多业务服务平台外,还必须考虑其安全方案的设计,包括用户接入控制、用户身份认证、用户证书管理、密钥协商及密钥管理等方案的设计。

1.5　本书的结构

本书的目标是比较全面地介绍有关无线通信的基本原理以及无线与移动网络，主要包括两大部分：无线通信理论，典型的无线与移动网络。

无线通信理论包括第 1 章至第 3 章。

第 1 章是绪论，介绍包括无线与移动网络发展、特点与分类，无线网络体系结构，无线网络的基本组网模式等。

第 2 章介绍无线网络的物理层，包括无线信道特点，无线传播与衰落模型，移动环境下的无线传播，基带传输及脉冲调制与超宽带脉冲传输技术，频带传输及正交调幅与正交频分复用技术，扩频技术。

第 3 章介绍无线网络的数据链路层，包括无线与移动网络中介质访问控制基本概念、常见的介质访问控制机制，无线与移动网络中的差错控制技术。

典型的无线与移动网络部分分为三个主题：主流的无线区域网络技术、典型的多跳无线移动网络以及移动 IP 技术。

关于主流的无线区域网络技术的介绍覆盖第 4 章至第 8 章。这几章根据无线网络地理覆盖范围的不同及其采用的技术差异，分别从各自的网络特点、体系结构、关键技术、相关的协议标准、组网方式与工程部署要点等方面介绍无线个域网及其蓝牙无线通信技术、无线局域网以及无线广域网的典型代表——数字蜂窝移动通信网络。

第 9 章和第 10 章介绍典型的多跳无线移动网络部分。这两章分别介绍移动自组织网络（MANET）和无线传感器网络（WSN），包括它们的基本结构、特点与应用，在拓扑控制、路由与传输策略、以及服务质量策略等方面的异同。

第 11 章则从用户移动、异构无线与移动网络互联等需求出发，主要介绍移动 IP 协议及其核心技术。

思考题

1. 本章第 1.2.3 节分析了原有的 TCP 协议不适于无线网络环境的原因。请参阅相关文献资料提出一种解决方案。

2. 请分别列举日常生活中 Infrastructure 模式无线网络和 Ad Hoc 模式网络实例，并分析它们的优缺点。

3. 请列举日常生活中使用无线网络时所遇到的问题，尝试总结你所知道的解决这些问题的方法。

4. 无线通信与网络技术的发展日新月异。例如，普适计算使人们能够在任何时间、任何地点，以任何方式进行信息的获取与处理，应用的多样化使人们能够便捷地利用无线终端处理文档、观看高清视频、聆听高保真音乐或者参与各种游戏。请结合你对无线网络的认识，展望一下无线与移动网络的发展趋势。

在线测试 1

第 2 章　无线网络的物理层

　　物理层是网络分层模型的最底层，是网络通信的基础。无线网络物理层的主要功能是基于无线传输媒体实现节点之间的原始比特流传输。其要解决的主要问题包括无线媒体的选择、无线信道的传播特性、适合无线信道传输特性的信号编解码等。

2.1　无线传输媒体

　　传输媒体（transmission medium）也称传输媒质，它为网络通信系统中节点之间的信号传输提供了物理通路。传输媒体分为两大类，即导向传输媒体（guided transmission medium）和非导向传输媒体（unguided transmission medium）。在导向传输媒体中，电磁波被导向沿着固定媒体路径进行传播，如双绞线、同轴电缆和光纤等都属于导向传输媒体，因为信号在这些媒体中传输时都有固定的路径。导向传输媒体也被称为有线传输介质，它是当今不可或缺的通信传输手段。基于导向传输媒体的数据传输称为有线传输，基于导向传输媒体的网络称为有线网络。可以举出大量关于有线网络的例子，如光通信网络、以太网等。然而，利用有线网络进行通信存在一些客观上的不足或限制。首先，受导向传输媒体敷设位置与通信路径相对固定的限制，难以实现节点的移动通信，而当今社会的生活节奏加快，人们不但要求固定地点间能够进行通信，还要求在行进或移动中实现通信；其次，当基于有线传输介质的通信线路通过岛屿、高山、江河或湖泊时，架设和后期维护都不是件轻而易举的事，线路部署与维护成本会大幅增加。非导向传输媒体作为另一类重要的传输媒体，可以很好地弥补导向传媒媒体的不足。非导向传输媒体以自由空间为传输电磁波的手段，又称为无线传输介质。电磁波在非导向传输媒体中的传输不受固定路径的限制，基于非导向传输媒体的数据传输称为无线传输，基于非导向传输媒体的网络称为无线网络。

　　无线传输所使用的工作频段很广。国际电信联盟无线电通信组（ITU-R）将无线电的频率划分为若干个频段（又称波段），包括甚低频（very low frequency，VLF）、低频（low frequency，LF）、中频（medium frequency，MF）、高频（high frequency，HF）、甚高频（very high frequency，VHF）、特高频（ultra-high frequency，UHF）、超高频（super high frequency，SHF）和极高频（extremely high frequency，EHF）等。我国的无线电管理委员会规定了频段划分及其主要用途，如表 2.1 所示。

表 2.1　我国的无线频段划分及其主要用途

名称	频率及波长	波段	传播特性	主 要 用 途
甚低频（VLF）	3~30 kHz 10~100 km	超长波	空间波为主	海岸潜艇通信，远距离通信，超远距离导航
低频（LF）	30~300 kHz 1~10 km	长波	地波为主	越洋通信，中距离通信，地下岩层通信，远距离导航
中频（MF）	0.3~3 MHz 100~1 000 m	中波	地波与天波	船用通信，业余无线电通信，移动通信，中距离导航
高频（HF）	3~30 MHz 10~100 m	短波	天波与地波	远距离短波通信，国际定点通信
甚高频（VHF）	30~300 MHz 1~10 m	米波	空间波	电离层散射（30~60 MHz），流星余迹通信，人造电离层通信（30~144 MHz），对空飞行体通信，移动通信
特高频（UHF）	0.3~3 GHz 0.1~1 m	分米波	空间波	小容量微波中继通信（352~420 MHz），对流层散射通信（700~10 000 MHz），中容量微波通信（1 700~2 400 MHz）
超高频（SHF）	3~30 GHz 1~10 cm	厘米波	空间波	大容量微波中继通信（3 600~4 200 MHz），大容量微波中继通信（5 850~8 500 MHz），数字通信，卫星通信，国际海事卫星通信（1 500~1 600 MHz）
极高频（EHF）	30~300 GHz 1~10 mm	毫米波	空间波	再入大气层时的通信，波导通信

图 2.1 描绘了电磁波的频段分布，并指出了各种典型的导向传输媒体和非导向传输媒体使用传输技术所对应的工作频段。与有线网络中需要根据具体的网络通信需求选择合适的有线传输介质类似，在无线通信中，如何选择合适的电磁波段以满足实际的通信需求，包括通信距离、通信方式、通信质量以及部署与维护成本等方面的要求，也是非常关键的。

目前，已被用于实现无线通信的有无线电、微波、红外线以及可见光等频段。对于无线传输，电磁波的发送和接收都是通过天线来实现的。无线传输有定向和全向两种基本构造类型。在定向构造中，发送天线将电磁波聚集成有向波束后发射出去，因此发、收双方的天线必须仔细定向校准。在全向构造中，发送的电磁信号是全方向传播的。通常，低频信号是全向性的，而频率越高则信号被聚集成有向波束的可能性就越大，定向性也越好。

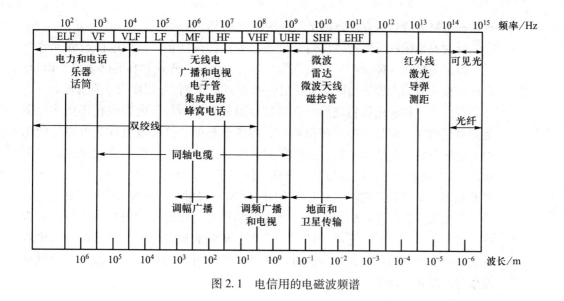

图 2.1 电信用的电磁波频谱

2.2 无线传播模型

2.2.1 无线传播方式

电磁波的传播方式包括地波传播（ground wave propagation）、天波传播（sky wave propagation）和视距传播（line-of-sight propagation，也称视线传播）。

地波传播指的是电磁波沿大地与空气的分界面进行传播。陆地对电磁波的衰减随频率升高而增大。因此地波传播是中低频电磁波，特别是低频电磁波的主要传播方式，并不适于短波或微波的传播。

为实现远距离的短波通信，需要以天波方式传播。天波传播是指无线电信号借助电离层的一次或多次反射，达到远距离（几千千米乃至上万千米）通信的目的。由于天波形式的短波通信主要是依靠电离层反射来实现的，而电离层又随季节、昼夜以及太阳活动的情况而变化，这就导致电离层的不稳定性，所以短波通信不及其他通信方式稳定、可靠。

视距传播是指在发射天线和接收天线间能相互"看见"的距离内，电磁波直接从发射点传播到接收点（可能包括地面的反射波）的一种传播方式。视距传播是微波的主要传播方式。实施视距传播时，发射点和接收点之间主要存在直射波、反射波、绕射波和散射波等。

直射波是指在自由空间中，电磁波沿直线传播而不被吸收，且不发生反射、折射和散射等现象而直接到达接收点的传播方式。

反射波是指从其他物体反射后到达接收点的传播信号，当电磁波遇到比波长大得多的物体（障碍物）时会发生反射，如地面、建筑物和墙壁表面、山丘、森林或楼房等高大建筑物等均会反射电磁波，反射波信号强度次于直射波。

绕射波是指从障碍物绕射后到达接收点的传播信号。电磁波在传播途径上遇到障碍物时，总是力图绕过障碍物，再向前传播。这种现象称为电磁波的绕射。超短波的绕射能力较弱，会在高大的山丘或建筑物后面会形成所谓的"阴影区"。在高频波段，绕射与反射一样，依赖于障碍物的形状，以及绕射点入射波的振幅、相位和极化情况而有所不同。通常，绕射波的强度与反射波相当。

当波所穿行的介质中存在小于波长的物体并且单位体积内物体的数量非常巨大时，会发生散射。通常，散射波产生于粗糙表面、小物体或其他不规则物体上。在实际的通信系统中，树叶、街道标志和灯柱等都会引发散射，但散射波信号强度相对较弱。

2.2.2　自由空间传播模型

无线信道的传播特性对于无线网络的研究、规划和设计有着十分重要的作用。然而，由于电磁波在无线信道中受到反射、绕射、散射、多径传播以及移动台的速度、信号的传输带宽等因素的影响，无线信道不像有线信道那样固定且容易预测，而是具有很大的随机性，分析难度较大。因此，为了给通信系统的规划和设计提供依据，人们通过理论分析或实测等方法，对电磁波在某些特定环境下的传播特性进行统计分析，从而总结和建立了一些具有普遍意义的数学模型。利用这些模型，可以估算某些传播环境中的传播损耗和其他有关的传播参数。我们将这些模型称为无线传播模型。

自由空间传播模型（free space propagation model）是最简单、理想情况下的无线电波传播模型。严格意义上的自由空间是指一种理想的、均匀的、各向同性的介质空间。当电磁波在这样的介质中传播时，不会发生反射、折射、散射和吸收现象，只存在因电磁波能量扩散而引起的传播损耗。卫星通信和微波视距通信的传输环境是典型的自由空间传播。自由空间损耗用于描述无线电波在这种理想空间传播时所产生的扩散损耗。

若发射点以球面波发射，设 P_t 为发射点的发射功率，G_t 和 G_r 分别为发射天线和接收天线增益，λ 为波长，d 为发射天线和接收天线间的距离，L 为系统损耗，则接收处的功率可表示为

$$P_r(d) = \frac{P_t G_t G_r \lambda^2}{(4\pi)^2 d^2 L} \tag{2.1}$$

理想情况下，可取 $L=1$，表示系统无损耗。对式（2.1）两边取对数，可得

$$10\lg P_{\mathrm{r}} = 10\lg P_{\mathrm{t}} + 10\lg G_{\mathrm{t}} + 10\lg G_{\mathrm{r}} - 10\lg L - 10\lg\left(\frac{4\pi d}{\lambda}\right)^2 \qquad (2.2)$$

自由空间路径损耗用于描述信号衰减，定义为有效发射功率和接收功率之间的差值（不包括天线增益），其单位为 dB 的正值。若设定天线增益为 1，系统损耗为 1 时，自由空间路径损耗可表示为

$$
\begin{aligned}
PL &= 10\lg\frac{P_{\mathrm{t}}}{P_{\mathrm{r}}} = -10\lg\left(\frac{\lambda}{4\pi d}\right)^2 = -10\lg\left(\frac{c}{4\pi d f}\right)^2 \\
&= -10\lg\left(\frac{c}{4\pi}\right)^2 + 20\lg d + 20\lg f \\
&= -147.56 + 20\lg d + 20\lg f
\end{aligned}
\qquad (2.3)
$$

其中，c 表示光在自由空间的传播速度，取值为 3×10^8 m/s；f 为无线信号的频率。图 2.2 给出了自由空间路径损耗的对数坐标系表示，其中横轴为收发天线之间的距离，纵轴表示自由空间路径损耗。

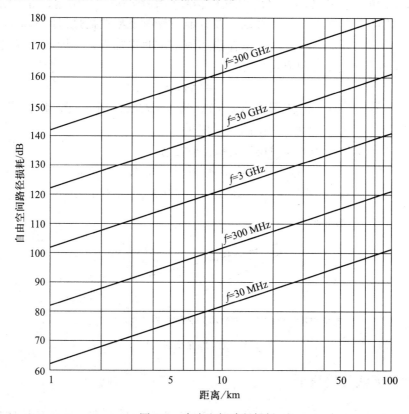

图 2.2 自由空间路径损耗

2.2.3　双线地面反射模型

自由空间传播模型描述的是一种理想情况下的直射波模型，而实际上几乎在所有的地面通信业务中，总是要考虑地面的影响的，此时单一的直线传播不再是唯一的传播方式。双线地面反射模型（two-ray ground reflection propagation model）除了考虑直线传播路径外，还考虑了地面反射路径，如图 2.3 所示。T. S. Rappaport 在其著作《无线通信原理与应用》（*Wireless Communications: Principles and Practice*）中证明了相对于自由空间模型，双线地面反射模型能够更准确地描述在长距离传输环境中的地面通信。该模型中，接收信号功率计算公式为

$$P_r(d) = \frac{P_t G_t G_r h_t^2 h_r^2}{d^4 L} \tag{2.4}$$

其中，h_t 和 h_r 分别为发射天线和接收天线的高度。相对于式（2.1）来说，随着距离的增长，式（2.4）给出的传输信号功率损耗更大。但是，由于创建和销毁两个路径的叠加时会产生波动，双线地面反射模型在描述短距离情况时并不准确。相比之下，自由空间模型在描述短距离时更加有效。因此，双线地面反射模型给了一个临界距离 d_c，有

$$d_c = (4\pi h_t h_r)/\lambda \tag{2.5}$$

当 $d < d_c$ 时，将使用式（2.1）；当 $d > d_c$ 时，用式（2.4）；当 $d = d_c$ 时，式（2.1）和式（2.4）给出的结果相同。

因此，双线地面反射模型的路径损耗为

$$PL = \begin{cases} -147.56 + 20\lg d + 20\lg f, & \text{当 } d < d_c \\ 40\lg d - 20\lg h_t - 20\lg h_r, & \text{当 } d \geqslant d_c \end{cases} \tag{2.6}$$

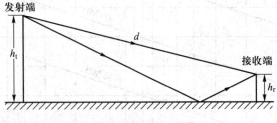

图 2.3　双线地面反射模型

2.2.4　室内无线传播模型

在室内环境下，由于墙壁、门窗和其他物体的存在，电磁波传播相对复杂，除了直射波、多重反射波与透射波外，还有经物体棱角边缘绕射所产生的绕射

波。在当前移动通信（900 MHz/1 800 MHz）与无线局域网标准所使用的频段（2.4 GHz/5 GHz）条件下，根据瑞利散射原理，绝大部分室内物体表面可视为电磁平坦，从而对散射可以忽略不计。但是，除了可能的直射信号外，入射信号仍然要经历反射、透射与绕射，并在接收端具有不同的强度、相位和时延。入射、反射、透射与绕射等多路信号叠加后会形成强度衰减、相位不断变化的信号。

此外，对于不同建筑物而言，室内布置、材料结构、建筑物规模和应用类型等因素差异很大，即使在同一个建筑物的不同位置，其传播环境也不尽相同。建筑物具有大量的阻挡物，它们在物理特性和电气特性上变化范围非常广泛。因而，在特定的室内情况下，给出一个通用模型是非常困难的。

室内无线传播模型通常可分为经验模型与确定性模型两类。

经验模型基于非常简单且易懂的公式，它们运算非常快，输入简单。经验模型包括数学模型、统计模型和其他一些模型。其中，数学模型基于数学公式，如离散时间冲激响应模型；统计模型依赖于测量数据，典型的统计模型包括对数距离路径损耗模型、Ericsson 多重断点模型等；其他模型是除了数学模型和统计模型之外的模型，如模拟信道冲激响应的随机无线信道模型（stochastic radio channel model，SRCM）。经验模型不能提供精确的定点信息，也不能预测通信信道的宽带参数。

以对数距离路径损耗模型为例，路径损耗为

$$PL = PL(d_0) + 10\gamma \lg\left(\frac{d}{d_0}\right) + X_\sigma \tag{2.7}$$

其中，γ 为路径损耗指数，表示路径损耗随距离增长的速率，它依赖于周围环境和建筑物类型；X_σ 是标准偏差为 σ 的正态随机变量；d_0 为参考距离，在宏蜂窝系统中，通常使用 1 km 为参考距离，而在微蜂窝系统中使用较小的参考距离，如 100 m 或者 1 m；$PL(d_0)$ 是基准距离 d_0 的功率；d 是发送机与接收机间的距离。

确定性模型遵从电磁波传播的物理理论，主要有两类方法：基于著名的射线跟踪（ray tracing）或者射线发射（ray launching）技术，基于求解麦克斯韦方程的有限差分时域法（finite-difference time-domain method）。目前最常用的是利用射线跟踪/射线发射技术的光学模型。这些模型很精确，可以在特定环境中使用，并且能预测宽带参数。但它们的处理与运算速度通常较慢，需要精确地输入相关数据信息，包括障碍物和所用材料的电磁参数等数据。

2.3   移动环境下的无线传播

节点在移动过程中借助无线传输媒体所实现的通信称为无线移动通信。通常，移动过程中的无线传播面临着更加复杂、多变的环境。首先，电磁波传播环境十分复杂，传播机理多种多样，几乎包括了电磁波传播的所有过程，如直射、绕射、反射、散射。其次，由于节点的移动性，电磁波的传播参数随时可能发生变化，并引起接收场强的快速波动。因此，移动环境下的无线传播总是伴随着多径传播、多普勒频移等。

2.3.1   多径传播与多径衰落

在无线通信系统中，由于无线信道中存在反射、散射和折射，使得传播信号沿着多条不同的路径到达接收天线，这样接收天线最终接收到的信号就是各路信号的叠加，这就是无线信号的多径传播。由于多径传播中各路信号的传播路径各不相同，因此信号到达接收天线时的幅度、相位也各不相同，叠加后会出现快速起伏的短期效应，这种效应称为多径衰落。从波形上看，多径传播使发送天线所发送的确定载波信号在接收天线处变成了包络和相位受到调制的窄带信号，即衰落信号。

下面以较简单的双径传播为例，讨论多径传播以及多径衰落产生的影响。如图 2.4 所示，双径传播后接收信号将是衰减和时延都随时间变化的直射波信号和反射波信号的合成。设直射波信号为 $S_1(t)$，反射波信号为 $S_2(t)$，这两路信号到达接收天线时分别为

$$S_1(t) = A_1 \cos \omega t$$
$$S_2(t) = A_2 \cos \omega (t + \Delta t) \tag{2.8}$$

其中，A_1 和 A_2 分别为两路信号的幅度，而反射波相比于直射波，有 Δt 的延迟。此时，在接收端合成的信号为

$$S(t) = S_1(t) + S_2(t) = A_1 \cos \omega t + A_2 \cos \omega (t + \Delta t)$$
$$= \sqrt{A_1^2 + 2A_1 A_2 \cos \omega \Delta t + A_2^2} \cos(\omega t + \varphi) \tag{2.9}$$

从式（2.9）可以看到，合成后的信号幅度将随着两路信号到达时的相位差而发生变化。当相位差 $\omega \Delta t = 2n\pi$（n 为整数）时，即两路径信号同相时，接收信号出现峰值，其幅度为直射波信号和反射波信号幅度之和；而当 $\omega \Delta t = (2n+1)\pi$，即两路径信号反相时，接收信号出现谷值，其幅度为直射波信号和反射波信号幅度之差，如图 2.4 所示。图 2.4 中已将直射波的幅度做了归一化处理，而 r 为归一

化后的反射波强度。

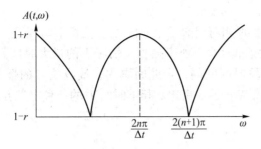

图 2.4 多径传播的信道幅频特性

从图 2.4 可见，两个相邻峰值的频率间隔为

$$\Delta\omega = \frac{2\pi}{\Delta t} \quad \text{或} \quad B_{\text{cof}} = \frac{\Delta\omega}{2\pi} = \frac{1}{\Delta t} \tag{2.10}$$

其中，频率间隔 B_{cof} 称为相干带宽。若设符号带宽为 B_{s}，符号周期为 T_{s}（$T_{\text{s}} = 1/B_{\text{s}}$）。当 B_{s} 小于相干带宽 B_{cof} 时，在频域中，信号中的不同频率分量以类似的方式受到信道的影响，则信号的衰落与频率无关。如果信号带宽 B_{s} 比信道的相干带宽 B_{cof} 大得多，传输信号中的不同频率分量的衰落（增益和相移）就会不相同，因而产生频率选择性衰落，这种信道称为频率选择性信道。

2.3.2 多普勒频谱扩展

当无线电发射机与接收机处于相对运动的状态时，接收信号的频率将会发生偏移。当两者作相向运动时，接收信号的频率将高于发射信号的实际频率；而当两者作反向运动时，接收信号的频率将低于发射频率，这种现象称为多普勒效应。对于电磁波而言，多普勒效应造成的频率偏移取决于发射机与接收机相对运动的速度。设 f_{d} 为接收机检测到的发射机频率的变化量，即多普勒频率偏移，则其可表示为

$$f_{\text{d}} = f_0 \frac{v}{c} \cos\varphi \tag{2.11}$$

其中，f_0 是发射机的载波频率，v 是发射机与接收机之间的相对速度，φ 为移动方向与电波入射方向的夹角，c 为光速。

由式（2.11）可知，最大多普勒频移为 $f_{\text{max}} = f_0 \frac{v}{c}$，该值常被用来描述无线信道时变性所引起的接收信号频谱展宽程度，亦称为多普勒扩展。当发射机在无线信道上发送一个频率为 f_0 的单频正弦波时，受多普勒效应的影响，接收信号的频谱被展宽，将包含频率 $f_0 - f_{\text{max}}$ 至 $f_0 + f_{\text{max}}$ 的频谱称为多普勒频谱。假设所传输

基带信号的带宽用 B_s 来表示，那么，当 $B_s \gg f_{max}$ 时，接收机中因多普勒扩展产生的影响可忽略。

与多普勒扩展相对应的一个时间参量是相干时间 T_c。相干时间定义为两个瞬时时间的信道冲激响应处于强相关情况下的最大时间间隔。换句话说，相干时间就是指一段时间间隔，在此间隔内，接收信号的幅值具有很强的相关性。相干时间与多普勒扩展成反比。相干时间 T_c 的一种定义方法是

$$T_c \approx \frac{0.423}{f_{max}} \tag{2.12}$$

如果基带信号的符号周期 T_s 大于信道的相干时间 T_c，那么在基带信号的传输过程中信道可能会发生改变，导致接收信号失真，产生时间选择性衰落；如果基带信号的符号周期 T_s 小于信道的相干时间 T_c，则在基带信号的传输过程中信道不会发生改变。

2.3.3 快衰落与慢衰落

根据发送信号与信道变化程度，无线信道的衰落可分为快衰落（fast fading）和慢衰落（slow fading）两种。在同一个无线信道中，既存在快衰落，也存在慢衰落。一般而言，慢衰落表征了接收信号在一定时间内均值随传播距离和环境变化呈现缓慢变化，快衰落表征了接收信号在短时间内随传播距离和环境变化呈现出快速波动。

1. 阴影效应与慢衰落

在移动通信传播环境中，电波在传播路径上遇到起伏的山丘、建筑物、树林等障碍物阻挡，形成电波的阴影区，就会造成信号场强中值的缓慢变化，引起衰落。通常把这种慢衰落现象称为阴影效应。

当接收机通过不同障碍物的阴影时，就会造成接收场强中值的变化。这种由于阴影效应导致接收场强中值随着地理位置改变而出现的缓慢变化称为慢衰落。慢衰落是一种大尺度衰落，又称为阴影衰落。另外，由于气象条件的改变，导致大气折射率随时间而变化，也会造成同一地点场强中值随时间而发生缓慢变化，但大气折射所引起的衰落远小于地形起伏、建筑物和其他障碍物对电磁波遮蔽所引起的衰落。大量统计测试表明，慢衰落近似服从对数正态分布。

2. 快衰落

移动接收天线附近的散射体（地形、地物和移动体等）引起的多径传播信号在接收点叠加，造成接收信号快速起伏的现象称为快衰落。快衰落一般可以分为频率选择性衰落、时间选择性衰落和空间选择性衰落三类。这里的选择性

是指在不同的频率、不同的时间和不同的空间，衰落特性各不相同。信号经过无线信道，形成上述三种选择性衰落的同时，也分别产生了时延扩展、多普勒扩展和角度扩展，这三种扩展分别对应三组相关参数，即相干带宽、相干时间和相干距离。

所谓频率选择性衰落是指在不同频段上衰落特性不一样。具体来说，由于信道在时域中的时延扩散，引起了在频域上的频率选择性衰落，正如在 2.3.1 节提及的、由多径传播引入的时延扩展。如果信号带宽 B_s 比信道的相干带宽 B_{cof} 大得多，传输信号中不同频率分量的衰落（增益和相移）就会不同，进而产生频率选择性衰落。

所谓时间选择性衰落是指在不同的时间衰落特性不一样。时间选择性衰落的产生是由于用户的高速移动而在频域上引起的多普勒频移，在相应的时域中其波形产生时间选择性衰落。如果数据持续时间 T_s 大于相干时间 T_c，或者信号带宽 B_s 小于多普勒扩展 f_{max}，将造成时间选择性衰落。因此，为了避免多普勒频移造成的快衰落引起信号失真，必须保证数据持续时间 T_s 小于相干时间 T_c，或者信号带宽 B_s 大于多普勒扩展 f_{max}，使信道呈现慢衰落。因为多普勒扩展 f_{max} 决定了数据速率的下限，为了更好地降低快衰落的影响，通常要求 $B_s \gg f_{max}$，否则将会明显地限制系统的性能。多普勒扩展将产生一个不能降低的误码率，它不能通过简单地提高系统的信号干扰比来克服。

空间选择性衰落是指在不同的地点和空间位置衰落特性不一样。空间选择性衰落通常称为平坦瑞利衰落，这里的平坦特性是指在时域、频域中不存在选择性衰落。用来描述空间选择性衰落的参数是角度扩展（azimuth spread）。角度扩展是由移动台或基站周围的本地散射体以及远端散射体引起的。从接收机来看，发射信号经散射体反射后，来波信号的角度被展宽。相干距离 D_c 与角度扩展密切相关。相干距离用于度量空间中不同位置对于来波信号的衰落相关性。也就是说，在相干距离内，可以认为信号经历的衰落大体相同。换句话说，如果多根接收天线放置的空间距离 Δx 比相干距离 D_c 小很多，信道就是非空间选择性信道。

2.3.4 分集接收技术

衰落效应是影响无线通信质量的主要因素之一。其中快衰落深度可达 30~40 dB，如果想通过加大发射功率、增加天线尺寸和高度等方法来克服这种深衰落是不现实的，而且会造成对其他电台的干扰。而采用分集方法，即在若干个支路上接收相关性很小、载有同一消息的信号，然后通过合并技术再将各个支路信号合并输出，那么便可在接收终端上大大降低深衰落的概率。分集接收技术已广泛应用于移动通信、短波通信中。在第二和第三代移动通信系统中，这些分集接收技术都已得到了广泛应用。

1. 分集

分集的基本原理是通过多个时间、频率或者空间信道接收承载相同信息的多个副本，由于多个信道的传输特性不同，信号的多个副本的衰落就会不同。接收机可使用来自不同信道的多个副本所包含的信息来恢复原发送信号。分集有如下几种方法。

（1）空间分集：指利用位于不同接收地点的多个接收机，利用不同地点接收信号的衰落特性在统计上的不相关性，即衰落性质不一样，实现抗衰落。

（2）频率分集：指利用位于不同频率的多路信号经衰落信道后在统计上的不相关性，以及不同频段在衰落统计特性上的差异，来实现抗衰落。与空间分集相比较，频率分集的优点是在接收端可以减少接收天线，缺点是占用的频带资源更多，并且在发送端有可能需要采用多个具有不同发射频率的发射机。

（3）时间分集：指利用时间衰落统计特性上的差异，来实现抗时间选择性衰落。对于一个随机衰落信号，当其采样点的时间间隔足够大时，两个采样点在衰落统计上将具有互不相关的特点。与空间分集相比，时间分集的优点是减少接收天线及相应设备的数目，缺点是占用时隙资源，增大了开销，降低了传输效率。

2. 合并

利用分集技术，在接收端取得若干个相互独立的支路信号以后，需要使用合并技术来得到分集增益。合并时采用的准则与方式主要分为三种：选择式合并，等增益合并和最大比值合并。

（1）选择式合并：检测所有分集支路的信号，选择其中信噪比最高的支路信号作为合并器的输出。这种方式简单，容易实现。但由于未被选择的支路信号被弃之不用，因此抗衰落效果不如后两种方式。

（2）等增益合并：各支路的信号等增益相加，其实现比较简单，性能接近于最大比值合并。

（3）最大比值合并：将各条支路信号进行加权合并，加权系数与该支路信噪比成正比。信噪比越大，加权系数越大，对合并后信号贡献也越大。与前两种方式相比，这是一种最合理的合并方式。

2.4　基带传输技术

根据应用范围不同，常见的数字无线传输技术可分为三类，第一类为基带传输技术，主要面向红外应用，如脉冲无线传输或超宽带（ultra-wideband，UWB）传输；第二类为频带传输技术，这是最主要的传输方式，广泛应用于蜂窝网、无线局域网、蓝牙和 ZigBee（紫蜂）等射频通信领域；第三类为扩频通信技术，往往与频段传输相结合，用于码分多址（code division multiple access，CDMA）系统和工作在 ISM 频带的无线局域网。本节先介绍基带传输技术。

在采用无线基带传输技术时，信号无须载波调制而直接被发射出去。无线基带传输分为两个基本过程：编码和脉冲调制。编码的目标是为了便于接收器同步以及避免传输过程中的直流偏移，通常采用线性编码；脉冲调制的目的在于将要发送的编码信息附加在脉冲波形的某个参数上，比如脉冲波形的幅度、位置或持续时间。脉冲调制的基带传输技术一般用在低速率的红外线数据通信里，如用于实现远程控制或个人计算机与打印机、键盘的连接。

2.4.1　基带传输的常用码型

在信源或模数转换器所产生的数字基带信号的频谱中通常含有丰富的低频分量乃至直流分量，如果将其直接送入信道，那么在传输过程中会产生很大的衰减，并产生较大的直流偏移。另外，直接送到信道中的原始基带信号在到达接收端后，接收端往往很难实现与发送端发送信号之间的同步。因此，为了便于接收端与发送端实现同步，并避免传输过程中产生直流偏移，被送入信道的数字基带信号的码型应该符合以下一些要求。

（1）对于传输频率很低的信道来说，线路传输码型的频谱应不含直流分量。

（2）可以从基带信号中提取位同步信号。在基带传输系统中，需要从基带信号中提取位定时信息，这就要求编码功率谱应具有位定时线谱。

（3）基带编码应具有内在检错能力。

（4）码型变换过程应具有透明性，即与信源的统计特性无关。

（5）应尽量减少基带信号频谱中的高频分量，以节省传输频带，提高信道的频谱利用率，并减少串扰。

数字基带信号的传输码型种类繁多，本节主要介绍目前常见的几种。

1. AMI 码

AMI（alternate mark inversion）码即传号交替反转码，分别由一个高电平和低电平表示两个极性，是一种极性交替翻转码。对应的编码规则为：原信息码的 "0" 编为传输码的 "0"；原信息码的 "1"，在编为传输码时，交替地用 "+1" 和 "−1" 表示。例如，若消息代码为 "1010100010111"，则对应的 AMI 码为 "+1 0 −1 0 +1 0 0 0 −1 0 +1 −1 +1"。

由 AMI 码所确定的基带信号中正负脉冲交替，而 0 电位保持不变，所以由 AMI 码所确定的基带信号无直流分量，且低频分量很小。但当信息代码中出现长零串时，信道中会出现长时间的 0 电位，从而影响定时信号的提取。

2. HDB3 码

HDB3 码的全称为三阶高密度双极性码（high-density bipolar of order 3 code），又称四连 "0" 取代码。它是对 AMI 码的一种改进。HDB3 码的编码原理如下。

（1）在消息的二进制代码序列中，当连续 "0" 码的个数不大于 3 时，HDB3 编码规律与 AMI 码相同，即 "1" 码交替编码为 "+1" "−1"。

（2）当代码序列中出现 4 个连续 "0" 码或超过 4 个连续 "0" 码时，把连续 "0" 段按 4 个 "0" 分节，即 "0000"，并使第 4 个 "0" 码变为 "1" 码，用 V 脉冲表示，这样可以消除长连 "0" 现象。为了便于识别 V 脉冲，使 V 脉冲极性与前一个 "1" 脉冲极性相同，从而破坏了 AMI 码极性交替的规律，所以 V 脉冲称为破坏脉冲，并将 V 脉冲和前 3 个连 "0" 称为破坏节 "000V"。

（3）为了使脉冲序列仍然不含有直流分量，必须使相邻的破坏点 V 脉冲极性交替。

（4）为了保证第 2、3 两个条件成立，必须使相邻的破坏点之间有奇数个 "1" 码。如果原序列中破坏点之间的 "1" 码为偶数个，则必须补为奇数，即将破坏节中的第一个 "0" 码变为 "1"，用 B 脉冲表示。这时破坏节变为 "B00V" 形式。B 脉冲极性与前一个 "1" 脉冲极性相反，而 B 脉冲极性和 V 脉冲极性相同。原码、AMI 码、HDB3 码示例如下。

```
原码：   1 0 0 0 0  1 0 0 0 0  0 0 0 0  1
AMI：   +1 0 0 0 0 −1 0 0 0 0  0 0 0 0 +1
HDB3：  +1 0 0 0 +V −1 0 0 0 −V +B 0 0 +V −1
```

虽然 HDB3 的编码规则很复杂，但其解码规则很简单。若 3 个连续 "0" 的前后非零脉冲同极性，则将最后一个非零元素译为 "0"，如 "+1000+1"，应解码为 "10000"；若 2 个连续 "0" 的前后非零脉冲极性相同，则两零前后都译为 0，如 "−100−1"，应解码为 "0000"。

由 HDB3 码确定的基带信号无直流分量，且低频分量很小。HDB3 码中连 "0" 串的数目至多为 3 个，易于提取定时信号。因此，HDB3 是比较理想的基带码型。

3. 曼彻斯特编码和差分曼彻斯特编码

曼彻斯特编码（Manchester coding），也称相位编码（phase coding），是一种同步时钟编码技术。曼彻斯特编码将位信号周期 T 分为前 $T/2$ 和后 $T/2$ 两段，每一位波形信号的中点（即 $T/2$ 处）都存在一个电平跳变。关于曼彻斯特码，事实上存在两种相反的数据表示约定。第一种规定低-高电平跳变表示"0"，高-低电平跳变表示"1"。第二种约定依据 IEEE 802.4（令牌总线）和低速版 IEEE 802.3（以太网）标准，低-高电平跳变表示"1"，高-低的电平跳变表示"0"，图 2.5（a）给出了一个按照第二种约定实现的曼彻斯特编码实例。

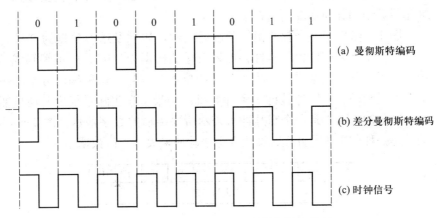

图 2.5 曼彻斯特编码和差分曼彻斯特编码

曼彻斯特编码同时将时钟和数据包含在数据流中，在传输代码信息的同时，也将时钟同步信号一起传输到对方，每位编码中有一跳变，不存在直流分量，因此具有自同步能力和良好的抗干扰性能。但每一个码元都被调成两个电平，所以数据传输速率只有码元传输速率的1/2。曼彻斯特编码在红外无线传输中得到了广泛的应用。

差分曼彻斯特编码是对曼彻斯特编码的一种改进，它保留了曼彻斯特编码作为"自含时钟编码"的优点，仍将每位中间的跳变作为同步之用，但是每位的取值则根据其开始处是否出现电平的跳变来决定。通常，规定起始电平有跳变者代表"0"，无跳变者代表"1"，如图 2.5（b）所示。

差分曼彻斯特编码比曼彻斯特编码的变化要少，因此更适于高速传输信息，广泛用于宽带高速网中。然而，由于差分曼彻斯特编码的每个时钟位都必须有一次变化，所以其编码效率只能达到50%。

2. 4. 2　基带脉冲调制和超宽带脉冲传输

1. 基带脉冲调制

脉冲调制是将所要发送的编码信息附加在脉冲波形的某个参数上，如幅度、宽度或相位等，使脉冲本身的参数随信号发生变化的过程，如脉冲幅度随信号变化的调制技术称为脉冲振幅调制（PAM），脉冲相位随信号变化的调制称为脉冲相位调制（PPM），而脉冲宽度随信号变化的调制称为脉冲宽度调制（PWM）。然而，由于无线信道受到衰落和远近效应的影响，导致脉冲幅度起伏很大，因此在无线应用（传输）中很少采用脉冲振幅调制，而更多采用的是脉冲相位调制和脉冲宽度调制方案。

图 2.6 给出了一个脉冲相位调制的实例。如果发送的数据为 "1"，则被编码成一个位于起始位置的脉冲，如果发送的数据为 "0"，则被编码成一个位于中间位置的脉冲，这样就产生了脉冲相位调制信号。这种编码方案的一个典型应用就是利用红外线连接键盘和计算机的场景。在实际系统中，还可能会采用多个窄脉冲，而不是一个窄脉冲来表示所要传输的数字信息。图 2.6（b）显示的就是一种 3PPM 的方案，即用 3 个窄脉冲来表示一位数据。

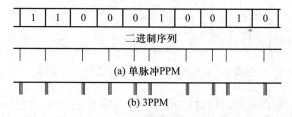

图 2.6　PPM 的实际应用

IEEE 802. 11 标准是 PPM 应用的一个典型实例，该标准给出了一个适合高速漫射红外线介质的物理层标准。它所规定的电磁波波长范围为 850～950 nm，两种基本数据速率分别为 1 Mbps 和 2 Mbps，并均采用多脉冲相位调制方案。其中，1 Mbps 的物理层采用 16PPM 方案，2 Mbps 的物理层采用 4PPM 方案，两种情况下脉冲的宽度均为 250 ns。

2. 超宽带脉冲传输

脉冲无线电是基带脉冲调制的另一典型应用。作为一种无载波通信技术，脉冲无线电利用了纳秒至皮秒级的窄脉冲来传输数据，具有超高带宽，因此又被称为超宽带无线传输技术。超宽带具有如下优点。

（1）系统结构的实现较为简单。超宽带技术不使用高频载波，而通过发送纳秒级脉冲来传输数据信号。因而在系统实现时，发送端不需要设计复杂的功放和混频器等，接收端也不需要做中频处理，大大降低了系统结构实现的复杂度。

（2）功耗低。超宽带系统使用间歇脉冲来发送数据，脉冲持续时间很短，一般在 0.20~1.5 ns 之间，有很低的占空比（duty cycle），系统耗电很低，在高速通信时系统耗电量仅为几百微瓦至几十毫瓦。通常，民用的超宽带设备功率为传统移动电话所需功率的 1/100 左右，蓝牙设备所需功率的 1/20 左右。军用的超宽带电台耗电也很低。因此，超宽带设备在电池寿命和电磁辐射上，相对于传统无线设备有着很大的优越性。

（3）高速的数据传输。超宽带技术以非常宽的频率带宽来换取高速的数据传输。超宽带可以在短距离传输的情况下实现几百兆位每秒的高速传输，是实现个人通信和无线局域网的一种理想调制技术。而且，超宽带并不单独占用现在已经拥挤不堪的频率资源，而是共享了其他无线技术所使用的频带。

（4）安全性高。超宽带系统一般把信号能量弥散在极宽的频带范围内，相对于一般通信系统，超宽带信号相当于白噪声信号，并且大多数情况下，超宽带信号的功率谱密度低于自然的电子噪声，而从电子噪声中将脉冲信号检测出来是一件非常困难的事，从而使得超宽带具有天然的高安全性能。若采用编码对脉冲参数进行伪随机化处理，脉冲的检测将更加困难，其安全性将进一步提高。

（5）多径分辨能力强。通常，若多径脉冲在时间上发生交叠，其多径传输路径长度应小于脉冲宽度与传播速度的乘积。由于常规无线通信的射频信号大多为连续信号，或者信号持续时间远大于多径传播时间，因而多径传播效应对通信质量和数据传输速率的影响明显。而超宽带无线电发射的是持续时间极短、占空比极低的单周期脉冲，脉冲多径信号在时间上不存在重叠，即多径信号在时间上是可分离的，很容易从中分离出多径分量，以充分利用发射信号的能量。大量的实验表明，在常规无线电信号多径衰落深达 10~30 dB 的多径环境中，超宽带无线电信号的衰落最多不到 5 dB。

（6）定位精确。冲激脉冲具有很高的定位精度，采用超宽带无线电通信，很容易将定位与通信合一，而常规无线电难以做到这一点。超宽带无线电具有极强的穿透能力，可在室内和地下进行精确定位，而 GPS 系统只能工作在 GPS 定位卫星的可视范围之内；与 GPS 提供绝对地理位置不同，超短脉冲定位器可以给出相对位置，其定位精度可达厘米级，且超宽带无线电定位器在价格上更为便宜。

2.5　频带传输

由于基带传输受到距离限制，所以在远距离传输中倾向于采用频带传输方式。为了将数字化的二进制数据转化为高频信号，需要选取某一频率范围的正弦或余弦信号作为载波，然后将要传送的数字数据"寄载"到载波上，利用数字数据对载波的某些特性（振幅 A、频率 f、相位 φ）进行控制，使载波特性发生变化，然后将变化了的载波送往线路进行传输。这种用基带数字信号控制高频载波的某种特性，把基带数字信号变换为频带数字信号的过程称为数字调制（digital modulation），并把频带数字信号称为已调信号。已调信号通过模拟信道传输到接收端，在接收端把频带数字信号还原成基带数字信号，这种数字信号的反变换称为数字解调（digital demodulation）。包含数字数据调制和解调过程的传输系统称为数字信号的频带传输系统。

2.5.1　基本的调制解调方法

由于正弦交流信号的载波可以用 $A\sin(2\pi f(t)+\varphi)$ 表示，即参数振幅 A、频率 f 和相位 φ 的变化均会影响信号波形，故振幅 A、频率 f 和相位 φ 都可作为控制载波特性的参数，又称为调制参数，并由此产生三种基本的调制形式，分别为幅移键控、频移键控和相移键控。以二进制调制为例，图 2.7 给出了三种调制解调方法的示例，即 2ASK、2FSK 和 2PSK。

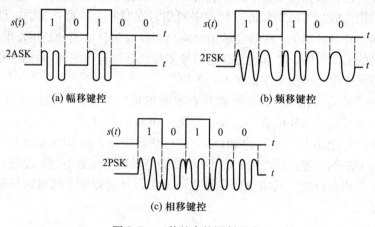

(a) 幅移键控　　　　　　　　　　(b) 频移键控

(c) 相移键控

图 2.7　三种基本的调制形式

1. 幅移键控

幅移键控（amplitude shift keying，ASK）又称幅度调制。在幅移键控中，频率和相位为常量，幅度随发送的数字数据而变化。当发送的数据为"1"时，幅移键控信号的振幅保持某个电平不变，即有载波信号发射；当发送的数据为"0"时，幅移键控信号的振幅为 0，即没有载波信号发射。其数学表达式如下：

$$S_{\text{ASK}}(t) = As(t)\cos(\omega_c t + \varphi_0) \tag{2.13}$$

其中，S_{ASK} 表示采用幅移键控的信号。从图 2.7（a）不难看出，幅移键控实际上相当于使用一个受数字基带信号控制的开关来开启和关闭正弦载波。因此，可用如图 2.8 所示的简单装置产生幅移键控已调信号。

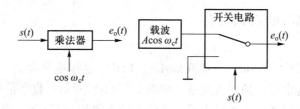

图 2.8　ASK 的调制原理框图

在接收端，可以通过包络检波（非相干解调）或者相干解调的方式完成已调信号的解调，如图 2.9 所示。

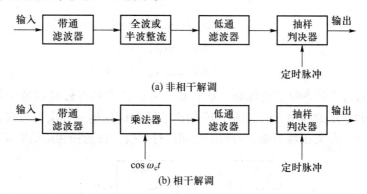

(a) 非相干解调

(b) 相干解调

图 2.9　ASK 的解调原理框图

就相干解调而言，需要在接收端提供与发送端在相位、频率上严格一致的解调载波。如图 2.9（b）所示，解调载波为 $\cos\omega_c t$，带通滤波器的中心频率为 ω_c。假设接收端的输入信号可以表示为

$$S_i(t) = As(t)\cos\omega_c t + n_0 \tag{2.14}$$

其中，$As(t)\cos\omega_c t$ 为已调信号，n_0 为传输过程中引入的噪声。经带通滤波器滤

除其他频率杂波后，所输出的信号进入相乘器，与解调载波 $\cos \omega_c t$ 相乘后，其输出可以表示为

$$S_i(t) \cos \omega_c t = (As(t) \cos \omega_c t + n_0) \cos \omega_c t$$

$$= \frac{1}{2} As(t) + \frac{1}{2} As(t) \cos 2\omega_c t + n_0 \cos \omega_c t \qquad (2.15)$$

从式（2.15）可知，相乘器的输出包括低频与高频两部分，其中低频部分为 $\frac{1}{2} As(t)$，高频部分为 $\frac{1}{2} As(t) \cos 2\omega_c t + n_0 \cos \omega_c t$。经过低通滤波器后，高频部分被滤除，只保留了低频部分作为输出，而这部分低频信号其实就是幅度衰减了的发送端基带信号。将抽样判决器的判决门限设置为 $\frac{1}{4} A$，通过与判决门限比较，即可输出相应的数字信号。

2. 频移键控

频频键控（frequency shift keying，FSK）也称频率调制。在频移键控中，振幅和相位为常量，频率为变量。如图 2.7（b）所示，数字信号"0"和"1"分别用两种不同频率的波形表示，当传输的数据为"1"时，频率调制信号的角频率为 f_1；当传输的数据为"0"时，频率调制信号的角频率为 f_2。其数学表达式为

$$S_{\mathrm{FSK}}(t) = As(t) \cos \omega_1 t + A\overline{s(t)} \cos \omega_2 t$$

$$= As(t) \cos 2\pi f_1 t + A\overline{s(t)} \cos 2\pi f_2 t \qquad (2.16)$$

$$= \begin{cases} A\cos 2\pi f_1 t, & s(t) = 1 \\ A\cos 2\pi f_2 t, & s(t) = 0 \end{cases}$$

频移键控不仅实现简单，而且相比调幅技术具有较高的抗干扰性，所以这是一种常用的调制方法。图 2.10 给出了频移键控的一种实现方式，这种方式是利用电子开关在两个独立的频率之间进行切换，以选择相应的频率。

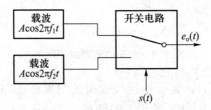

图 2.10   FSK 的调制原理框图

在接收端，可以采用过零检测、非相干解调或者相干解调等方式完成已调信号的解调。

如图 2.11 所示，过零检测法利用信号波形在单位时间内与零电平轴交叉的次数来测定信号频率。输入的已调信号经限幅放大后成为近似矩形的脉冲波，再经微分电路得到双向尖脉冲，然后整流得到单向尖脉冲，每个尖脉冲代表信号的一个过零点，尖脉冲重复的频率是信号频率的两倍。用尖脉冲去触发一单稳态电路，产生一定宽度的矩形脉冲序列，该序列的平均分量与脉冲重复频率，即输入频率信号成正比。也就是说，经过低通滤波器的输出平均量的变化反映了输入信号的变化，实现了频率-幅度的变换，通过将码元"1"与"0"在幅度上区分开来，恢复出数字基带信号。

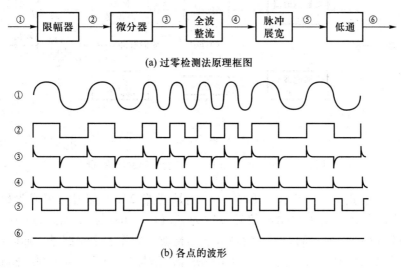

(a) 过零检测法原理框图

(b) 各点的波形

图 2.11　过零检测法原理框图及各点波形

若将式（2.13）与式（2.16）进行比较，可以发现 2FSK 可看作是两路 2ASK 信号的叠加。其中，一路 2ASK 信号的载波频率为 f_1，并且当发送信号为"1"时，载波幅度为 A，当发送信号为"0"时，载波幅度为 0；另一路 2ASK 信号的载波频率为 f_2，并且当发送信号为"0"时，载波幅度为 A，而当发送信号为"1"时，载波幅度为 0。因此，在接收端可以利用 2ASK 的解调方法来对 2FSK 进行解调。

如图 2.12 所示，接收端所收到的 2FSK 信号被分别送入两个解调支路，其中，上支路带通滤波器的中心频率为 ω_1，而下支路带通滤波器的中心频率为 ω_2。相应地，上支路带通滤波器的输出信号为

$$S_{\mathrm{FU}}(t) = As(t)\cos\omega_1 t \tag{2.17}$$

而下支路带通滤波器的输出信号为

$$S_{\mathrm{FD}}(t) = A\overline{s(t)}\cos\omega_2 t \tag{2.18}$$

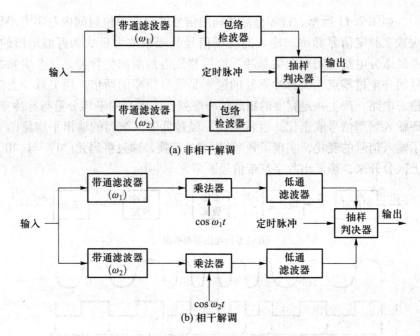

图 2.12　FSK 的非相干解调与相干解调原理框图

从形式上看，$S_{FU}(t)$ 和 $S_{FD}(t)$ 就是两路 2ASK 信号。现假设输入信号为"1"，则上下支路的输出信号分别为 $S_{FU}(t) = A\cos\omega_1 t$，$S_{FD}(t) = 0$。若采用如图 2.12（a）所示的非相干解调（包络检波）方案，上支路进入抽样判决器的信号为 $A'(A'>0)$，下支路进入抽样判决器的信号为"0"，从而判决器输出上支路对应的基带信号"1"。若采用如图 2.12（b）所示的相干解调方案，上支路进入抽样判决器的信号为 $0.5A$，而下支路进入抽样判决器的信号为"0"。抽样判决器需要对上下两支路信号的幅度进行比较，若上支路信号幅度大于下支路信号幅度，则输出上支路对应的基带信号（即 ω_1 对应的基带信号）；若上支路信号幅度小于下支路信号幅度，则输出下支路对应的基带信号（即 ω_2 对应的基带信号）。此时，由于上支路信号幅度大于下支路，因此判决器将输出上支路对应的基带信号"1"。

3. 相移键控

相移键控（phase shift keying，PSK）也称相位调制。在相移键控中，振幅和频率为常量，但通过控制或改变正弦载波信号的相位来表示二进制数据。按照是使用相位的绝对值还是相位的相对偏移，可将相移键控分为绝对相移键控和相对相移键控。

在绝对相移键控中，用不同的相位绝对值来表示不同的二进制数据。以二相制为例，可以将一个完整周期的相位进行二等分，从而得到关于相位的绝对值 0°和 180°，然后，分别用 $\varphi = 0°$ 代表二进制 "0"，用 $\varphi = 180°$ 代表二进制 "1"。绝对二进制相移键控的已调信号可以表示为

$$S_{PSK}(t) = A\cos(\omega_c t + \varphi_0), \quad \varphi_0 = 0 \text{ or } \boldsymbol{\pi}$$

$$= \begin{cases} A\cos\omega_c t, & s(t) = 1 \\ -A\cos\omega_c t, & s(t) = 0 \end{cases} \tag{2.19}$$

由于绝对相移键控存在着"倒 π"现象，因此在实际应用中，更多采用相对相移键控，即差分相移键控（differential phase shift keying, DPSK）。差分相移键控利用前后码元信号相位的相对偏移来表示不同的二进制数据，相对偏移量的大小与采用的相制有关。以二相调制为例，相对偏移可以取 0°和 180°两个值，若所要传输的数据为二进制 "0" 时，则载波相位要发生 180°的跳变；若当传输的为二进制 "1" 时，则载波相位不发生跳变，即跳变为 0°。如图 2.13 所示。

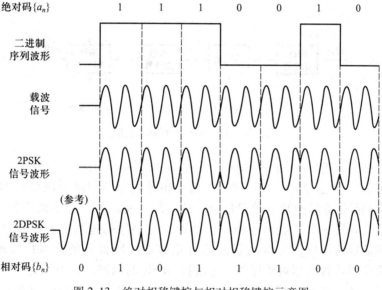

图 2.13　绝对相移键控与相对相移键控示意图

采用绝对相移键控的发送端工作原理如图 2.14 所示。由式（2.14）可知，2PSK 可以视为幅度分别为 A 与 $-A$ 的 2ASK，因此，将信源输出的基带信号变为双极性不归零码，再与载波相乘，就可以得到所需要的 2PSK 信号，如图 2.14（a）所示。图 2.14（b）给出了采用键控方式产生 2PSK 信号的原理框图。

正是由于 2PSK 可以视为幅度分别为 A 与 $-A$ 的 2ASK，因此绝对相移键控的解调可以借用 2ASK 的相干解调方案，如图 2.15 所示。但应该注意，2PSK 不能

采用包络检波方案，因为 2PSK 是幅度恒定信号，即不管是二进制信号"1"或者二进制信号"0"，2PSK 信号的幅度绝对值都是 A。与 2ASK 的相干解调相比，2PSK 相干解调的不同之处在于：2PSK 的判决门限为 0 电平，而 2ASK 的判决门限为 $0.5A$。

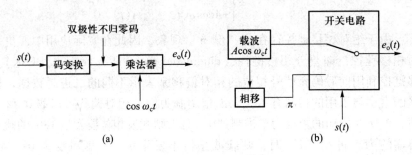

(a)　　　　　　　　　　　　　　　(b)

图 2.14　2PSK 的调制原理框图

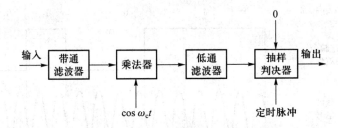

图 2.15　2PSK 的相干解调原理框图

如前所述，在实际应用中，更多地采用差分相移键控技术。为了描述与理解 2DPSK 信号的调制过程，需引入相对码序列与绝对码序列的概念。绝对码序列是指原始的数字信息序列，即实际要发送的二进制码序列，暂记为 a_n。现假设有另一个二进制序列 d_n，将此二进制序列进行绝对相移键控所得到的已调信号的相位，与将 a_n 进行差分相移键控所得到的已调信号的相位一致，则将序列 d_n 称为相对码序列。在进行 DPSK 的调制时，可以先对绝对码序列进行码变换，转换为相对码序列后，再对相对码序列进行绝对调相。举例说明如下。

假设对于差分相移键控，初始相位为 0，当发送信号为"1"时，$\Delta\varphi=\pi$；发送信号为"0"时，$\Delta\varphi=0$。而对于绝对相移键控，发送信号为"1"时，$\varphi=0$；发送信号为"0"时，$\varphi=\pi$。发送端拟发送的数字信息序列为 a_n，有

$$a_n = 1\ 0\ 1\ 1\ 0\ 0\ 1\ 0\ 1$$

则对应的差分相移键控载波相位 φ_d 为

$$\varphi_d = \underline{0}\ \pi\ \pi\ 0\ \pi\ \pi\ \pi\ 0\ 0\ \pi$$

其中，第一个"0"表示初始相位所对应的数字信号。可以看出，如果在发送端

用绝对相移键控发送数字序列 d_n

$$d_n = \underline{1}\ 0\ 0\ 1\ 0\ 0\ 0\ 1\ 1\ 0$$

则 d_n 所对应的载波相位也是 "$\underline{0}\ \pi\ \pi\ 0\ \pi\ \pi\ \pi\ 0\ 0\ \pi$"，与发送端用相对调相发送序列 a_n 时的相位 φ_d 是一致的。也就是说，若要产生差分相移键控信号，可以先将绝对码转换为相对码，然后再对相对码进行绝对调相。同时，从该例还可以看出，相对码与绝对码之间的关系可表示为

$$d_n = a_n \oplus d_{n-1} \tag{2.20}$$

图 2.16 给出了与上述分析相对应的两种调制实现方法。其中，图 2.16（a）中的码变换器首先将绝对码转换为相对码，再将相对码转换为双极性不归零码，而图 2.16（b）中的码变换器则仅仅将绝对码转换为相对码。

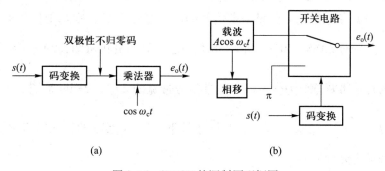

(a)   (b)

图 2.16　2DPSK 的调制原理框图

就差分相移键控的解调而言，可以采用相干解调方法，即先将差分相移键控已调信号按照相移键控信号进行解调，得到相对码；再根据式（2.20），将相对码转换为绝对码，如图 2.17 所示。

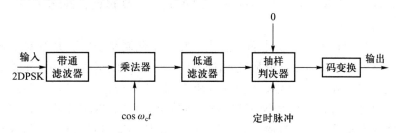

图 2.17　2DPSK 的相干解调原理框图

除了相干解调法，差分相移键控也可以采用差分解调法进行解调，如图 2.18 所示。

4. 调制解调方法的选择

上述三种二进制数字调制方法各有优劣，需要根据系统性能要求进行恰当

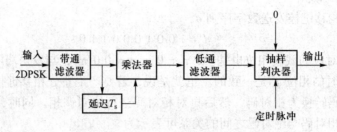

图 2.18　2DPSK 的差分解调原理框图

的选择。通常，从系统性能的角度，需要考虑传输带宽、误码率、对信道特性变化的敏感度以及设备复杂度等因素。基于这些因素，三种方法的比较如下。

（1）传输带宽。假设基带信号的码元宽度为 T_s，则基带信号的带宽近似为 $\dfrac{1}{T_s}$。分别对 2ASK、2FSK 和 2PSK 信号进行频谱分析可知，2ASK 系统和 2PSK 系统的传输带宽近似为 $\dfrac{2}{T_s}$，即为基带信号带宽的 2 倍。2FSK 系统的传输带宽近似为 $|f_2-f_1|+\dfrac{2}{T_s}$。由此可见，在相同条件下，2FSK 系统的传输带宽最宽，故 2FSK 系统的有效性最差。

（2）误码率。二进制数字调制系统的误码率与系统的调制方式有关，而不同的解调方式，其误码率也不相同，其中相干解调方式略优于非相干解调方式。在同一种解调方式的不同调制系统中，在相同误码率的情况下，2PSK 要比 2FSK 系统对信噪比的要求低 3 dB，2FSK 又要比 2ASK 系统对信噪比的要求低 3 dB；也就是说，在相同的信噪比情况下，2PSK 的误码率最低，2FSK 次之，2ASK 误码率最高。

（3）对信道特性变化的敏感度。在数字调制系统中，系统对信道特性变化的敏感程度主要与系统的最佳判决门限有关。在 2FSK 系统中，不论是相干解调还是非相干解调，接收端的抽样判决器都不需要人为设置判决门限，只需比较上下两路解调信号的大小即可进行正确恢复。在 2PSK 系统中，需要为接收端的抽样判决器设定一个判决门限，但系统的最佳判决门限为 0，与接收机输入信号的幅度无关。因此，当 2PSK 系统中的信道特性发生变化时，其判决门限将不受影响。而在 2ASK 系统中，不论是相干解调还是非相干解调，都需要人为设定一个判决门限。当数字信号 “1” 和 “0” 出现概率相同时，抽样判决器的最佳判决门限为 $A/4$。因此，2ASK 系统的判决门限与接收机输入信号的幅度密切相关。当系统的信道特性发生变化时，比如信道严重衰减，接收机输入信号的幅度也将随之发生变化，从而使抽样判决器的最佳判决门限也相应改变。这时，由于接收机不容易保持在最佳判决门限状态，导致误码率增大。所以，在二进制调制系统中，2ASK 系统对信道特性的变化最敏感，在信道特性不恒定的系统中最不适用。在数字调制系统中，当信道存在严重衰减时，通常采用非相干解调方式，因为此时在接收端由于信号衰减严重而不容易从中提取相干载波信息。当发射机的发送功率严格受限时，通常采用相干接收，因为在码元传输速率和误码率一定的条件下，相干解调比非相干解调对信噪比的要求低。比如，在宇宙飞船、同步卫星等天体通信系统中，由于发射功率有限，地面接收设备通常都采用相干解调方式。

（4）设备复杂度。在数字调制系统的接收设备中，不同的解调方式其设备的复杂度不同。在二进制数字调制系统中，由于调制设备都可以采用开关电路来实现，且简单易行，故 2ASK、2FSK、2PSK 和 2DPSK 的发送设备复杂度相当。一般来讲，在同一种调制方式中，相干解调的设备复杂度总比非相干解调大；在同一种解调方式中，2DPSK 的设备复杂度最大，2ASK 设备最简单。

由上面分析可知，在设计和选择数字调制通信系统时，需要综合考虑各相关因素，甚至需要在不同因素中进行折中或取舍。比如，2DPSK 通信系统在传输带宽、误码率等方面都占有一定的优势，但其设备复杂，造价昂贵。而非相干解调（即包络检波）的抗噪性能不如相干解调，但包络检波器非常简单，具有很好的实用性。

2.5.2 多进制调制原理

二进制数字调制是数字调制系统的最基本方式，具有较强的抗干扰能力，但系统频带利用率不高。为了提高通信系统的有效性能，可以采用多进制数字调制的方式。在 M 进制的数字调制系统中，利用 M 进制的数字信号去控制正弦载波的幅度、频率和相位的变化，可分别得到多进制幅移键控（MASK）、多进制频移键控（MFSK）和多进制相移键控（MPSK）信号。对于 M 进制的数字调制系统，假设信息传输速率为 R_b，码元传输速率为 R_s，则有如下关系：

$$R_b = R_s \log_2 M \qquad (2.21)$$

由式（2.21）可见，在相同码元周期的情况下，多进制数字调制系统的信息传输速率是二进制数字调制系统的 $\log_2 M$ 倍，多进制系统可以获得较高的频带利用率。但是，为了保证较低的误码率，需要相应地增加发射信号的信噪比。下面简要介绍几种多进制数字调制的基本原理。

1. 多进制幅移键控

多进制幅移键控实际上是用有 M 个离散电平值的 PAM 基带信号调制一个正弦载波的幅度所得到的信号，故通常又称作多电平调幅。多进制幅移键控的调制原理如图 2.19 所示，首先将二进制基带序列转换为 M 进制的电平序列，然后用这些 M 进制的电平去调制载波，以得到多电平的幅度调制信号。

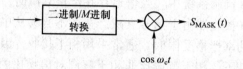

图 2.19   MASK 的调制原理框图

当 M=4，即为 4ASK 时，其对应的波形如图 2.20 所示。

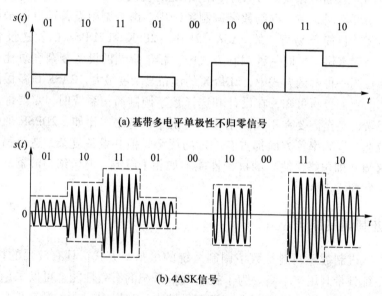

图 2.20   4ASK 信号波形示意图

2. 多进制频移键控

多进制频移键控是二进制频移键控系统的扩展，用 M 个频率来代表多进制的 M 种信息状态。多进制频移键控信号的产生通常采用频率选择的方法，其系统组成原理框图如图 2.21 所示。M 个不同频率的振荡器经过自己的门电路输出，该门电路受到信息序列串并变换后的码组控制。每输入一个码组时，只有一个门被打开，其余的门均处于关闭状态，从而让相应的振荡频率信号输出，形成 MFSK 信号。

多进制频移键控可以采用与 2FSK 类似的方法进行解调，包括相干解调、非相干解调等。由于相干解调需要提取比较精确的相干载波信息，相对较复杂，故通常都采用非相干解调方法。另外，多进制频移键控信号的频谱分析比较复

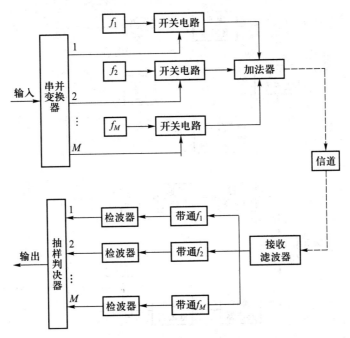

图 2.21　MFSK 的调制和解调原理框图

杂, 不同方式下带宽计算也不相同。不过可以得出的结论是 M 值越大, 其所占用的带宽就越宽。

3. 多进制相移键控

多进制相移键控中的载波频率恒定, 用 M 种不同相位来表示多进制的 M 种信息状态。MPSK 调制系统中, 最常用的是 4PSK, 又称作 QPSK, 下面以其为例进行介绍。

4PSK 正交调制的原理框图如图 2.22 所示。所谓正交调制, 是指对具有 90° 相差的两个载波分量以两个独立的信号分别进行调制。输入序列按照每两位为一组进行串并变换, 通过电平发生器分别产生双极性信号 $I(t)$ 和 $Q(t)$, 然后分别对 $\cos\omega_c t$ 和 $\sin\omega_c t$ 进行调制, 相加后即可得到 4PSK 信号

4PSK 相位选择法 4PSK 的解调可以采用相干解调的方法来实现, 其原理如图 2.22 所示。由于 4PSK 信号中包含了两路正交的 2PSK 信号, 故需要两个 2PSK 接收机进行正交解调。

在 PSK 系统中, 相位的取值通常有两种方式, 即方式 A 和方式 B, 如表 2.2 所示。通常情况下, 方式 A 中的相位大都是连续变化的, 而方式 B 中的相位都是跳跃变化的。在实际的应用系统中, 多数相移键控系统采用了方式 B, 因为相位的跳跃变化有利于接收端提取定时信息。

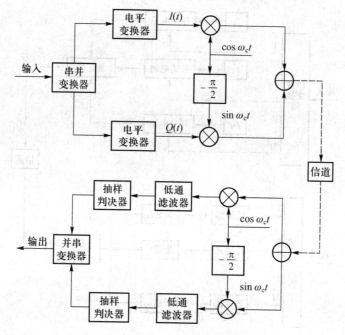

图2.22　4PSK正交调制和解调原理框图

表 2.2　4PSK 的两种方式

a	b	φ_k	
		方式 A	方式 B
0	0	0°	225°
1	0	90°	315°
1	1	180°	45°
0	1	270°	135°

2.5.3　高斯滤波最小频移键控

1. 最小频移键控

最小频移键控（minimum frequency-shift keying，MSK）是一种能够产生恒定包络、连续信号的调制技术。作为 2FSK 的一种特殊情况，MSK 具有正交信号的最小频差，在相邻符号交界处相位保持连续。

在一个码元时间 T_s 内，这类连续相位频移键控（continuous-phase frequency-shift keying，CPFSK）的已调信号可表示为

$$S_{\text{CPFSK}}(t) = A\cos(\omega_c t + \theta(t)) \tag{2.22}$$

当 $\theta(t)$ 为时间的连续函数时，已调信号的相位在所有时间上是连续的。若传码元 "0" 时的载频为 ω_1，传码元 "1" 时的载频为 ω_2，式（2.22）又可写为

$$S_{\text{CPFSK}}(t) = A\cos(\omega_c t \pm \Delta\omega t + \theta(0)) \tag{2.23}$$

其中，

$$\omega_c = \frac{\omega_1 + \omega_2}{2}, \quad \Delta\omega = \frac{\omega_2 - \omega_1}{2} \tag{2.24}$$

比较式（2.23）和式（2.24）可以看出，在一个码元时间内，相角

$$\theta(t) = \pm\Delta\omega t + \theta(0) \tag{2.25}$$

其中，$\theta(0)$ 为初相角，取决于过去码元调制的结果，它的选择要防止相位的任何不连续性。

对于 FSK 信号，当 $2\Delta\omega T_s = n\pi$（n 为整数）时，就认为它是正交的。为了提高频带利用率，$\Delta\omega$ 要小，当 $n=1$ 时，$\Delta\omega$ 可达最小值，即 $\Delta\omega T_s = 0.5\pi$。因此，两个载波的频差为

$$2\Delta\omega = \frac{\pi}{T_b}, \quad \text{或者} \quad 2\Delta f = \frac{1}{2T_b} \tag{2.26}$$

它等于码元速率 $1/T_s$ 之半，这是正交信号的最小频差。CPFSK 正是因为这种特殊选择而被称为最小频移键控（MSK）。将式（2.26）代入式（2.23），得到

$$S_{\text{CPFSK}}(t) = A\cos\left(\omega_c t \pm \frac{\pi}{2T_b}t + \theta(0)\right) \tag{2.27}$$

从式（2.27）可知，在每一码元时间 T_b 内，相对于前一码元载波相位不是增加 $\pi/2$，就是减少 $\pi/2$。在 T_b 的奇数倍时刻相位取 $\pi/2$ 的奇数倍，在 T_b 的偶数倍时刻相位取 $\pi/2$ 的偶数倍。图 2.23 给出了以发送序列 "1001110" 为例的相角变化情况。

令 a_k 为二进制双极性码元，取值为 ± 1，式（2.27）可以表示为

$$S_{\text{MSK}}(t) = A\cos\left(\omega_c t + \frac{\pi t}{2T_b}a_k + \theta(0)\right) \tag{2.28}$$

式（2.28）即为 MSK 的数学表达式。从该式可知，MSK 信号的相位是分段线性变化的，同时在码元转换时刻相位仍然连续。

对 MSK 信号进行频谱分析可以发现，MSK 信号能量的 99.5% 被限制在数据传输速率 1.5 倍的带宽内。谱密度随频率（远离信号带宽中心）倒数的四次幂而下降，而通常的离散相位 FSK 信号的谱密度却随频率倒数的平方下降。因此，MSK 信号在带外产生的干扰非常小。同时，MSK 信号包络是恒定的，这对于无线信道来说至关重要。因为无线信道具有非线性的输入输出特性，即不能用包络来携带信息。MSK 是一种在无线移动通信中很有吸引力的数字调制方式。

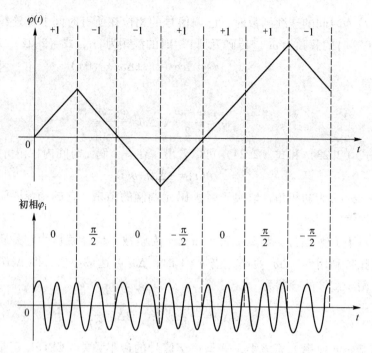

图 2.23   发送序列 1001110 时相角的变化情况

2. 高斯滤波最小频移键控

高斯滤波最小频移键控（Gaussian filtered minimum frenquency-shift keying,
GMSK）是 MSK 的一种改进方式。在对码元进行 MSK 调制之前，先通过一个高
斯滤波器（预调制滤波器）进行预调制滤波，以减小两个不同频率的载波切换
时的跳变能量，使得在相同的数据传输速率时频道间距可以变得更紧密。

由于数字信号在调制前进行了高斯预调制滤波，调制信号在交越零点不但
相位连续，而且平滑过滤，因此 GSMK 调制的信号频谱紧凑、误码特性好，在
数字移动通信中得到了广泛使用，如现在广泛使用的全球移动通信系统采用的
就是 GMSK 调制方式。

2.5.4   正交调幅

除了多进制调制外，还可以考虑将不同调制方式进行有效结合，比如把
MASK 与 MPSK 结合产生 M 进制的幅度相位联合键控信号，以提高系统的调制
性能，包括传输效率与质量。正交调幅（quadrature amplitude modulation，QAM）
就是一种将幅度调制和相位调制相结合所构建的调制方式。

在介绍正交调幅之前，先引入星座图的概念。在直角坐标系中，正弦信号

可用始于坐标原点的矢量表示，矢量端点距坐标原点的距离表示信号的幅度，矢量与坐标轴 x 之间的角度表示信号的相位，如图 2.24 所示。其中，矢量 S_1、S_2 和 S_3 分别代表了 3 个不同的正弦信号，其对应的矢量端点分别为 s_1、s_2 和 s_3，矢量端点又被称作信号点，信号点所在的 OIQ 平面又称信号平面。其中，横坐标表示复数信号的实部，称为 in-phase 分量，记为 I；纵坐标为复数信号的虚部，称为 quardratic 分量，记为 Q。随着信号传播时间或相位的变化，信号点的运动轨迹为一个以坐标原点为圆心、以信号幅度为半径的圆，多个不同信号点的运动轨迹则在信号平面上构成了一组以坐标原点为圆心的同心圆。信号点在信号平面上的分布图称作星座图。

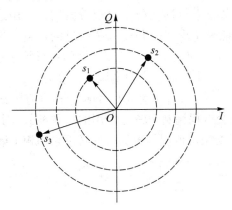

图 2.24　正弦信号的星座图

　　由星座图不难看出，两个信号点的距离越近，其信号波形就越接近，从而也就越容易受到噪声的干扰而造成误判。8ASK、8PSK、16PSK 系统的星座图如图 2.25 所示。由图 2.25 可以看出，8ASK 的信号点是分布在一条直线上的，而 8PSK 的信号点则分布在一个圆周上，且 8ASK 系统中两信号点的距离小于 8PSK 系统，故 8PSK 系统抗干扰能力强于 8ASK 系统。而就 8PSK 和 16PSK 系统而言，

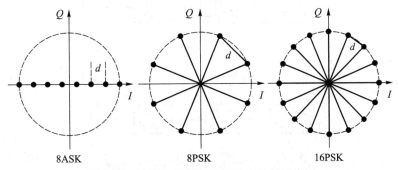

8ASK　　　　　　8PSK　　　　　　16PSK

图 2.25　8ASK、8PSK、16PSK 系统的星座图

16PSK 系统两信号点的距离明显小于 8PSK 系统，这就意味着在相同噪声条件下，16PSK 系统较 8PSK 将有更高的误码率。

增加两信号点之间的距离可以提高抗干扰能力。增加信号点之间的距离存在两种基本思路，一是增大信号发射功率，即通过增加信号点圆周半径来增大信号点之间的距离。但在许多通信系统中，提高发射功率常常受到限制。在不提高信号发射功率的前提下，可以考虑通过安排信号点在星座图中的位置，来增大两个信号点之间的距离，以降低系统的误码率。

正交调幅（QAM）就是基于上述第二种思想，将幅度调制和相位调制结合起来构建的一种新的调制方式。其基本原理为：用两个独立的基带波形对两个相互正交的同频载波进行抑制载波双边带调制，利用这种已调信号在同一频带内频谱正交的性能来实现两路并行数字信息的传输。这也是正交调幅名称的由来。设 $m_1(t)$ 和 $m_2(t)$ 是两个独立的双极性的矩形脉冲序列，$\cos \omega_c t$ 和 $\sin \omega_c t$ 是正交的同频载波，则生成的正交幅度调制信号为

$$S_{\mathrm{QAM}}(t) = m_1(t)\cos\omega_c t + m_2(t)\sin\omega_c t \tag{2.29}$$

16QAM 是正交振幅调制中较为常用的一种模式，其调制与解调的原理图如图 2.26 所示。正交幅度调制信号的解调必须采用相干解调法。

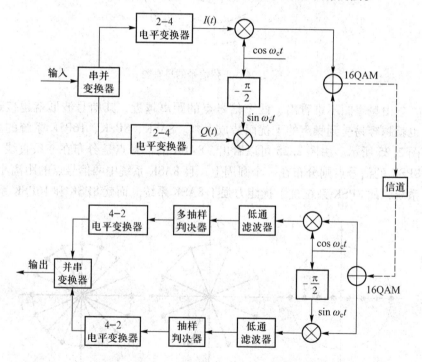

图 2.26   16QAM 的调制与解调原理图

16QAM 星座图如图 2.27 所示，两个相邻信号点的距离为

$$d_{QAM} = \frac{\sqrt{2}A}{\sqrt{M}-1} \approx 0.47A \tag{2.30}$$

而由图 2.25 关于 16PSK 的信号星座图可知，16PSK 系统相邻两个信号点的距离为

$$d_{PSK} = 2A\sin\frac{\pi}{16} \approx 0.39A \tag{2.31}$$

故在相同情况下，16QAM 系统要比 16PSK 系统的抗噪性能强。在信号平均功率相同的情况下，与 16PSK 系统相比，16QAM 信噪比改善可达 4.2 dB。

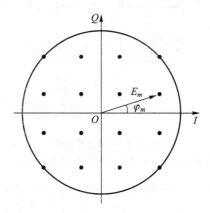

图 2.27　16QAM 系统的星座图

2.5.5　正交频分复用技术

正交频分复用（OFDM）是一种多载波并行调制技术。正交频分复用的基本原理是把数据流串并转换为 N 路速率较低的子数据流，用它们分别去调制 N 路子载波后再进行传输。因为子数据流的传输速率是原来的 $1/N$，即符号周期扩大为原来的 N 倍，可以远远大于信道的最大延迟扩展，从而大大提高了抗多径衰落和抗脉冲干扰能力。因此，正交频分复用特别适于高速无线数据传输。

OFDM 发射机的原理如图 2.28（a）所示。输入的基带信号首先经过串并变换，形成 N 路的并行低速码流。采用离散傅里叶逆变换的方法来实现 OFDM 调制，而其前端的调制则采用数字信号处理的方法来实现，从而简化了系统，使处理简单化。在接收端，则对接收信号进行快速傅里叶变换，再进行并串变换，就能够恢复出原来的基带信号，如图 2.28（b）所示。

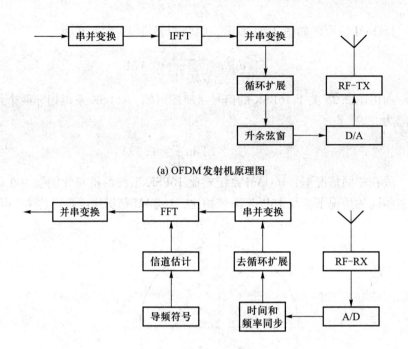

(a) OFDM 发射机原理图

(b) OFDM 接收机原理图

图 2.28   OFDM 的调制与解调原理图

为了提高 OFDM 的工作性能，需要解决符号间的干扰问题。正如在 2.3 节讨论过的，多径传播会使信号出现多径时延。这种多径时延如果扩展到下一个符号，就会造成符号间串扰。为了消除符号间干扰，可以在每个 OFDM 符号之间插入保护间隔（guard interval），保护间隔的长度一般大于无线信道的最大延迟扩展。保护间隔通常有两种插入方法，一种方法是直接插入 M 个 0，称为插 0 的 OFDM 系统，如图 2.29（a）所示；另一种方法是将长度为 N 的数据块的后面 M 个符号复制到数据块的前面，这种保护间隔称为循环扩展，如图 2.29（b）所示。

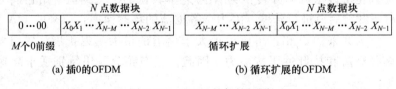

(a) 插0的OFDM   (b) 循环扩展的OFDM

图 2.29   OFDM 的保护间隔

为了提高 OFDM 的工作性能，需要解决的另一个问题是改善 OFDM 功率谱。OFDM 带外功率谱密度衰减是比较慢的，即带外辐射功率比较大。尽管随着子载波数量的增加，每个子载波功率谱密度主瓣和旁瓣相应变窄，也就是说它们下降的陡度增加，OFDM 符号功率谱密度的下降速度也会逐渐增加。但即使是在

256 个子载波的情况下，在 3 dB 带宽的 4 倍处，带外衰减也不过 −40 dB。为了让带宽之外的功率谱密度下降得更快，引入了"加窗"（windowing，也称开窗）技术，即通过使用各种窗函数以使信号的幅度在符号边界更平滑地过渡到 0。所谓窗函数，是一种除在给定区间之外取值均为 0 的实函数。常用的窗函数有升余弦滚降窗，定义如下：

$$w(t)=\begin{cases} \dfrac{1}{2}\left(1+\cos\dfrac{(t-\beta T_{\mathrm{s}})\,\pi}{\beta T_{\mathrm{s}}}\right), & 0\leqslant t\leqslant\beta T_{\mathrm{s}} \\ 1, & \beta T_{\mathrm{s}}\leqslant t\leqslant T_{\mathrm{s}} \\ \dfrac{1}{2}\left(1+\cos\dfrac{(t-\beta T_{\mathrm{s}})\,\pi}{\beta T_{\mathrm{s}}}\right), & T_{\mathrm{s}}\leqslant t\leqslant(1+\beta)\,T_{\mathrm{s}} \end{cases} \tag{2.32}$$

其中，β 为滚降因子，T_{s} 表示 OFDM 的符号周期。增加滚降因子，可以使带外衰减更快，但会降低 OFDM 系统对多径时延的容忍能力。因此，在实际设计系统中，需要兼顾系统对多径时延容忍能力的要求来选择合适的滚降因子，通常不宜过大。

2.6 扩频技术

2.6.1 扩频的概念

扩频通信是指将系统所传输的信号扩展至一个很宽的频带进行通信，其全称为扩展频谱（spread spectrum，SS）通信。扩频通信最初应用于军事导航和通信系统中，早在第二次世界大战末期，通过扩频达到抗干扰的目的已成为雷达工程师们熟知的概念。在随后的数年中，出于提高通信系统抗干扰性能的需要，扩频技术的研究得以广泛开展，并且出现了许多其他的应用，例如降低能量密度、高精度测距、多址接入等。

扩频通信所传递信息的信号带宽远远大于原始信息本身的带宽。通常，如果信息带宽为 B，扩频信号带宽设为 f_{ss}，则将扩频信号带宽与信息带宽之比 f_{ss}/B 称为扩频因子。

当 $f_{\mathrm{ss}}/B=1\sim2$，即射频信号带宽略大于信息带宽时，称为窄带通信；

当 $f_{\mathrm{ss}}/B>40$，即射频信号带宽明显大于信息带宽时，称为宽带通信；

当 $f_{\mathrm{ss}}/B>100$，即射频信号带宽远大于信息带宽时，称为扩频通信。

扩频通信之所以得到较广泛的应用和发展，成为近代通信发展的方向，是因为它具有不少优良的通信特性。

1. 抗干扰能力强

通过在接收端对干扰频谱能量加以扩散，对信号频谱能量压缩、集中，扩频系统可在输出端得到信噪比增益，从而可在很小的信噪比情况下进行通信，甚至可在信号比干扰信号低得多的条件下实现可靠通信。这种"去掉干扰"的能力是扩频通信的主要优点之一。

在扩频系统中，当接收机本地解扩码与收到的信号码完全一致时，接收机将所需要的信号恢复到未扩频前的原始带宽，而将其他任何不匹配的干扰信号扩散到更宽的频带，以使落入信息带宽范围内的干扰信号强度大大降低，并进一步通过窄带滤波器（带宽为信息带宽），这样就完全抑制了滤波器的带外干扰信号。

2. 可随机接入、任意选址

将扩展频谱技术与正交编码方法相结合，可以实现码分多址通信，通过使用不同的正交地址码，可区分同一载频、同一时间内的多个不同用户，容许多个用户在同一载频、同一时间内同时工作。或者，使用跳频器的随机变换信号载频功能，用不同的载频跳变规律区分不同的用户，从而在同一频带内，可容许很多具有不同地址号码的用户。扩频通信的选址功能，提高了组网的灵活性与方便性。

3. 频带利用率高

如果单纯地从窄带信息被扩展为宽带信号来看，扩频通信似乎降低了频带利用率。然而，由于扩频码实现了码分多址，地址数可以由几百个增加到几千个，虽然每个用户占用频带的时间有限，但是多个用户可以同时占用同一频带，这就有效地利用了频带，大大提高了频带的利用率。

4. 通信安全性高

扩频通信系统中，扩频发送端对要传送的信息进行频谱扩展，其频谱分量的能量被扩散，使信号功率密度降低，近似于噪声性能，从而使信号具有低幅度、隐蔽性好的优点。另外，扩频通信用户地址采用伪随机编码，可以进行数字加密，接收端如不掌握发送端信号随机码的规律，是无法解密所接收信号的，对其而言接收到的只是一片噪声。

5. 距离分辨率高

利用脉冲在信道中的传输时延可以计算信号的传播距离，可将扩频信号用于测距和定位。时延测量的不确定度与脉冲信号带宽成反比。不确定度 Δt 与脉冲上升时间成正比，即与脉冲信号带宽 B 成反比，带宽 B 越大，测距的精度就越高。

2.6.2 扩频序列及其相关特性

理想的扩频码序列应具有以下特性：高尖锐的自相关特性，以有利于接收时捕获信号；处处为零的互相关值，使得区分不同用户的信号很容易，且相互之间的干扰也小；不同码元数平衡相等，使得随机序列中 0 和 1 的个数接近相等；足够多的正交码组，可提供足够多的用户地址；尽可能高的复杂度，使干扰者难以通过扩频码的一小段去重建整个码序列。

常用的扩频码可分为两类，一类是 m 序列及其派生出来的 M 序列、Gold 序列以及它们的截短序列。它们的"0""1"取值随机变化，在一个序列周期内只有一个尖锐的自相关峰，与白噪声的特性相似，故又称为伪噪声序列（pseudo-noise sequence），也称 PN 序列。另一类为 Walsh 序列及其派生出来的可变长度序列，它们不是伪噪声序列。

1. m 序列

m 序列是最长线性反馈移位寄存器序列的简称，它是由带线性反馈的移位寄存器产生的、周期最长的一种序列。线性反馈移位寄存器的组成如图 2.30 所示。其中，第 i 级 D 触发器 $(i=1,2,\cdots,n)$ 的状态用 Q_i 表示，$Q_i=1$ 或 $Q_i=0$。第 i 级输出与反馈线的连接状态用 c_i 表示，$c_i=1$ 表示此线接通.$c_i=0$ 表示此线断开。c_i 的取值决定了序列的结构。

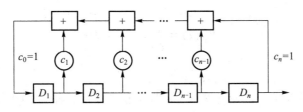

图 2.30　线性反馈移位寄存器

线性反馈移位寄存器的特征多项式由下式定义：

$$f(x) = c_0 + c_1 x + c_2 x^2 + \cdots + c_n x^n = \sum_{i=0}^{n} c_i x^i \qquad (2.33)$$

反馈移位寄存器能产生 m 序列的充要条件是：反馈移位寄存器的特征多项式为本原多项式。若 $f(x)$ 满足下列条件，则 $f(x)$ 为本原多项式：

(1) $f(x)$ 为既约的，即不能再分解因式；

(2) $f(x)$ 可以整除 x^m+1，$m=2^n-1$；

(3) $f(x)$ 不能整除 $x^q+1,q<m$。

m 序列具有如下性质。

（1）由 n 级移位寄存器产生的 m 序列，其周期为 $N=2^n-1$。

（2）除全"0"状态外，n 级移位寄存器可能出现的各种不同状态都在 m 序列的一个周期内，而且只出现一次。m 序列中"1"和"0"的出现概率大致相同，"1"的个数比"0"的个数多 1。

（3）m 序列中共有 2^{n-1} 个游程，连续出现的相同码被称为一个游程。其中，长度为 k（$1 \leqslant k \leqslant n-2$）的游程数目占总游程数的 2^{-k}，而且连"1"和连"0"的游程各占一半，长度为 n 的连"1"游程数为 1，长度为 $n-1$ 的连"0"游程数为 1。

下面讨论 m 序列的自相关和互相关特性。设 m 序列的时间周期为 T s，一个周期中有 $N(N=2^n-1)$ 个码元，一个码元的宽度为 T_c s，码"1"所对应的脉冲幅度为 1 V，码"0"所对应的脉冲幅度为 -1 V，则 m 序列的自相关函数为

$$R(\tau) = \begin{cases} 1 - \dfrac{N+1}{T}|\tau - iT|, & 0 \leqslant |\tau - iT| \leqslant T_c, i = 0,1,2,\cdots \\ -\dfrac{1}{N}, & \text{其他} \end{cases} \qquad (2.34)$$

m 序列的互相关性是指相同周期的两个不同的 m 序列一致的程度。其互相关值越接近于 0，说明这两个 m 序列互相关性越弱，即差别越大；反之，说明这两个 m 序列互相关性较强，即差别较小。m 序列可以用作 CDMA 系统的地址码，此时，不同的 m 序列的互相关性必须很弱，以避免用户之间的相互干扰。例如，互相关性满足下式的两个 m 序列，称为 m 序列优选对：

$$R_{ab}(i) = \sum_{k=0}^{N-1} a_k b_{k+i} = \begin{cases} t(n) - 2 \\ -1 \\ -t(n) \end{cases} \qquad (2.35)$$

$$t(n) = 1 + 2^{\lfloor (n+3)/2 \rfloor}$$

其中，$\lfloor x \rfloor$ 表示取 x 的整数部分。m 序列优选对可以作为 CDMA 的扩频码。

2. Walsh 序列

Walsh 序列可由阿达马矩阵（Hadamard matrix）产生。最低阶的阿达马矩阵为 2 阶，即

$$\boldsymbol{H}_2 = \begin{pmatrix} 0 & 0 \\ 0 & 1 \end{pmatrix} \quad \text{或} \quad \begin{pmatrix} -1 & -1 \\ -1 & 1 \end{pmatrix} \qquad (2.36)$$

高阶阿达马矩阵可由递推公式（2.36）得到：

$$\boldsymbol{H}_{2N} = \begin{pmatrix} \boldsymbol{H}_N & \boldsymbol{H}_N \\ \boldsymbol{H}_N & -\boldsymbol{H}_N \end{pmatrix} \qquad (2.37)$$

其中，$N=2^m$，$m=1,2$ 等。例如，4 阶阿达马矩阵为

$$H_4 = \begin{pmatrix} H_2 & H_2 \\ H_2 & -H_2 \end{pmatrix} = \begin{pmatrix} 0 & 0 & 0 & 0 \\ 0 & 1 & 0 & 1 \\ 0 & 0 & 1 & 1 \\ 0 & 1 & 1 & 0 \end{pmatrix} \quad 或 \quad \begin{pmatrix} -1 & -1 & -1 & -1 \\ -1 & +1 & -1 & +1 \\ -1 & -1 & +1 & +1 \\ -1 & +1 & +1 & -1 \end{pmatrix} \quad (2.38)$$

由式（2.38）可以得到 4 阶 Walsh 序列，如表 2.3 所示。在 CDMA 蜂窝移动通信系统中，应用的是 64 阶 Walsh 序列。

表 2.3　4 阶 Walsh 序列

Walsh 序列	(0, 1)域	(−1, +1)域
W_0	0000	−1 −1 −1 −1
W_1	0101	−1 +1 −1 +1
W_2	0011	−1 −1 +1 +1
W_3	0110	−1 +1 +1 −1

Walsh 序列的互相关函数在 $\tau = 0$（即互相严格对齐）时全为 0。随着序列的加长，同长度 Walsh 序列组内正交序列数增多。Walsh 序列还有一个其他正交序列所不具备的优点：不同长度的序列在保证正交的前提下，按照一定规则可以同时混合使用，以适应不同传输速率业务的要求。

但 Walsh 序列的自相关函数在一个序列周期内有多个峰值，若它们单独使用，则接收端无法实现序列的同步。因此，Walsh 序列必须与作为引导序列的伪噪声序列相结合，并与之保持严格同步关系时，才能被应用到实际的扩频通信系统中。将两种序列复合在一起所构成的地址码称为复合地址码。

按照扩展频谱的方式不同，扩频通信技术分为三类：直接序列扩频、跳频扩频和跳时扩频。

2.6.3　直接序列扩频技术

所谓直接序列扩频（direct sequence spread spectrum，DSSS）就是直接用具有高码率的扩频码序列在发送端去扩展信号的频谱；而在接收端，用相同的扩频码序列进行解扩，把展宽的扩频信号还原成原始的信息。

直接序列码分多址（direct sequence CDMA）系统是目前应用较多的一种通信方式。图 2.31 所示为一个采用 2PSK 调制解调技术的直接序列扩频系统示意图。在发送端，原始信息码与伪噪声码（pseudo noise code，也称 PN 码）进行模 2 加，然后对载波进行 2PSK 调制。由于 PN 码速率远大于信息码速率，故形成的 2PSK 信号频谱被展宽。在接收端，先用与发送端码型相同、严格同步的 PN 码进行解宽，然后进行 2PSK 解调恢复原信息码。如图 2.32 所示为一个直接序列扩频实例。由图 2.32 可以看出，只要收发两端 PN 码序列结构相同且同步，就可正确恢复原始信号。

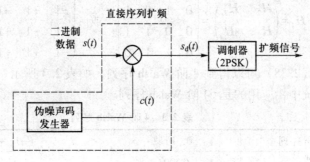

(a) 发送端扩频示意图

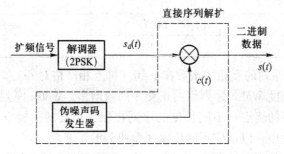

(b) 接收端解扩示意图

图 2.31　直接序列扩频系统示意图

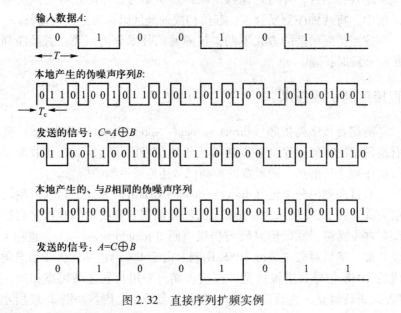

图 2.32　直接序列扩频实例

　　图 2.33 给出了直接序列扩频中有用信号和干扰信号在频域中的频谱变换示意图。图 2.33（a）表示信息信号调制后的功率谱，其中 f_c 为载波频率，R_i 为信息速率，相移键控已调信号带宽为 $2R_i$。图 2.33（b）表示用一个码速率为 R_c 的伪码序列对窄带信号进行相移键控调制时的情况。当选择 $R_c \gg R_i$ 时，可得到一个带宽为 $2R_c$ 的已调信号。这时信号能量几乎均匀地分散在很宽的频带内，从而大大降低了传输信号的功率谱密度。图 2.33（c）表示若信道中存在一个强干扰信号，功率谱远大于有用信号功率谱。图 2.33（d）表示在接收端通过解扩处理，使有用信号能量重新集中起来，形成最大输出。解扩就是扩频的反变换，通常用与发送端调制器（乘法器）相同的电路作为解调器，用与发送端相同的本地伪码序列对收到的扩频信号进行相移键控解扩处理，使之恢复成相移键控之前相同的原始已调信号。这样，扩频信号被解扩压缩还原成窄带信号，再经过与原始已调信号带宽相同的窄带带通滤波器（band pass filter，BPF）滤波，便得到图 2.33（e）所示的信号。经解调器解调，从中复原出原始的信息信号。对于收到的干扰和其他地址码的信号，因与接收端的PN 码不相关，非但不能解扩，反而会被扩展，使功率谱幅度大大降低。对解调器来说，经窄带滤波后的这部分表现为噪声，使输出信号的信噪比大大提高。图 2.33 用频谱图形直观地描述了扩频接收机对干扰的抑制特性。可以看出，干扰信号经解扩处理后，功率谱近似均匀分布。

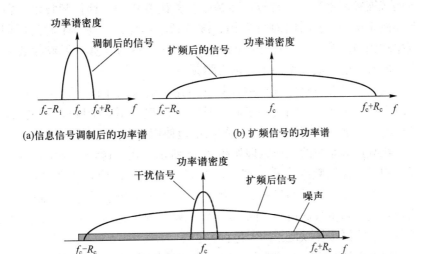

(a)信息信号调制后的功率谱　　　　(b) 扩频信号的功率谱

(c) 接收信号的功率谱

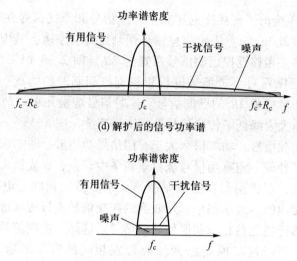

(d) 解扩后的信号功率谱

(e) 窄带带通滤波器输出的信号功率谱

图 2.33　DSSS 信号及其干扰的功率谱密度

2.6.4　跳频扩频技术

所谓跳频扩频（frequency hopping spread spectrum，FHSS）是指调制数据信号的载波频率不是一个常数，而是随扩频码变化的一种扩频技术。在采用跳频扩频的系统中，在时间周期 T_c 内，载波频率不变，但在每个时间周期后，载波频率跳到另一个（也可能是相同的）频率上。跳频扩频的跳频模式由扩频码决定，所有可能载波频率的集合称为跳频集。

跳频扩频和直接序列扩频在频率占用上有很大不同。直接序列扩频系统传输时占用整个频段，而跳频扩频系统传输时仅占用整个频段的一小部分，并且频谱的位置随时间而改变。跳频扩频信道使用如图 2.34 所示。

跳频扩频系统的工作原理如图 2.35 所示。在发送端，基带数据信号与扩频码调制后，控制频率合成器产生跳频扩频信号。在接收端则进行相反的处理，使用本地生成的伪噪声序列，对接收到的跳频扩频信号进行解扩，然后通过解调器恢复出基带数据信号。同步/追踪电路确保本地生成的跳频载波和发送的跳频载波模式同步，以便正确地进行解扩。

根据载波频率跳变速率的不同，跳频扩频系统可以分为快跳频（F-FH）和慢跳频（S-FH）两种跳频方式。跳频速率远大于符号速率的称为快跳频，在这种情况下，载波频率在一个符号传输期间变化多次，因此一个比特是使用多个频率发射的。跳频速率远小于符号速率的称为慢跳频，在这种情况下，多个符号使用一个频率发射。

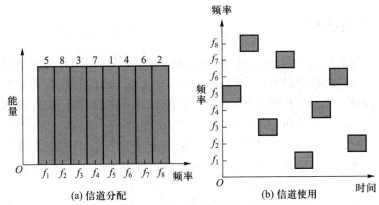

(a) 信道分配   (b) 信道使用

图 2.34 跳频扩频信道分配及信道使用示意图

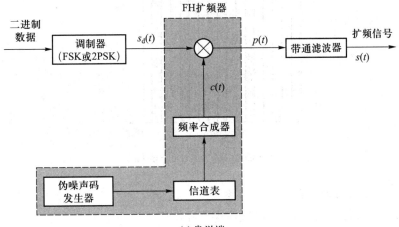

(a) 发送端

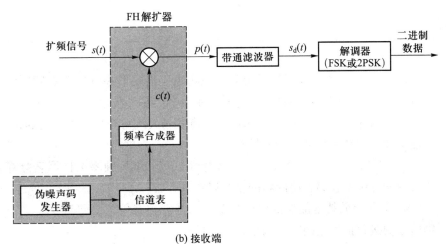

(b) 接收端

图 2.35 跳频扩频系统原理示意图

2.6.5　跳时扩频技术

跳时扩频（time hopping spread spectrum，THSS）则是将时间轴分成周期性的帧，每帧内再细分成许多时隙。数据信号在一帧的某个时隙上使用快速突发脉冲传输，而具体在哪个时隙发送信号则由扩频码控制。由于时隙宽度远小于信号持续时间，从而实现信号频谱的扩展。

图 2.36 所示是跳时扩频信号时间-频率图。将其与图 2.34 相比较可以看出，跳时扩频是用整个频段的一小段时间，而不是在全部时间里使用部分频段。

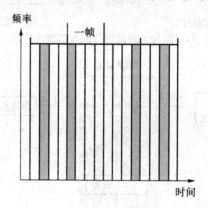

图 2.36　跳时扩频信号时间-频率图

跳时也可以看成是一种时分系统，所不同之处在于它不是在一帧中固定分配一定位置的时隙，而是由扩频码序列控制产生按一定规律跳变位置的时隙。

思考题

1. 当设计一个无线网络系统时，在物理层需要解决哪些关键问题？根据你对本章内容的理解，解决这些问题时分别采用了哪些技术？

2. 如果将传输信号的频率加倍，或将发送天线与接收天线之间的距离加倍，会使接收端的功率衰减多少分贝？

3. 多径传播为什么会导致频率选择性衰落？抵抗频率选择性衰落存在哪些较有效的方法？它们解决问题的基本思想是什么？

4. 分集合并技术能够抵抗快衰落。为了获得足够的分集增益，来自不同分集信道的接收信号之间需要满足什么条件？

5. 设有二进制序列"100001000000001"，请给出这个二进制序列的

HDB3 码。

6. 二进制相移键控是指将二进制脉冲信号作为调制信号去控制载波的相位。请回答下列问题。

（1）输入的二进制信息为"101100101"，假设对于相移键控调制，当发送信号为"1"时 $\varphi=0$；当发送信号为"0"时 $\varphi=\pi$，请写出相移键控调制后的相位。假设对于差分相移键控，当发送信号为"1"时 $\Delta\varphi=\pi$；当发送信号为"0"时 $\Delta\varphi=0$，初始相位为 0，请写出差分相移键控调制以后的相位。如果该差分相移键控调制时利用了上述规则的相移键控调制模块，请写出对应的相对码。

（2）图 2.14 和图 2.16 分别是 2PSK/2DPSK 调制的框图。如果要输出相移键控已调信号，请说明码变换器的作用。如果要输出差分相移键控已调信号，则码变换器又有什么作用？

7. 现有二进制序列"00101100"，假设初始相位为"0"，请给出最小频移键控调制信号的相位。

8. 直接序列扩频的原理是什么？直接序列扩频为什么能够抗干扰？跳频扩频抗干扰的机理又是什么？

9. 理想的扩频码序列应具有哪些特性？为什么需要具备这些特性？

10. 请给出 8 阶的阿达马矩阵，并写出所有的 8 阶 Walsh 序列。

在线测试 2

第3章 无线网络的数据链路层

无线网络的物理层依托无线介质实现了原始比特流的传输，然而仅有原始比特流的传输服务对于上层应用是远远不够的。与有线网络一样，无线网络也要依靠数据链路层来实现可靠的数据链路服务。无线网络数据链路层要解决的主要问题包括无线信道共享引发的冲突问题、无线传输中的差错控制等。本章将以无线网络的介质访问控制技术以及差错控制为主，介绍无线网络的数据链路层技术。

3.1 无线网络的介质访问控制

无线信道是典型的广播信道，广播信道也称为共享信道。对于广播信道来说，一个站点发送的数据帧能够被连接到同一个广播信道上的所有其他站点所接收。如果某一时刻信道上有两个或者两个以上的帧同时传输，就会发生冲突。冲突会导致接收端无法从接收到的信号中识别出发送端所发送的正确帧，产生帧丢失现象，同时也浪费了信道带宽。因此，需要采用必要的介质访问控制技术对各个站点的信道接入进行控制。最初，大多数介质访问控制协议都是针对有线网络开发的。然而，介质访问控制在很大程度上与物理层所采用的介质与信道类型有关。如前所述，有线介质和无线介质、无线信道与有线信道之间存在明显的差别，因此必须对基于有线网络的协议进行修改以适应无线网络的需求。

无线网络在其发展过程中有两条不同的主线，分别面向语音业务和面向数据业务，并因此衍生出两类不同的介质访问控制技术。在传统的面向语音的网络中，每一个通信会话都以独占或部分占用链路资源的形式实现双向信息交换。网络中有一个用于在呼叫双方之间交换控制信息的信令信道，该信道在通话开始时通过从语音网络中得到链路资源的方式来建立一个呼叫，并且在通话结束时通过释放所获得的资源来终止这些配置。面向语音业务的无线网络介质访问控制协议为了与这些网络进行交互，采用了相对固定的信道分配模式，如为用户在整个通话期间分配一个时隙、一部分频率或者特殊码等形式来实现共享资源的分配与使用。我们把这样的技术称为非竞争的介质访问控制。而在面向数据的无线网络中，更多地采用基于竞争的介质访问控制协议。所有的用户都可以根据自己的意愿随机地向信道发送信息，以信道争用的方式获得对共享信道的暂时使用权。基于竞争的介质访问控制又称为随机型或不确定型介质访问控制。基于竞争的介质访问控制协议的研究重点在于：当两个或两个以上的用户在共享信道上发送信息时产生冲突，从而导致用户发送失败时，如何有序地解决这种冲突，灵活适应站点数目及其通信量的变化。无论是基于竞争的介质访问控制协议，还是非竞争的介质访问控制，其目的都是如何最大限度地减少信息冲突，提高信道利用率和系统吞吐量。

3.1.1 非竞争的介质访问控制

非竞争的介质访问控制通常采用信道分配或者信道分割技术来实现共享信道的访问控制。目前几乎所有面向语音的无线网络都采用这种方式，如蜂窝电话、个人通信业务（personal communication service，PCS）业务。在非竞争的介质访问控制技术里，按照预先确定的分配方法与原则，一个用户会在通信会话过程中被分配以一类固定信道资源，比如频率、时间和扩展码等。有三种基本的非竞争的介质访问控制协议，分别是频分多址（frequency division multiple access，FDMA）、时分多址（time division multiple access，TDMA）和码分多址（code division multiple access，CDMA）。选择不同的访问控制方式会对网络的传输容量和服务质量（quality of service，QoS）产生很大影响。这种选择的影响很大，因此通常在提及各种面向语音的无线系统时，甚至只用它们的介质访问控制方法来代替。尽管事实上，介质访问控制技术只是数据链路层功能的一部分。

1. 频分多址

频分多址将整个信道的带宽分成 N 个互不重叠的子信道，并为不同的用户分配时隙相同而频率不同的子信道用于数据传输。采用频分多址技术时，所有的站点能够同时传输数据，不同站点之间通过不同的工作频率来区分。频分多址建立在频分多路复用（frequency division multiplexing，FDM）的基础之上，技术比较简单，更加适于模拟通信。

为了实现全双工通信，还在频分多址的基础上，进一步引入了频分双工（frequency division duplex，FDD）技术。频分双工将信道分为正向信道和反向信道两部分，正向信道指从基站到移动终端的通信链路，也称下行链路；反向信道指从移动终端到基站的通信链路，也称上行链路。反向信道采用与正向信道不同的频率载波，而且两者之间具有足够大的频率保护间隔。图 3.1 给出了频分多址/频分双工（FDMA/FDD）系统的图示。

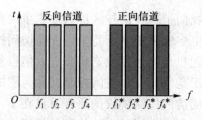

图 3.1　FDMA/FDD 示意图

高级移动电话系统（advanced mobile phone system，AMPS）是第一代模拟蜂窝系统，它是采用 FDMA/FDD 技术的典型系统，图 3.2 给出了其信道分配图示。AMPS 为每一个正向信道或反向信道分配了 30 kHz 的带宽。25 MHz 的总带宽分割为 416 对子信道，其中有 395 对信道用于语音通信，其余的信道用来传递信令。

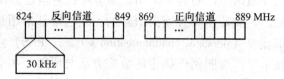

图 3.2　AMPS 网络中的 FDMA/FDD 信道分配

采用频分多址技术时，必须关注相邻信道间的干扰，尤其是反向信道。在无线网络的反向信道中，相邻信道的干扰问题比有线信道中的频分多址复杂得多。在无线网络反向信道中，由于移动终端距离基站的距离不同，在基站处得到的接收信号强度（received signal strength）往往不一样。通常，和距离基站较近的移动终端发射的信号相比，来自距离基站较远的移动终端的接收信号强度相对更弱。而微弱信号增加了监测的困难。如果此时带外辐射很大，还会湮没携带实际信息的这种微弱信号。

2. 时分多址

时分多址（TDMA）的基本思想来自时分多路复用（time division multiplexing，TDM），即将信道传输时间分割成周期性的帧（frame）传输时间，然后将每一帧传输时间再分割成若干个时隙（time slot）。每个移动站点使用各自的时隙向基站发送信号，同时，基站也在预定的不同时隙向多个移动终端发送信号。图 3.3 给出了一个典型的频分多址/时分多址/频分双工（FDMA/TDMA/FDD）系统图示。

第一个使用时分多址的蜂窝标准是全球移动通信系统。图 3.4 给出了第二代数字蜂窝网络中的一个 8 时隙 FDMA/TDMA/FDD 的例子。该系统中既包含了前面所介绍的 FDMA/FDD 技术，也包含了 TDMA 技术。正向和反向信道采用 FD-

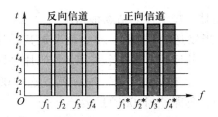

图 3.3 FDMA/TDMA/FDD 示意图

MA/FDD 技术构建，每个正向和反向信道被分配了不同频率的子载波，25 MHz 的频带里一共有 125 个子载波，每一个子载波占用 200 kHz 的带宽，整个分配带宽的各个边缘保留了 100 kHz 的保护频带。就每一个子载波而言，采用 TDMA 方式以同时支持 8 个用户的通信业务。

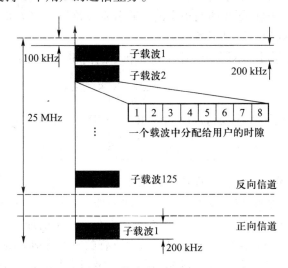

图 3.4 GSM 网络中的 FDMA/TDMA/FDD

3. 码分多址

码分多址（CDMA）由美国高通公司于 1989 年首次提出，其最初的目的是在有限的频段上满足巨大容量的需求。利用码分多址技术中，所有的用户数据和控制信令都可在同一时间以同一频率传输而互不影响。因此，其最大的特点在于使用不同的物理层机制，可在所有的小区内重用频率。以一个国际会议作为类比，时分多址相当于在一个大的会议室里面任何时间只能有一个人讲话，与会人员轮流发言；频分多址相当于把一个大的会议室划分成多个小会议室，使得不同会议室中的人员发言互不干扰；而码分多址则是大家仍在一个会议空间里，但每个人使用不同语言进行发言。

采用码分多址时，每个移动站点被指定一个唯一的 m 位代码或称码片序列（chip sequence），当发送"1"时，站点就发送其码片序列；发送"0"时，站点就发送其码片序列的反码。以一个采用 8 位码片序列的站点为例，假设其码片序列为 00011011，那么在发送"1"时，就发送"00011011"；发送"0"时，就发送码片序列的反码即"11100100"。

在码分多址中，也可以采用双极性形式表示所传输的比特流，即二进制"0"用"−1"代替，二进制"1"用"+1"代替。仍以上述采用 8 位码片序列、码片序列为 00011011 的站点为例，如果用双极性表示方式，该站点发送"1"时，就发送序列"−1−1−1+1+1−1+1+1"；发送"0"时，就发送序列"+1+1+1−1−1+1−1−1"。

在码分多址传输系统中，每个站点都有自己唯一的码片序列。对所有的码片序列而言，则必须是两两正交的。若分别以符号 S 和 T 表示站点 s 和 t 的 m 维码片矢量，则须满足以下条件。

（1）任意两个不同的码片序列 S 和 T 的内积（$S \cdot T$）均为 0，即

$$S \cdot T = \frac{1}{m} \sum_{i=1}^{m} S_i T_i = 0 \tag{3.1}$$

（2）任何码片序列与自己的内积（$S \cdot S$）均为 1，即

$$S \cdot S = \frac{1}{m} \sum_{i=1}^{m} S_i S_i = \frac{1}{m} \sum_{i=1}^{m} S_i^2 = \frac{1}{m} \sum_{i=1}^{m} (\pm 1)^2 = 1 \tag{3.2}$$

根据上述设计思想，若两个或两个以上的站点同时开始传输，则信道中传输的信号就是各个站点发射信号的线性叠加。对接收方来说，收到的是混合信息。若要从接收到的信号中还原出某个站点所发送的原始比特流信息，接收方必须事先知道该站点的码片序列。因为所有的码片序列都是两两正交的，因此，只需要将收到的混合信息与源站点的码片序列进行内积即可得到源站点发送的信息。

图 3.5 给出了 4 个站点同时发送数据的例子。站点 A、B、C 和 D 的码片序列如图 3.5（a）所示（其中 A、B、C、D 分别表示站点码片序列），其对应的双极性序列如图 3.5（b）所示。图 3.5（c）给出了 4 种不同情况下信道中的混合信号。第一行的情况，只有 C 发送了"1"，而其他站点保持沉默，所以得到的结果 S_1 就是 C 的码片序列。第二行的情况，B 与 C 均发送"1"，因此混合信号为它们序列之和，即 S_2。第三行的情况，站点 A 发送"1"，站点 B 发送"0"，其结果 S_3 就是 A 的码片序列与 B 的码片序列的反码之和。最后一行的情况，站点 A、B 和 D 发送"1"，而站点 C 发送"0"，信道中得到的合成后的信息就是序列 S_4。在接收方，所接收到的信号是从 S_1 到 S_4 的混合信号。要从接收到的混合信号中还原出某个站点所发送的比特流，接收方必须首先知道该站点的码片

序列，并将所接收到的混合信号与该站点的码片序列进行内积，内积的结果就是复原的信号，如图 3.5（d）所示。

A: 0 0 0 1 1 0 1 1 A: (–1 –1 –1 +1 +1 –1 +1 +1)

B: 0 0 1 0 1 1 1 0 B: (–1 –1 +1 –1 +1 +1 +1 –1)

C: 0 1 0 1 1 1 0 0 C: (–1 +1 –1 +1 +1 +1 –1 –1)

D: 0 1 0 0 0 0 1 0 D: (–1 +1 –1 –1 –1 –1 +1 –1)

(a) 4个站点的二进制码片序列   (b) 对应的双极型序列

--1- C S_1=(–1 +1 –1 +1 +1 +1 –1 –1) $S_1 \cdot C$=(1+1+1+1+1+1+1+1)/8=1

-11- $B+C$ S_2=(–2 0 0 0 +2 +2 0 –2) $S_2 \cdot C$=(2+0+0+0+2+2+0+1)/8=1

10-- $A+/B$ S_3=(0 0 –2 +2 0 –2 0 +2) $S_3 \cdot C$=(0+0+2+2+0–2+0–2)/8=0

1101 $A+B+/C+D$ S_4=(–2 –2 0 –2 0 –2 +4 0) $S_4 \cdot C$=(2–2+0–2+0–2–4+0)/8=1

(c) 发送的4个例子   (d) 站点C的信号复原

图 3.5　码分多址的工作原理举例

3.1.2　基于竞争的介质访问控制协议

与非竞争的介质访问控制协议不同，基于竞争的介质访问控制协议采用随机信道接入方式。引入基于竞争的介质访问控制协议是为了更好地适应突发数据通信，提高其效率和灵活性。需要注意的是，非竞争的介质访问控制协议在用户有稳定的信息流需要传输的情况下，具有相对较高的通信资源利用率。然而若待传输的数据流没有持续性，或者是属于突发性质的通信流量，比如通过即时聊天软件进行聊天的通信流量，那么采用非竞争的介质访问控制协议会导致通信资源在会话的大部分时间里都处于浪费状态。此外，对于数据流量较小的短消息传输而言，非竞争的介质访问控制协议用于呼叫建立与管理的成本过大。

在基于竞争的介质访问控制协议中，每个用户需要通过竞争信道资源来获得信息传输的权利，从而不可避免地会产生冲突。如何有序地解决站点间的冲突，灵活适应站点数目及其通信量的变化，是基于竞争的介质访问控制协议的设计重点。典型的基于竞争的介质访问控制协议有 ALOHA、CSMA、CSMA/CD 以及 CSMA/CA 等。

1. ALOHA

ALOHA（阿罗哈）是 20 世纪 70 年代初研制成功的一种使用无线广播技术的分组交换计算机网络。该网络的重大贡献之一在于提出了一种基于竞争的介质访问控制协议，以适于那些站点间无须协调的、基于多用户访问的共享信道环境。ALOHA 网络中最早所使用的协议称为纯 ALOHA（pure ALOHA）协议，后来对其进行了改进，形成了时隙 ALOHA 协议。

纯 ALOHA 作为一种随机接入的信道访问方式，在设计思想上采用了无连接的有确认服务，提供有确认的服务是考虑无线信道通常具有较大的不可靠性，其他后来的基于竞争的介质访问控制协议也都保留了该设计理念。ALOHA 的工作原理非常简单，任何一个站点若要发送数据帧，它就把数据帧发送出去；如果在信息来回传输的最大延迟时间再加上一小段的固定时间内收到了接收方的确认信息，则表明发送成功；否则，表明传输过程发生了冲突，发送站点必须等待一段随机长的时间后，再重新发送该数据帧。图 3.6（a）给出了纯 ALOHA 协议的工作过程示例。该协议的关键在于发生冲突后的随机退避机制。由于每个站点所等待的时间都是随机的，所以不同的冲突站点的等待时间几乎都是不相同的，从而降低了发生第二次冲突的概率。如果真的发生第二次冲突，则站点继续等待另一个新的随机时间以后重新发送。若一个站点在发生冲突的次数超过了规定的上限，则放弃发送。

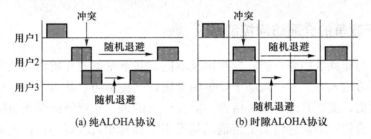

图 3.6　ALOHA 协议工作过程

由于无线信道的不可靠性以及冲突的存在，帧在传输过程中可能会出错或被损坏，成为无效帧。接收站点通过检查所接收帧的帧长度和帧校验序列字段来判断帧的有效性。若收到的帧为有效帧，且帧头部的目的地址与接收站的地址相符，则接收站点立刻发送一个确认信息，确认信息是通过另一个信道来传递的，以避免对数据传输产生影响。

ALOHA 协议的优点是它非常简单，它不需要移动终端之间做任何同步。站点在自己准备好传输时发送分组，如果遇到冲突，它们只是简单地重发。但其缺点也是很明显的，当网络负载很重时，站点每次发送数据几乎都会产生冲突，从而导致吞吐量下降。对 ALOHA 协议进行性能分析表明，若分组到达是随机的，且所有分组具有相同的长度，则 ALOHA 的最大吞吐量仅能达到 18%。

为了改善 ALOHA 的性能，学者们在纯 ALOHA 中加入了一些同步技术，提出了时隙 ALOHA（slotted ALOHA，S-ALOHA，也称分槽 ALOHA）。S-ALOHA 将共享信道时间分为一个个等长的离散时间片，称之为时隙。用户不能随时发送数据，而是必须等到下一个时隙到来的时候才能启动一次数据发送。这种改进避免了用户发送数据的随意性，减少了数据产生冲突的可能性，提高了信道的利用率。S-ALOHA 协议的工作过程如图 3.6（b）所示。因为冲突的危险区平均减少为纯 ALOHA 协议的一半，因此 S-ALOHA 协议的信道利用率可以达到 36.8%，是纯 ALOHA 协议的两倍。但是 S-ALOHA 协议需要划分时隙并配置同步系统，这就增加了网络运行的复杂性。

2. CSMA

在 ALOHA 和 S-ALOHA 协议中，每个站点都可以自由地发送数据，从不考虑其他站点当时的情况，因而发生冲突的可能性非常高，导致信道的利用率非常低。这两个协议的共同问题是两者都没有利用无线分组网的一个主要特性，那就是与帧的传输时间相比，传播时间是很短的。这意味着当一个站点开始发送数据帧后，其他站点可以在非常短的时间内探测到这个帧。也就是说，如果站点能够做到在发送数据帧之前首先了解信道的忙闲状态，避免在信道上已经有帧传输时启动本站点的数据发送，这样就可有效减少冲突。这也是载波监听多路访问（carrier sense multiple access，CSMA）技术的基本设计思想。CSMA 也称为先听先说（listen before talk，LBT），它包括以下三个要点。

（1）载波监听：发送站点在发送数据帧之前，必须监听信道是否处于空闲状态，如果信道忙，它必须等待；如果信道空闲，则可以传输。

（2）多路访问：具有两种含义，既表示多个节点可以同时访问共享的信道，也表示一个节点发送的数据帧可以通过共享信道被多个节点所接收。

（3）冲突检测：发送节点在发出数据帧的同时，还必须监听信道，以判断是否发生冲突。发送站点在发送完后等待一段时间来等待确认信息，若没有收到确认信息，表明发生了冲突，需要重新发该帧。

根据站点检测到信道忙时所采用的不同处理方式，CSMA 可以细分为三种工作方式，即非坚持 CSMA、1 坚持 CSMA 和 P 坚持 CSMA。

在非坚持 CSMA（non-persistent CSMA）中，当一个站点要发送数据帧的时候，首先监听信道，如果信道是空闲的，便立即发送数据帧。如果信道忙，则立即放弃监听，在随机等待一段时间后，重新开始监听信道。其工作流程如图 3.7（a）所示。非坚持 CSMA 的缺点是：已经监听到信道忙的站点，在随机退避时间没有结束之前，即便信道出现空闲，它们也不会发送任何相关信息，因而降低了信道利用率。

在 1 坚持 CSMA（1-persistent CSMA）中，当一个站点发送数据帧的时候，首先监听信道，如果信道空闲就立即发送数据帧。如果信道忙，则继续监听信道的情况直到信道空闲之后立即发送数据帧，如果发送过程中发生冲突就随机

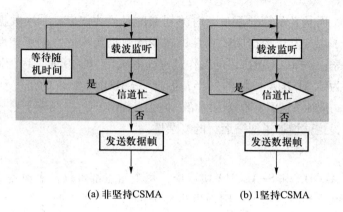

(a) 非坚持CSMA   (b) 1坚持CSMA

图 3.7　非坚持 CSMA 和 1 坚持 CSMA 的工作流程

等待一段时间，重新监听信道的情况。如图 3.7（b）所示。1 坚持 CSMA 能够改善非坚持 CSMA 的信道利用率，但是 1 坚持 CSMA 存在必然的二次冲突问题。假设站点 A 和 B 都有数据要发送，于是它们开始监听信道。假设此时信道是繁忙的，则 A 和 B 都开始持续地监听信道直到信道空闲之后，A 和 B 就同时立即发送数据。显然，这时 A 和 B 发送的数据帧不可避免地产生冲突。

在 P 坚持 CSMA（P-persistent CSMA）中，当一个站点发送数据帧的时候，首先也是监听信道，如果信道忙就持续监听直到信道空闲，然后以 P 概率发送数据，以 $1-P$ 的概率不发送，而重新开始一次新的发送尝试。以此类推，一直到数据被发送出去为止。其工作流程如图 3.8 所示。

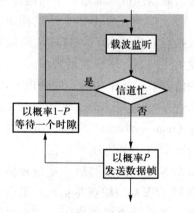

图 3.8　非坚持 CSMA 和 1 坚持 CSMA 的工作流程

采用 P 坚持 CSMA 协议的关键在于避免网络重负荷情况下不稳定。假设 N 个站点都有数据帧要传输，此时已经有一个数据帧正在传输，那么在该数据帧被传输完后，要开始传输的站点数等于准备传输的站点数乘以传输概率，即

NP。如果 $NP>1$，表明有多个站点试图传输并会产生冲突。一旦这些站点发觉可能产生冲突，它们将再次重发，从而导致更多的冲突。更严重的是，这些重发和其他试图传输的站点又会产生竞争，进一步增加了冲突的可能性。最后，所有站点都会试图发送，引起连续冲突，而使吞吐量降到 0。为了避免这种严重的后果，对于期望 N 的峰值，必须使 $NP<1$。如果网络中会不定期地出现重负荷，P 的值必须取得相对较小。但是 P 值太小也会让试图传输的站点等待更长的时间，在轻负荷下，延迟太长了，可能会产生较大的浪费。

对于上述所讨论各种基于竞争的介质访问控制协议，图 3.9 绘出了网络吞吐量 S 与流量负载 G 之间的关系。从图 3.9 中可见，所有的曲线的形态具有一种相似性，即：最初当提供的流量 G 增加时，吞吐量 S 也相应地增加，当 G 增加到某一点后 S 达到最大值 S_{max}。当 S 达到最大值后，继续增加流量实际上将减少吞吐量。S_{max} 之前的区域描述了网络稳定工作的范围，在此范围内增加的网络流量 G（包括到达流量和由于冲突而重发的流量）不但会全部成功传输，而且会提高吞吐量 S。S_{max} 之后的区域描述了网络的不稳定工作范围，在此范围内增加 G 实际上将减少吞吐量 S，这是因为网络将出现拥塞而导致冲突次数增加，并最终终止运行。实际上，在后续的章节中将看到，冲突重发技术在真正应用于实际的网络中时，还需要增加退避机制以避免工作于不稳定区域。

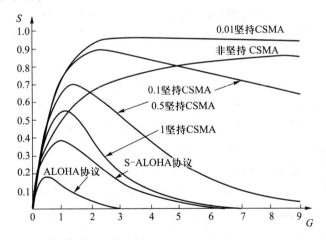

图 3.9 非坚持 CSMA、1 坚持 CSMA 和 P 坚持 CSMA 的性能比较

3. CSMA/CD

从前面关于 CSMA 协议的介绍中可见，1 坚持 CSMA 虽然解决了非坚持 CSMA 在信道繁忙时因为随机等待而浪费部分信道空闲时间的问题，但是也带来了二次冲突问题。为了将二次冲突的概率降到最低，便产生了带冲突检测的载波监听多路访问（carrier sense multiple access with collision detection, CSMA/

CD）。CSMA/CD 有别于 CSMA 之处在于：当检测到有冲突发生时，站点不再继续传送数据帧，因为这样只会产生垃圾而已；而是立即停止传送数据帧，快速终止被损坏的数据帧，以节省传输时间和信道带宽。CSMA/CD 的工作过程描述如下。

第 1 步：若信道空闲，启动传输；否则，转第 2 步。

第 2 步：若信道忙，一直监听直到信道空闲然后立即传输。

第 3 步：若在传输过程中监听到冲突，发出一个长度为 32 b 的冲突加强信号，以让所有的站点都知道发生了冲突并停止传输。

第 4 步：发完冲突加强信号后，等待一段随机的时间，再次试图传输（从第 1 步开始重复）。

CSMA/CD 共享以太网中所采用的介质访问控制协议，遵循 IEEE 802.3 标准。对于如以太网这样的有线网络而言，实现冲突检测是一件比较容易的事情，通常采用电平比较法或编码违例判定法。以电平比较法为例，站点首先对信道的信号进行解调，之后再将所得到的信息与自己发送的信息相比较，如果二者不一致则认为发生了冲突，并立即停止传输。但在无线信道中，由于衰减和其他无线信道的特性，难以继续采用这种简单的冲突检测技术。通常，由于信号的功率衰减很快，站点自己发送的信号将在所有接收的信号中占有很大的优势，致使接收器可能只是检测到自己的信号，而无法辨别冲突。因此，CSMA/CD 并不是无线网络介质访问控制的理想选择。

4. CSMA/CA

CSMA/CD 的冲突检测并不适于无线网络环境，为了提高无线环境中载波监听多路访问的效率，人们提出了冲突避免策略。其主要思想是：站点在发送数据帧之前，利用帧间间隔以及随机退避等机制，尽量避免冲突的发生。带冲突避免的载波监听多路访问（carrier sense multiple access with collision avoidance，CSMA/CA）是 IEEE 802.11 中分布式协调功能（distributed coordination function，DCF）所采用的介质访问控制协议。CSMA/CA 基本规程如图 3.10 所示。

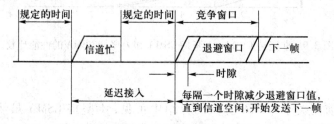

图 3.10　CSMA/CA 基本接入方式

第 1 步：发送主机监听信道，如果信道空闲达到规定的时间，主机立即发出数据帧。

第 2 步：如果信道忙，则等待信道空闲时间达到规定的时间以后，进入退避过程。

第 3 步：主机根据退避算法选择一个退避时间，并设置退避时间计数器。信道空闲时退避时间计数器做减 1 计数，信道忙时则停止计数。

第 4 步：在退避时间计数器减到零后，主机立即发送数据帧。

第 5 步：发出数据帧后，如果数据帧发送失败，进入重传退避过程，回到第 2 步。

第 6 步：如果数据帧发送成功，将退避窗口恢复为默认值。

5. RTS/CTS 握手机制

由于无线信道是一个共享的广播信道，对于普通的单信道 CSMA/CA 接入方式，会产生"隐藏终端"和"暴露终端"的问题。

"隐藏终端"是指在接收端的通信范围内、发送端通信范围外的终端。隐藏终端因为听不到发送端的发送而可能向接收端发送报文，造成报文在接收端产生冲突，冲突后发送端要重传受损报文，导致信道利用率降低，增加系统时延。隐藏终端问题包括隐藏发送终端问题和隐藏接收终端问题。

图 3.11 描述了一个隐藏发送终端的例子。当站点 A 向 B 发送数据时，由于 C 不在 A 的信号覆盖范围之内，因此 C 不知道 A 正在发送数据。如果此时 C 也向 B 发送数据，则 A 和 C 发射的信号就会在 B 处产生冲突，C 便成了 A 的隐藏发送终端，而 A 也成了 C 的隐藏发送终端。

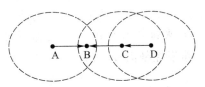

图 3.11　隐藏终端

RTS/CTS 握手机制可以解决隐藏发送终端问题，即每次发送数据之前通信双方先使用请求发送（request to send，RTS）和允许发送（clear to send，CTS）控制报文进行握手，如图 3.12 所示。以图 3.11 为例，当 A 要向 B 发送数据时，A 先向 B 发送 RTS，B 收到后若无其他站点发送数据，则回送 CTS，A 收到来自 B 的 CTS 后，启动向 B 发送数据；与此同时，C 也将收到 B 发送的 CTS，从而得知有其他站点如 A 要向 B 发送数据，C 就不再启动发送，隐藏发送终端问题得到解决。如果 A 收不到来自 B 的 CTS，则表明信道中已经有其他站点在发送数据，A 将延时重发 RTS。

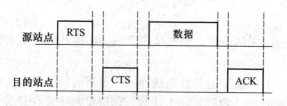

图 3.12 带 RTS/CTS 机制的 CSMA/CA

采用了 RTS/CTS 机制之后，隐藏发送终端问题得到了解决，却引入了隐藏接收终端的问题。如图 3.11 所示，站点 D 所发送的信号不在站点 B 及 A 的接收范围内，也就是说，当 B 接收来自 A 的数据时，C 可以同时接收来自 D 的数据。但是实际的情况是，当 C 收到 B 发送的 CTS 而停止发送任何信息时，如果 D 向 C 发送 RTS 请求发送数据，则 D 因收不到来自 C 的 CTS，进入不必要的延时重发 RTS 状态，造成信道带宽的浪费。也就是说，在 A 和 B 通信期间，D 不可能收到来自 C 的 CTS，C 成为隐藏接收终端。

"暴露终端"是指在发送端的通信范围之内而在接收端通信范围之外的终端。暴露终端因得知发送端发送而延迟发送，但因为它在接收端的通信范围之外，它的发送并不会造成冲突，产生了不必要的延迟。暴露终端也包括暴露发送终端和暴露接收终端问题。如图 3.13 所示，当 B 向 A 发送数据时，C 可以通过向 D 发送 RTS 来通知 D 它要发送数据。但来自 D 的 CTS 与 B 发送的数据会在 C 处冲突，C 收不到 D 的 CTS，C 会延时重发 RTS。在这种情况下的站点 C 即是暴露发送终端。而当站点 B 向站点 A 发送数据时，如果站点 D 有数据想发往站点 C，它可以向 C 发送一个 RTS，但此信号会与站点 B 发送的数据信号在 C 处发生冲突，站点 C 听不到来自站点 D 的 RTS 控制报文，从而不会发送应答信号。D 由于收不到响应，重发控制信号。这种情况下的站点 C 就是暴露接收终端。

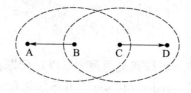

图 3.13 暴露终端

隐藏终端和暴露终端都会引起不必要的报文重发，浪费本来就十分宝贵的带宽资源。用 RTS/CTS 握手机制可以解决隐藏发送终端问题，但无法解决隐藏接收终端、暴露发送终端和暴露接收终端问题。这是因为系统只有一个信道，控制报文 RTS 或 CTS 会与数据帧在一个信道上发生冲突。解决后面三个问题的方法是将数据信道和控制信道分开，通过采用两个信道，避免控制报文与数据帧发生冲突，从而较好地解决隐藏终端和暴露终端问题，提高系统的带宽利用率。

3.2　差错控制

数据通信要求高度的可靠性，即足够低的误码率。但是数据在传输过程中不可避免地会发生差错，无线信道更是如此。造成误码的原因很多，主要可以归结为两个方面：一是信道不理想造成的符号间干扰，二是噪声对信号的干扰。由于前者通常可以通过均衡方法予以改善或消除，因此，信道中的噪声就成为传输差错的主要原因。差错控制通常是指针对后者而采取的技术措施，其目的是提高传输的可靠性。

3.2.1　差错控制编码的工作原理

差错控制的核心是差错控制编码。差错控制编码是一种重要的信道编码方式。差错控制编码的基本思路是：在发送端被传送的信息码序列的基础上，按照一定的规则加入若干"监督码"后再进行传输，这些加入的监督码与原来的信息码序列之间存在着某种确定的约束关系。由于加入的监督码没有携带实际的信息，因此又称"冗余位"。在接收数据时，接收端检验信息码与监督码之间的既定约束关系，若该关系遭到破坏，则表明信息序列在信道传输过程中出了差错。这样，接收端就可以通知发送端重新发送信息，或者接收端自动对错误进行纠正，以达到提高系统通信可靠性的目的。根据差错控制编码是否能够自动纠正错误，可以将其分为检错码和纠错码两大类。

关于差错控制编码的思想，可以用 3 位二进制码组的差错控制为例进行说明。对于 3 位二进制码组，它共有 $2^3 = 8$ 种可能的组合：000，001，010，011，100，101，110，111。下面分 3 种情况讨论。

（1）所有的 8 种码组都用于传送消息，即每个码组均为许用码组。在传输过程中若发生一个或多个误码，则一种码组会错误地变成另一种码组，但接收端却无法判断是否接收了错误的码组。这种不带任何冗余的编码既不能检错，也不能纠错，完全没有抗干扰能力。

（2）只选码组 000，011，101，110 作为许用码组，除此以外的另外 4 种码组 001，010，100，111 为禁用码组。经观察可以发现，许用码组中"1"的个数为偶数个，禁用码组中"1"的个数为奇数个。如果在传输过程中发生了一位或 3 位的错码，则"1"的个数就变为奇数个，许用码组就变为禁用码组；接收端一旦发现这些禁用码组,就表明传输过程中发生了错误。用这种带有一定冗余的编码可以发现传输过程中的一个和 3 个错误,但不能纠正错误。例如,当接收到的码组为 010 时,可以断定这是禁用码组,但无法判断原来的正确码组是哪个许用码组。虽然原发送码组为 101 的可能性很小(因为发生 3 个误码的情况极少),但不能绝对排除;即使传输过程中只发生一个误码,也有 3 种可能的发送码组:000,011 和 110。显然,这样的编码无法发现两个错码的情况。因为该编码方法相当于只传递 00,01,10,11 这 4 种信息,而第三位是附加的监督码。这个附加的监督码与前面两位信息码元和在一起,保证码组中“1”码的个数为偶数。

　　(3) 将许用码组进一步限制为两种:000 和 111。不难看出,用这种带有更多冗余编码的方法不仅可以发现所有不超过两个的误码,还可能纠正一位错码。纠正一位错码的方法是:将 8 个码组分成两个子集,其中子集 {000,100,010,001} 与许用码组 000 对应,子集 {111,011,101,110} 与许用码组 111 对应;这样,在接收端如果认为码组中仅有一个错码,只要收到第一子集中的码组即判为 000,收到第二子集中的码组即判为 111。例如,当收到的码组为禁用码组 100 时,如果认为该码组中仅有一个错码,则可判断此错码发生在“1”位,从而纠正为 000;若认为上述接收码组中的错码数不超过两个,则存在两种可能性:000 错一位和 111 错两位都可能变成 100,因而只能检测出存在错码而无法纠正它。

　　从前面的介绍中可知,传输的码组中必须加入一些冗余位(监督码),才能具有某种检错或者纠错能力。而且冗余码位越多,其检错或者纠错能力就越强。冗余位的多少被称为冗余度。为了说明冗余度与纠错、检错能力之间的关系,下面介绍两个非常重要的概念:码距和码重。

　　码距又称海明距离,它是指两个等长码组的对应码位上取值不同的码元数目。它代表两个码组之间的差别,码距越大,则这两个码组的差别越大。把某种编码中各个码组间距离的最小值称为最小码距,可记为 d_{min}。而所谓码重,是指码组中非零码元的数目。一般来说,码距与纠、检错能力之间具有如下结论:

　　(1) 若要求在一个码组中能检测出 e 个错码,则 $d_{min} \geq e+1$;

　　(2) 在一个码组中能纠正 t 个错码,则 $d_{min} \geq 2t+1$;

　　(3) 在一个码组中能纠正 t 个错码,同时还能检测出 $e(e \geq t)$ 个错码,则 $d_{min} \geq t+e+1$。

　　由上可见,加大码距可以提高检错与纠错能力。但是加大码距,就需增加监督码元的数量,导致编码效率下降。编码效率被定义成信息码的位数与总码元位数之比。假设码组长度为 n,其中信息码元位数为 k,则监督码元位数为 $r=n-k$,编码效率为 $R=k/n$。显然,监督码元位数越大,编码效率就越低。也就是说,编码效率与纠检错能力是一对矛盾，需要在纠、检错能力与编码效率之间找到一种折中。

例 3.1 最小码距的例子。

已知码组集合中有 8 个码组：000000，001110，010101，011011，100011，101101，110110，111000，（1）求该码集合的最小码距 $d_{\min}$；（2）码组集合若用于检错，能检出几位错码？若用于纠错，能纠正几位错码？若同时用于检错和纠错，各能纠、检几位错码？

解 （1）由码距和最小码距的定义，经比较，可得上述码集的最小码距 $d_{\min}=3$。

（2）根据码距与纠、检错能力之间的关系：

若用于检错，则要求 $d_{\min} \geqslant e+1$，得 $e=2$，所以能检两位错码；

若用于纠错，则要求 $d_{\min} \geqslant 2t+1$，得 $t=1$，所以能纠正一位错码；

若同时用于检错和纠错，则要求 $d_{\min} \geqslant t+e+1$，得 $e=t=1$，所以能同时检测并纠正一位错码。

3.2.2 常用检错码

1. 奇偶校验码

奇偶校验码是一种简单的检错码，奇偶校验码分为奇校验码和偶校验码，两者原理相同，即通过增加冗余位以使码组中"1"的个数保持奇数或偶数。冗余位附加在每个信息码组的后面，若冗余位的取值是要使新的码组中"1"的数目成为奇数，则称为奇校验码；若冗余位的取值是要使新的码组中"1"的数目成为偶数，则称为偶校验码。奇偶校验码的特点如下。

（1）无论是奇校验码还是偶校验码，其监督码只有一位。

（2）对偶校验码，码组中的"1"的数目为偶数，用表达式表示如下：

$$a_{n-1} \oplus a_{n-2} \oplus \cdots \oplus a_0 = 0 \tag{3.3}$$

（3）对奇校验码，码组中的"1"的数目为奇数，用表达式表示如下：

$$a_{n-1} \oplus a_{n-2} \oplus \cdots \oplus a_0 = 1 \tag{3.4}$$

（4）无论是奇校验码还是偶校验码，都只能检测出奇数个错码，而不能检测偶数个错码。

奇偶校验在实际使用时又可分为垂直奇偶校验、水平奇偶校验和水平垂直奇偶校验等几种。

垂直奇偶校验又称为纵向奇偶校验，它是将要发送的整个信息块分为定长（p 位）若干段，比如说 q 段，每段后面按"1"的个数为奇数或偶数的规律加上一位奇偶位，如图 3.14（a）所示。垂直奇偶校验方法能检测出每列中的所有奇数位错，但检测不出偶数位的错。由于对于突发错误来说，奇数位错与偶数位错的发生概率接近于相等，因而垂直奇偶校验对差错的漏检率接近于 1/2。

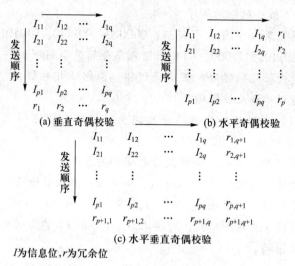

（a）垂直奇偶校验　　　　（b）水平奇偶校验

（c）水平垂直奇偶校验

I 为信息位，r 为冗余位

图 3.14　水平/垂直奇偶校验

为了降低对突发错误的漏检率，可以采用水平奇偶校验方法。水平奇偶校验又称为横向奇偶校验，它是对各个信息段的相应位横向进行编码，产生一个奇偶校验冗余位，如图 3.14（b）所示。水平奇偶校验不但可以检测出各段同一位上的奇数位错，而且还能检测出突发长度小于等于 p 的所有突发错。其漏检率要比垂直奇偶校验低。但是水平奇偶校验必须等待要发送的全部信息块到齐后，才能计算冗余位，也就是一定要使用数据缓冲器，因此它的编码和检测实现起来都要相对复杂一些。

水平垂直奇偶校验是指同时进行水平奇偶校验和垂直奇偶校验，如图 3.14（c）所示。水平垂直奇偶校验也被称为纵横奇偶校实验，它能检测出所有 3 位或 3 位以下的错误、奇数位错、突发长度小于等于 $p+1$ 的突发错和很大一部分的偶数位错。

2. 定比码

在定比码中，每个码组均含有相同数目的 "1"。也就是说，当码组长固定、"1" 的数目固定后，每个码组所含 "0" 的数目也就必然相同了。由于每个码组中 "1" 的个数与 "0" 的个数之比保持恒定，故又称为等比码或恒比码。若 n 位码组中 "1" 的个数恒定为 m，还可称为 "n 中取 m" 码。定比码在检测时，只要计算接收码组中 "1" 的数目，就能知道是否有差错。

设 n 位为码字长度，m 为 n 位码字中 "1" 的个数，"n 中取 m" 定比码的

编码效率为

$$R = \frac{\log_2 C_n^m}{n} \tag{3.5}$$

可以找到不少采用定比码的例子。例如我国电传通信中采用的五单位数字保护电码就是一种 3:2 定比码，也称 5 中取 3 定比码。它在五单位电传码的码组（$2^5 = 32$）中，取"1"的数目恒为 3 的码组（$C_5^3 = 10$），代表 10 个字符（0~9），如表 3.1 所示。

表 3.1　一种 5 中取 3 定比码

字　　符	1	2	3	4	5
保护电码	01011	11001	10110	11010	00111
字　　符	6	7	8	9	0
保护电码	10101	11100	01110	10011	01101

又如国际无线电报通信中广泛使用的 7 中取 3 定比码。这种码字长为 7 位，规定总有 3 个"1"。共有 $C_7^3 = 35$ 种码组，可用来表示 26 个英文字母和其他符号。对于 7 中取 3 码来说，其编码效率为

$$R = \frac{\log_2 35}{7} = \frac{5.13}{7} = 0.73$$

尽管定比码的编码效率不高，但是它能够检测出全部奇数位错以及部分偶数位错。实际上，除了码组中"1"变成"0"和"0"变成"1"成对出现的差错外，所有其他差错都能被检测出来，检错能力还是很强的。但是，若信源产生的是随机二进制数字序列，就不能采用定比码了。因为随机信源产生的码组不能保证"1"与"0"的比例恒定。

3. 循环冗余校验

循环冗余码（cyclic redundancy code，CRC）是无线通信中使用最广泛的检错码。CRC 又称多项式码，这是因为任何一个由 m 个二进制位串组成的代码序列都可以和一个只含有"0""1"两个系数的 $m-1$ 阶多项式建立一一对应的关系。例如，代码"1011011"对应的多项式为 $x^6 + x^4 + x^3 + 1$，而多项式 $x^5 + x^4 + x^2 + x$ 所对应的代码为"110110"。

CRC 校验在发送端编码和接收端校验时都利用一事先约定的生成多项式 $G(x)$ 来进行。k 位要发送的信息位可对应于一个 $(k-1)$ 次多项式 $K(x)$，r 位冗余位对应于一个 $(r-1)$ 次多项 $R(x)$。由 k 位信息位后面加上 r 位冗余位组成的 $n = k+r$ 位码组 $T(x)$ 则对应于一个 $(n-1)$ 次多项式，且 $T(x) = x^r K(x) + R(x)$。

例如，信息位 1010001：$K(x) = x^6 + x^4 + 1$；冗余位 1101：$R(x) = x^3 + x^2 + 1$；其对应的码字就是 10100011101，相应的码字多项式为

$$T(x) = x^4 K(x) + R(x) = x^{10} + x^8 + x^4 + x^3 + x^2 + 1$$

CRC 校验的编码过程就是已知 $K(x)$ 求 $R(x)$ 的过程，这可以通过在 CRC 码中找到一个特定的 r 次多项式 $G(x)$（最高项 x^r 的系数为 1）来实现。用 $G(x)$ 去除 $x^r K(x)$ 得到的余式就是 $R(x)$。这里的除法指的是模 2 除法，除法过程当中用到的减法也是模 2 减法，它和模 2 加法是完全一样的，都是异或运算。

在信道上发送的码字多项式为 $T(x) = x^r K(x) + R(x)$。若传输无差错，则接收端收到的码字也对应此多项式。或者说，接收端得到的码组多项式 $T'(x)$ 也应该能被 $G(x)$ 整除。因而，接收端的校验过程就是用 $G(x)$ 来除接收到的码组多项式的过程。若余式不为 0，则传输有差错；若余式为 0，则认为传输无差错。

例 3.2   CRC 校验。

设生成多项式 $G(x) = x^4 + x^2 + x + 1$，

（1）待传输的信息位为 1010001，试计算相应的 CRC 码；

（2）原码组为 10100011101，由于噪声的干扰，在接收端变成了 10100011011，能否被检出？

解　（1）待传输的信息位为 1010001，相当于 $K(x) = x^6 + x^4 + 1$；生成多项式 $G(x) = x^4 + x^2 + x + 1$（对应的代码为 10111），故取 $r = 4$，从而有 $x^4 K(x) = x^{10} + x^8 + x^4$（对应的代码为 10100010000），那么由除法来求余式 $R(x)$ 的具体计算过程如下。得到 CRC 码为 1101，加上 CRC 码的传输序列为 10100011101。

```
              1001111
      10111 / 10100010000
              10111
              11010
              10111
              11010
              10111
              11010
              10111
              11010
              10111
               1101
```

（2）原码组为 10100011101，由于噪声的干扰，在接收端变成了 10100011011，这相当于在码组上半加了差错模式 00000000110。差错模式对应的多项式记为 $E(x) = x^2 + x$。因此，接收端收到的就不再是 $T(x)$，而是 $T(x) + E(x)$，即

$$(T(x) + E(x))/G(x) = T(x)/G(x) + E(x)/G(x) = E(x)/G(x)$$

若 $E(x)/G(x)$ 不等于 0，则这种差错就能够被检测出来。

对于 CRC 而言，生成多项式 $G(x)$ 将直接影响其校验性能。研究表明，生成多项式与检错能力之间存在以下关系：

(1) 若 $G(x)$ 含有 $(x+1)$ 的因子，则能检测出所有奇数位错；

(2) 若 $G(x)$ 中不含有 x 的因子，或者换句话说，$G(x)$ 中含有常数项 1，那么能检测出所有突发长度 $b \leqslant r$ 的突发错；

(3) 若 $G(x)$ 中不含有 x 的因子，而且对任何 $0 < e \leqslant n-1$ 的 e，除不尽 $x^e + 1$，则能检测出所有的双错；

(4) 若 $G(x)$ 中不含有 x 的因子，则对突发长度为 $r+1$ 的突发错误的漏检率为 $2^{-(r-1)}$；

(5) 若 $G(x)$ 中不含有 x 的因子，则对突发长度 $b > r+1$ 的突发错误的漏检率为 2^{-r}。

由上可见，若适当选取 $G(x)$，使其含有 $(x+1)$ 因子、常数项不为 0，且周期大于等于 n，那么，由此 $G(x)$ 作为生成多项式产生的 CRC 码可以检测出所有的连续两位错、奇数位错和突发长度小于等于 r 的突发错，同时可以 $(1-2^{-(r-1)})$ 的概率检出突发长度为 $r+1$ 的突发错和以 $(1-2^{-r})$ 的概率检出突发长度大于 $r+1$ 的突发错误。事实上，人们已经找到了许多周期足够大的标准 CRC 生成多项式。表 3.2 给出了其中的典型例子。

表 3.2　典型的标准 CRC 生成多项式

名　　称	多　项　式
CRC-4	$x^4 + x + 1$
CRC-12	$x^{12} + x^{11} + x^3 + x^2 + x + 1$
CRC-16	$x^{16} + x^{15} + x^2 + 1$
CRC-CCITT	$x^{16} + x^{12} + x^5 + 1$

以 CRC-16 为例，其生成多项式 $G(x) = x^{16} + x^{15} + x^2 + 1$，从而其能检测出所有双错、奇数位错、突发长度小于等于 16 的突发错，并以 $1 - 2^{-15}$（约为 99.997%）的概率检出突发长度为 17 的突发错和以 $1 - 2^{-16}$（约为 99.998%）的概率检出突发长度大于等于 18 的突发错。

CRC 不仅漏检率低，而且也易于实现。CRC 涉及的除法能很方便地用移位寄存器和半加器来实现，如图 3.15 所示。

在图 3.15 中，$g_1, g_2, \cdots, g_{r-1}$ 为 $G(x)$ 的系数，即 $G(x) = x^r + g_{r-1}x^{15} + \cdots + g_2 x^2 + g_1 x + 1$，它们可以取值 0 或者 1。$g_i = 1$ 时相应的开关闭合，$g_i = 0$ 时相应的开关断开。初始时，移位寄存器 R_1、R_2、R_{r-1} 中都清为 0，输出开关处于信息输入端的位

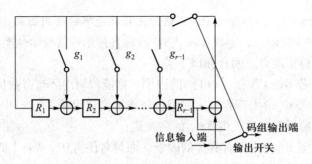

图 3.15   CRC 码的编码电路

置，信息位由该输入端从高位至低位逐位输入，在从码组输出端输出的同时，又进入编码电路，经过 k 次位移后，在编码电路的移位寄存器中得到的结果就是 r 位冗余位。然后再将输出开关转向 R_{r-1} 寄存器。在经过 r 次位移，所产生的 r 位冗余位也就从码组输出端紧接在信息位后面输出了。

3.2.3   常用纠错码

检错码虽然能够发现传输中的一些错误，但无法为接收端提供一定的错误纠正能力，接收端只能通过向发送端提供反馈信息要求对方重发的方式实现错误的更正与恢复。与检错码不同，纠错码不但能够检测出传输过程中发生的一些错误，还能自行纠正一部分错误。与检错码相比，纠错码一般需要更多的冗余位，同时相应的编码算法和检错纠错算法也相对更复杂。

现代信息和编码理论的奠基人香农（C. E. Shannon）提出的香农信道容量理论指出，对于一个通信信道而言，存在着信道容量的理论上限，即香农极限。在这个上限内，信息的无差错传输理论上是可以实现的。信道编码研究的目的就是寻找最接近于香农限的纠错码，从而最大限度地提高整个通信系统的传输效率。

1. 正反码

正反码是一种简单纠错码。在正反码中，冗余位的个数与信息位个数相同。冗余位的值或者与信息位完全相同，或者与信息位完全相反，取决于信息位中"1"的个数。当信息位中有奇数个"1"时，冗余位就是信息位的简单重复；当信息位中有偶数个"1"时，冗余位是信息位的反码。

以电报通信中常用的五单位数字保护电码编成正反码为例：信息位长度 k 为 5，对应的冗余位长度 r 也为 5，相应的整个码字长度 n 为 10；设信息位为包含奇数个"1"的"01011"，则冗余位采用信息位的简单重复，所对应的码字为"0101101011"；若信息位为包含偶数个"1"的"10010"，则冗余位采用信息位的反码，对应的码字就成为"1001001101"。

在接收端，正反码的校验方法为：先将接收码字中信息位和冗余位按位半加，得到一个 k 位的合成码组。对上述具体的码长为 10 的正反码例子来说，就是得到一个 5 位的合成码组。然后，根据合成码组生成校验码组，若接收码组中的信息位中有奇数个"1"，则就取合成码组为校验码组；若接收码组中信息位中有偶数个"1"，则取合成码组的反码作为校验码组。最后，根据校验码组进一步判断是否有差错并纠正所出现的部分差错。表 3.3 给出了对应于上述码长为 10 的正反码校验方法。具体举例如下。

表 3.3　正反码的差错检测（$n = 10$）

校 验 码 组	差 错 情 况
全"0"	无差错
4 个"1"、1 个"0"	信息位中有一位差错，其位置对应于校验码组中"0"的位置
1 个"1"、4 个"0"	冗余位中有一位差错，其位置对应于校验码组中"1"的位置
其他情况	差错在两位或两位以上

（1）若发送码组为 0101101011，传输中无差错，则合成码组为 01011 $\oplus$ 01011 = 00000，由于接收码字的信息位中有 3 个"1"，故 00000 就是校验码组，查表 3.3 知无差错。

（2）若传输中发生了一位差错，接收端收到 1101101011，则合成码组为 11011 $\oplus$ 01011 = 10000，由于接收码组中信息位中有 4 个"1"，故校验码组为 01111。查表 3.3 知，信息位的第 1 位错，故可将接收到的 1101101011 纠正为 0101101011。

（3）若传输中发生了两位错，接收端收到 1101111011，则合成码组为 11011 $\oplus$ 11011 = 00000，而此时校验码组为 11111，查表 3.3 可判断出为两位或两位以上的差错。

（4）若传输中发生了四位错，接收端收到 1101011010，则合成码组为 11010 $\oplus$ 11010 = 00000，而此时校验码组也为 00000，查表会认为是无差错，也就是说对这种差错是漏捡了。

（5）若传输中发生了三位错，接收端收到 1101011011，则合成码组为 11010 $\oplus$ 11011 = 00001，此时校验码组也为 00001，查表会认为是冗余位中有一位差错，其位置对应于校验码组中"1"的位置，从而将其误纠为 1101011010。

正反码的编码效率较低，只有 1/2。但其差错控制能力还是较强，如上述长度为 10 的正反码，能检测出全部两位差错和大部分两位以上的差错，并且还具有纠正一位差错的能力。由于正反码的编码效率较低，只能用于信息位较短的场合。

2. 线性分组码与海明码

分组码是一组固定长度的码组，可表示为(n,k)，通常用于前向纠错。在分组码中，监督位被加到信息位之后，形成新的码组。在编码时，k个信息位被编为n位码组长度，而$n-k$个监督位的作用就是实现检错与纠错。当分组码的信息码元与监督码元之间的关系为线性关系时，这种分组码就称为线性分组码。

对于长度为n的二进制线性分组码，它有2^n种可能的码组，从2^n种码组中，可以选择$M=2^k$个码组（$k<n$）组成一种码。这样，一个k位信息的线性分组码可以映射到一个长度为n码组上，该码组是从$M=2^k$个码组构成的码集中选出来的，剩下的码组就可以用于对这个分组码进行检错或纠错。线性分组码的主要性质如下。

（1）任意两许用码之和（对于二进制码，这个和的含义是模2和）仍为一许用码，也就是说，线性分组码具有封闭性。

（2）码组间的最小码距等于非零码的最小码重。

让我们回顾3.2.2节中介绍的奇偶校验码。奇偶校验码就是一种最简单的线性分组码，并且只有一位监督位，通常可以表示为$(n,n-1)$。式（3.3）表示采用偶校验时的监督关系。在接收端解码时，按照下式进行计算：

$$S=a_{n-1}\oplus a_{n-2}\oplus \cdots \oplus a_0 \qquad (3.6)$$

若$S=0$，则无错；若$S=1$，则有错。式（3.6）可称为监督关系式，S称为校正因子。

在奇偶校验情况下，由于只有一个监督关系式，一个校正因子，其取值只有两种（0或1），分别代表了无错和有错两种情况，而不能指出差错所在的位置。若增加冗余位，也相应地增加监督关系式和校正因子，就能区分更多的情况。现假设信息位为k位，增加r位冗余位，构成$n=k+r$位码字。若希望用r个监督关系式产生的r个校正因子来区分无错和在码组中n个不同位置的一位错，则要求：

$$2^r \geqslant k+r+1 \qquad (3.7)$$

以$k=4$为例来说明，要满足前述不等式，则$r \geqslant 3$。现取$r=3$，则$n=k+r=7$。在4位信息位$a_6 a_5 a_4 a_3$后面加上3位冗余位$a_2 a_1 a_0$，构成7位码字$a_6 a_5 a_4 a_3 a_2 a_1 a_0$。其$a_2$、$a_1$和$a_0$分别由4位信息位中某几位通过模2加得到。那么在校验时，a_2、a_1和a_0就分别和这些模2加构成三个不同的监督关系式。a_2、a_1和a_0三个校正因子与误码位置的关系如表3.4所示。

表3.4   校正因子与误码位置的关系（$n=10$）

$a_2 a_1 a_0$	000	001	010	011	100	101	110	111
错码位置	无错	a_0	a_1	a_2	a_3	a_4	a_5	a_6

海明码由 R. Hamming 于 1950 年首次提出，这是一种可以纠正一位差错的线性分组码。假设信息位为 k 位，增加 r 位冗余位，构成 $n=k+r$ 位码组，海明码的编码规则如下。

（1）把所有 2 的幂的数据位标记为奇偶校验位（编号为 1, 2, 4, 8, 16, 32, 64 等的位置）。

（2）其他数据位用于待编码数据（编号为 3, 5, 6, 7, 9, 10, 11, 12, 13, 14, 15, 17 等的位置）。

（3）每个奇偶校验位的值代表了码字中部分数据位的奇偶性，其所在位置决定了要校验和跳过的位顺序：

① 位置 1：校验 1 位，跳过 1 位，校验 1 位，跳过 1 位(1, 3, 5, 7, 9, 11, 13, 15, …)；

② 位置 2：校验 2 位，跳过 2 位，校验 2 位，跳过 2 位(2, 3, 6, 7, 10, 11, 14, 15, …)；

③ 位置 4：校验 4 位，跳过 4 位，校验 4 位，跳过 4 位(4, 5, 6, 7, 12, 13, 14, 15, 20, 21, 22, 23, …)；

④ ……

在接收端，按照编码规则重新计算每一位校验位的值。将错误的校验位的位置序号相加，所得到的结果就是发生错误的位的序号。

当信息位足够长时，海明码的编码效率要比正反码高得多。假设信息位为 k 位，增加 r 位冗余位，构成 $n=k+r$ 位码字，则有 $n=2^r-1$，$k=2^r-1-r$。相应地，海明码的编码效率为

$$R=k/n=(2^r-1-r)/(2^r-1)=1-r/(2^r-1) \tag{3.8}$$

图 3.16（a）描绘了冗余位长度与编码效率的关系。可见当冗余位长度 $r=10$ 时，编码效率已经超过 99%，接近于 1，此时对应的信息位长度为 1 013。图 3.16（b）描绘了信息位长度与冗余位长度的关系。

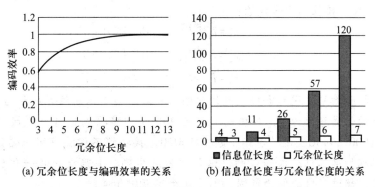

(a) 冗余位长度与编码效率的关系 　　(b) 信息位长度与冗余位长度的关系

图 3.16 海明码编码效率及信息位/冗余位长度关系

例 3.3   海明码的编码与校验。

假设信息位 $I_4 I_3 I_2 I_1$ 为 1010，采用海明码，试求其冗余位 $r_3 r_2 r_1$，并分析相应的检错与纠错能力。

解   整个码字的第 1、2、4 位为校验位，因此，完整的码组可以表示为 $I_4 I_3 I_2 r_3 I_1 r_2 r_1$。根据海明码的编码规则，可以得到

$$r_1 = I_1 \oplus I_2 \oplus I_4 = 0 \oplus 1 \oplus 1 = 0$$

$$r_2 = I_1 \oplus I_3 \oplus I_4 = 0 \oplus 0 \oplus 1 = 1$$

$$r_3 = I_2 \oplus I_3 \oplus I_4 = 1 \oplus 0 \oplus 1 = 0$$

因此，完整的码组为 1010010。

假设在传输过程中发生了错误，接收端接收到的码组变成了 1110010。接收端开始校验：

$$r_1' = I_1 \oplus I_2 \oplus I_4 = 0 \oplus 1 \oplus 1 = 0$$

$$r_2' = I_1 \oplus I_3 \oplus I_4 = 0 \oplus 1 \oplus 1 = 0$$

$$r_3' = I_2 \oplus I_3 \oplus I_4 = 1 \oplus 1 \oplus 1 = 1$$

校验结果发现 r_3' 和 r_2' 与接收到的码组不一致。由于 r_3' 的位置序号为 4，由于 r_2' 的位置序号为 2，因此断定错误的位置为 4+2=6，应该是 I_3 发生了错误，正确的码组为 1010010。

又如接收端接收到的码组变成了 1011010。接收端开始校验：

$$r_1' = I_1 \oplus I_2 \oplus I_4 = 0 \oplus 1 \oplus 1 = 0$$

$$r_2' = I_1 \oplus I_3 \oplus I_4 = 0 \oplus 0 \oplus 1 = 1$$

$$r_3' = I_2 \oplus I_3 \oplus I_4 = 1 \oplus 0 \oplus 1 = 0$$

校验结果发现 r_3' 和接收到的码组不一致。由于 r_3' 的位置序号为 4，因此断定错误的位置序号为 4，应该是 r_3 发生了错误，正确的码组为 1010010。

如果传输过程中发生了两位错误，比如接收端接收到的码组变成了 1111010。接收端开始校验：

$$r_1' = I_1 \oplus I_2 \oplus I_4 = 0 \oplus 1 \oplus 1 = 0$$

$$r_2' = I_1 \oplus I_3 \oplus I_4 = 0 \oplus 1 \oplus 1 = 0$$

$$r_3' = I_2 \oplus I_3 \oplus I_4 = 1 \oplus 1 \oplus 1 = 1$$

校验结果发现 r_2' 和接收到的码组不一致。由于 r_2' 的位置序号为 2，因此断定错误的位置序号为 2，应该是 r_2 发生了错误，接收端将这个错误的码组纠正为 1111000。对比发送的原始信息 1010010，接收端不但没有纠正错误，反而将原本正确的第二位改成错误的。这是因为海明码最多只能纠正一位错误，两位错码已经超过了它的能力范围，因此发生了漏纠和误纠。

实际上，对于任何一种检错码，都会发生漏检的情况；而任何一种纠错码，

也都会发生误纠的情况。漏检率和误纠率都是差错控制编码的重要技术指标，漏检率和误纠率越小，相应编码的差错控制能力越强。

3. 卷积码

在一个二进制分组码 (n,k) 当中，包含 k 个信息位，码组长度为 n，每个码组的 $n-k$ 个校验位仅与本码组的 k 个信息位有关，而与其他码组无关。为了达到一定的纠错能力和编码效率，分组码的码组长度 n 通常都比较大，如式（3.8）所示。编译码时必须把整个信息码组存储起来，由此产生的延时随着 n 的增加而线性增加。

为了减小这个延迟，人们提出了各种解决方案，其中卷积码就是一种较好的信道编码方式。这种编码方式同样是把 k 个信息位编成 n 位码组，但 k 和 n 通常很小，特别适宜于以串行形式传输信息，减小了编码延时。

与分组码不同，卷积码中编码后的 n 个码元不仅与当前段的 k 个信息有关，而且也与前面 $N-1$ 段的信息有关，编码过程中相互关联的码元为 nN 个。因此，这 N 时间内的码元数目 nN 通常被称为这种码的约束长度。卷积码的纠错能力随着 N 的增加而增大，在编码器复杂程度相同的情况下，卷段积码的性能优于分组码。另一个不同之处是，分组码有严格的代数结构，但卷积码至今尚未找到如此严密的数学手段，把纠错性能与码的结构十分有规律地联系起来，目前大都采用计算机来搜索好的卷积码。

下面通过一个例子来简要说明卷积码的编码工作原理。正如前面已经指出的那样，卷积码编码器在一段时间内输出 n 位码，不仅与本段时间内的 k 位信息位有关，而且还与前面 m 段在规定时间内的信息位有关，这里的 $m=N-1$。通常用 (n,k,m) 表示卷积码。注意，有些文献中也用 (n,k,N) 来表示卷积码。图 3.17 就是一个卷积码的编码器，该卷积码的 $n=2$，$k=1$，$m=2$，因此，它的约束长度 $nN=n(m+1)=2\times3=6$。

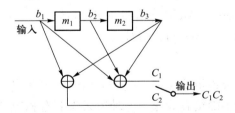

图 3.17 $(2,1,2)$ 卷积码编码器

在图 3.17 中，m_1 与 m_2 为移位寄存器，它们的起始状态均为 0。C_1、C_2 与 b_1、b_2、b_3 之间的关系如下：

$$C_1=b_1+b_2+b_3 ; \quad C_2=b_1+b_3 \tag{3.9}$$

假如输入的信息为 $D = 11010$，为了使信息 D 全部通过移位寄存器，还必须在信息位后面加 3 个零。表 3.5 列出了对信息 D 进行卷积编码时的状态。

表 3.5   信息 D 进行卷积编码时的状态

输入信息 D	1	1	0	1	0	0	0	0
b_3、b_2	0 0	0 1	1 1	1 0	0 1	1 0	0 0	0 0
C_1、C_2	1 1	0 1	0 1	0 0	1 0	1 1	0 0	0 0

描述卷积码的方法有两类，即图解表示法和解析表示法。解析表示法较为抽象难懂，而用图解表示法来描述卷积码简单明了。常用的图解描述法包括树状图、网格图和状态图等。基于篇幅原因这里就不详细介绍了。

卷积码的译码方法可分为代数译码和概率译码两大类。代数译码方法完全基于它的代数结构，也就是利用生成矩阵和监督矩阵来译码，在代数译码中最主要的方法就是大数逻辑译码。概率译码比较常用的有两种，一种是序列译码，另一种是维特比（Viterbi）译码法。虽然代数译码所要求的设备简单，运算量小，但其译码性能（误码）要比概率译码方法差许多。因此，目前在数字通信的前向纠错中广泛使用的是概率译码方法。

在 GSM 系统中卷积码得到了广泛的应用。例如，在全速率业务信道和控制信道就采用了 $(2,1,4)$ 卷积编码，卷积码在 CDMA/IS-95 系统也得到广泛应用。在前向和反向信道，系统都采用卷积码编码器。

3.2.4   差错控制方式

接收端通过检错码或者纠错码来验证信息在传输过程中是否有出错。如果发现出错，则需要通过某种机制或措施来纠正错误。这种发现传输中的错误并加以纠正的方式称为差错控制方式。常用的差错控制方式有自动重传请求（automatic repeat request，ARQ）、前向纠错（forward error correction，FEC）和混合纠错（hybrid error correction，HEC）。

1. 自动重传请求

自动重传请求是指接收端在收到的信码中检测出错码时，设法通知发送端重发信码，直到正确接收为止。这种方式需要有相应的反馈信道来将接收端的重发指令发送给发送端。常用的自动重传请求有 3 种方式，即停止等待方式、回退 n 方式和选择重传方式。

（1）最简单是停止等待方式（stop-and-wait），也称停等式。其工作流程为：发送端发送一个数据帧之后，启动一个定时器；在定时器超时之前，如果发送端收到了来自接收端的确认帧，则启动下一个数据帧的发送程序；否则，如果在超时之后仍然没有收到接收端的确认，则自动重传该数据帧。

但是仅仅这样一个简单的停止等待方式并不能正常工作。下面考虑一种情况。在 t_1 时刻，发送端发送了一个数据帧，这个数据帧顺利地到达了接收端，且接收端于 t_2 时刻应答了一个确认帧。不幸的是，这个确认帧由于某些原因被破坏了，没有顺利到达发送端，于是发送端在定时器超时之后又发重了该数据帧。显然，当重发的数据帧到达接收端之后，接收端将不可避免地接收重传的数据帧。为了防止这种情况的发生，发送端需要为发送的数据帧加上序号以便接收端能区分是否收到了重复帧。由于停止等待方式规定只有一帧完全发送成功后才能发送新的帧，因而只用一位二进制数来编号就能够区分了。

那么，是不是这样就够了呢？再考虑另外一种情况。在 t_1 时刻，发送端发送了一个数据帧 F_0，并启动了定时器。F_0 顺利地到达了接收端，且接收端于 t_2 时刻应答了一个确认帧，将这个确认帧标记为 Ack_0。然而，这个确认帧由于某些原因被阻塞了，没有在发送端的计时器超时之前到达发送端，于是发送端会在 t_3 时刻重发 F_0。这次 F_0 也顺利地到达了接收端，接收端从 F_0 的序号中分辨出这是一个重复的帧，于是丢弃 F_0，并再次发送个确认帧，记为 Ack_1。凑巧的是，在发送端第二次发出 F_0 不久，Ack_0 到达发送端，此时，发送端会以为这个 Ack_0 是对其重发的 F_0 的确认，于是发送端开始装配第二个数据帧 F_1，并将其发送出去。不幸的事情又一次发生，由于某些原因（比如冲突），F_1 在信道中丢失了。而此时，接收端对 F_0 的第二个确认帧 Ack_1 到达发送端。发送端会以为 Ack_1 是对 F_1 的确认，于是接着发送第三个数据帧 F_2。而实际上，接收端却没有收到 F_1。因此，确认帧 Ack 也应加上序号以表明是对哪一帧的确认。

停止等待方式的工作流程如图 3.18 所示。停止等待方式的最大缺点是由于发送方要停下来等待确认帧 Ack 返回后再继续发送而造成信道的浪费。设信道容量是 B bps，帧长度为 L b，信号在信道中的往返传输延迟（propagation delay）是 $2R$，并假定返回的确认帧很短，不占用信道时间。在一个周期中实际用于发送的时间是 L/B，而空等待的时间是 $2R$。因此，信道的实际有效利用率只有

$$U = \frac{L/B}{L/B+2R} = \frac{L}{L+2RB} \tag{3.10}$$

停止等待方式的效率比较低，特别对于传输延迟长的高速信道特别不利。例如，若某卫星信道，$B=50$ Kbps，$2R=0.5$ s，而 $L=1$ Kb，则其有效利用率为

$$U = \frac{1\,024}{1\,024+25\,600} = \frac{1}{26} \approx 4\%$$

这种低下的效率显然是难以接受的。为了提高信道的利用率，就要允许发送端不等确认帧返回就连续发送若干帧。由于允许连续发出多个未被确认的帧，帧号就不能仅采用一位（只有 0 和 1 两种帧号），而要采用多位帧号才能区分。

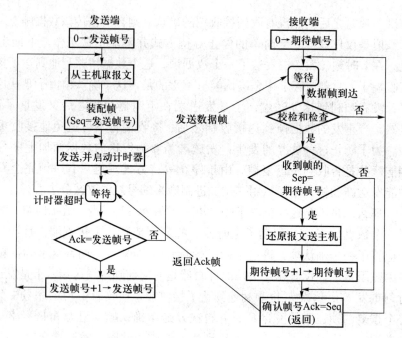

图 3.18   停止等待方式的流程图

一般情况下，帧号字段的位数 m 需满足

$$m \geqslant \left\lceil \log_2 \frac{L+2BR}{L} \right\rceil \tag{3.11}$$

这种能够连续发送多个帧而不用等待确认帧的差错控制方式称为连续 ARQ。连续 ARQ 根据帧传输出现问题时反馈重发方式的不同，可以分为回退 n（back to n）和选择重传（selective repeat）方式。

（2）回退 n 方式。假定发送端连续发送了 m 帧，而接收端在对收到的数据帧进行校验后发现其中的第 n 帧出错（$n \leqslant m$），于是接收端给发送端反馈出错信息并要求发送端重发第 n 帧及第 n 帧以后的所有帧。换言之，一旦接收端发现第 n 帧出错，则丢弃第 n 帧及第 n 帧以后的所有帧。显然，对于回退 n 方式，允许已发送未被确认的帧越多，可能要退回来重发的帧也就越多。而且，即使第 n 帧以后的所有帧都是顺利到达接收端的，也必须被丢弃。这就使信道资源产生了不必要的浪费。

（3）选择重传方式。假定发送端连续发送了 m 帧，而接收端在对收到的数据帧进行校验后发现其中的第 n 帧出错（$n \leqslant m$），于是接收端给发送端出错信息要求发送端重发第 n 帧。换言之，一旦接收端发现第 n 帧出错，则丢弃第 n 帧，但缓存第 n 帧以后的所有正确帧。选择重传方式的信道利用率是最高的，但接收端要有一个足够大的缓冲区来暂存未按顺序正确接收的帧。

2. 前向纠错

前向纠错（FEC）是一种能够在接收端发现错误，并自动纠正错误的差错控制方式，因此，也称自动纠错方式。对于二进制系统，如果能够确定错码的位置，就能纠正它。这种方式不需要反馈信道来传递指令，传输实时性好，适合单向通信。表3.6给出了 ARQ 和 FEC 之间的比较。

表 3.6   ARQ 和 FEC 的比较

比 较 内 容	ARQ	FEC
使用编码种类	只需要检错码	需要纠错码
是否需要双向信道	需要	不需要
发送方是否需要缓冲区	需要	不需要
编码效率	编码效率相对较高，但是在较差的信道环境下，工作效率较低	冗余位多（编码效率低）设备复杂
信道效率	较低	较高

对于提供语音服务的移动通信网，如果采用 ARQ 方式，通常不能满足语音通信的实时性要求，而无线信道的传输环境又会使差错发生的概率较高。因此，前向纠错得到了广泛的应用。比如在 GSM 系统的语音信道编码方案中，就采用了卷积码的 FEC 方案，而在第三代移动通信系统中，也采用了纠错能力很强的 Turbo 码作为信道编码技术。

3. 混合纠错

混合纠错（HEC）方式是前向纠错方式和检错重发方式的结合。这种方式兼有两者的优点，即在纠错范围内实行自动纠错，而当超出纠错范围的错误位数时，可以通过检测而发现错码，不论错码多少，利用 ARQ 方式进行纠错。HEC 往往是一种折中性应用。从概率论可知，一个码组发生一位错误的概率，比发送两位错误的概率要大得多，因此为了避免重传发生的频率过高，就要求编解码器在出现一位差错时可以随时自动纠错，而出现两位以及更多错误则采用 ARQ 方式纠错。

思考题

1. 通常，数据链路层可提供三类基本的服务，分别为无连接的无确认服务、无连接的确认服务和基于连接的有确认服务。以太网采用了非常简单的无连接的无确认服务，为什么在无线局域网中采用无连接的确认服务？无线网络中使用非竞争的介质访问控制又采纳了其中哪类基本服务的设计思想？为什么这样选择？

2. CSMA/CD 以一种简单、高效的方式解决了共享以太网中的冲突问题，为什么它不能直接用于无线网络环境，而要将冲突检测机制换成冲突避免机制？

3. CDMA 相对于 FDMA 和 TDMA 的优势是什么？各自的适应性何在？

4. ALOHA 协议和 S-ALOHA 协议的最大吞吐量有什么差别？试定性分析造成这种差别的原因。

5. 坚持 CSMA 和非坚持 CSMA 各有什么优缺点？解释什么是隐藏终端，分析隐藏终端是如何影响基于 CSMA 的介质访问控制协议的性能的。

6. 试说明 RTS/CTS 握手机制的工作原理。RTS/CTS 握手机制能否完全解决隐藏终端的问题？在引入 RTS/CTS 握手机制的同时，会引入哪些新问题？

7. 设将要发送的整个信息块分为定长为 p 位的 q 段，试分别分析水平奇偶校验、垂直奇偶校验与水平垂直奇偶校验的编码效率。

8. 什么是定比码？对于 7 中取 5 定比码来说，编码效率是多少？

9. CRC 码的生成多项式为 $G(x) = x^6 + x^5 + x + 1$，若信息位为 1101110010001，求 $R(x)$。

10. 海明码是一种能纠正单个错误的线性分组码。请回答下列问题。

（1）海明码包含 r 位冗余位，则海明码的码长为多少？其中信息位又有多少位？

（2）如果要发送的原始信息为 10011001110，请写出对应的冗余位和完整的码组。

（3）如果接收端收到的码组为 111100011101001，请判断传输过程中是否出错。如果出错，请写出对应的正确的码组（假设如果出错，最多只有一位码元发生错误）。

11. 某信道的数据传输速率为 4 Kbps，单向传输延迟为 20 ms，请问帧长要在什么范围内，才能使停止等待方式的效率至少达到 50%？

12. 使用回退 n 方式在 3 000 km、1.544 Mbps 的 T1 干线上发送 64 B 的帧，若信号在线路上的传输速率为 6 km/μs，帧的顺序号至少应采用多少位二进制数？

13. 对于物理传输质量相对较高的有线网络环境，在差错控制上通常采用检错技术，或进一步辅以自动重传机制。对于一个错误率较高的无线网络环境，在差错控制机制上应该如何选择？

在线测试 3

第 4 章　无线个域网与蓝牙技术

随着无线通信技术的发展，无线个人区域网开始进入人们的生活。本章主要介绍以蓝牙技术为核心的无线个人区域网。首先，介绍 IEEE 所颁布的无线个人区域网规范标准集 IEEE 802.15；然后，以蓝牙 1.1 技术标准为基础，给出蓝牙技术的基本概念及其协议栈结构，并自下而上介绍蓝牙协议栈中各个主要协议，分析蓝牙无线通信原理及组网过程。最后，以蓝牙耳机的应用为例，对蓝牙技术的原理进行总结。

4.1　无线个域网与 IEEE 802.15 标准概述

4.1.1　无线个域网概述

随着社会对无线网络需求的不断提高，人们提出了在自身附近几米到几十米范围之内实现活动半径小、业务类型丰富、面向特定群体的无线通信要求。无线个人区域网（WPAN，简称无线个域网）正是在这样一种需求背景中被提出的，WPAN 技术能够为小范围内的设备建立无线连接，将几米范围内的多个设备通过无线方式连接在一起，使它们可以相互通信，以实现数据的传输或协同工作。

按照数据传输速率，无线个域网分为低速无线个域网、高速无线个域网和超高速无线个域网。低速无线个域网一般应用于无线传感器网络、工业监控与组网、办公与家庭自动化控制等方面。其主流的标准是 IEEE 802.15.4。低速无线个域网具有设备结构简单、成本较低、数据传输速率较低、功耗较低等特点。高速无线个域网能够在个人操作空间（personal operation space，POS）内实现接近 1 Mbps 的数据传输速率，以满足多媒体信息的传输需求。高速无线个域网的主流标准是 IEEE 802.15.1，即蓝牙（bluetooth）标准。而超高速无线个域网能够支持高达数十兆位每秒，甚至上百兆位每秒的数据传输速率，能够满足短距离无线高清视频等高速多媒体的应用需求。其相关的主要标准为 IEEE 802.15.3。

目前，无线个域网应用非常广泛的。例如，一个配置有蓝牙模块的手机，在一副蓝牙耳机的配合下，就能够实现手机与耳机之间的无线音频传输。一个配置有蓝牙模块的全球定位系统设备，能够为同样配置蓝牙模块的平板电脑或者智能终端提供定位服务，从而实现导航功能。通过超宽带传输技术，在多媒体设备之间，比如高清电视机和机顶盒之间、计算机与投影仪或者显示器之间等，就能够建立无线无缝连接。

4.1.2　IEEE 802.15 标准概述

1. IEEE 802.15 工作组

目前，IEEE、ITU 和 HomeRF 等组织都致力于无线个域网标准的研究，其中 IEEE 组织对无线个域网的规范标准主要集中在 IEEE 802.15 系列，是目前国际上最为权威的无线个域网标准。IEEE 802.15 工作组成立于 1998 年，最初称为无线个人区域网（WPAN）研究组，1999 年 5 月变更为 IEEE 802.15-WPAN 工作组。IEEE 802.15 工作组目前下设 7 个任务组，其组织结构如图 4.1 所示。

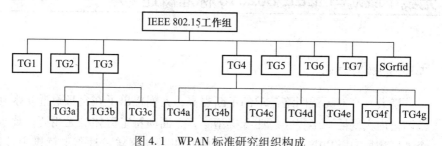

图 4.1　WPAN 标准研究组织构成

TG1 任务组负责制定 IEEE 802.15.1，处理基于蓝牙 1.x 版本、数据传输速率为 1 Mbps 的 WPAN 标准。IEEE 802.15.1 本质上只是蓝牙底层协议的一个标准化版本，大多数标准制定工作仍由相关的特别兴趣小组（special interest group，SIG）完成，其成果由 IEEE 批准发布。新的版本 IEEE 802.15.1a 对应于蓝牙 1.2，它包括某些 QoS 增强功能，并完全向下兼容。

TG2 任务组负责制定 IEEE 802.15.2，该标准涉及建模和处理无线个域网与无线局域网在公用 ISM 频段内无线设备的共存问题。

TG3 任务组负责制定 IEEE 802.15.3，其目标在于开发数据传输速率高于 20 Mbps 的高速率多媒体和数字图像应用。IEEE 802.15.3 也称为 WiMedia，其初始版本规定的数据传输速率高达 55 Mbps，采用基于 IEEE 802.11 但与之不兼容的物理层。为了加强对更高传输速率无线个域网技术的研究，IEEE 802.15 工作组先后成立了 IEEE 802.15TG3a 任务组、IEEE 802.15TG3b 任务组和 IEEE 802.15TG3c

任务组。IEEE 802.15 TG3a 负责制定超宽带无线个域网标准规格；IEEE 802.15 TG3b 主要研究对 IEEE 802.15.3 介质访问控制层的改进，改善其兼容性和可实施性；IEEE 802.15 TG3c 负责制定基于毫米波的可选物理层。目前，多数厂商倾向于 IEEE 802.15.3a，它采用超宽带多频段正交频分复用联盟的物理层，其数据传输速率高达 480 Mbps。生产 IEEE 802.15.3a 产品的厂商还成立了 WiMedia 联盟，该联盟的任务是对设备进行测试和贴牌，以保证标准的一致性。

TG4 任务组负责制定 IEEE 802.15.4。该标准也被称为 ZigBee 技术，主要面向低功耗、低复杂度、低速率的无线个域网及应用。通常，其数据传输速率低于 200 Kbps。该任务组先后发展了 TG4a、TG4b、TG4c、TG4d、TG4e、TG4f、TG4g 等分支工作组。

TG5 任务组负责制定 IEEE 802.15.5，研究无线网状网（wireless mesh network，WMN）技术在无线个域网中的应用。

TG6 任务组主要研究国家医疗管理机构批准的人体内部无线通信技术，目前还处于标准的研究与制定阶段。

TG7 任务组负责制定可见光通信（visible light communication，VLC）的物理层的介质访问控制标准。

SGrfid 任务组负责研究无线射频识别标签（radio frequency identification devices tag，RFID）技术在 WPAN 中的应用。

2. IEEE 802.15.1

IEEE 802.15.1 标准源于蓝牙 1.1 版，由 IEEE 与蓝牙特别兴趣小组合作完成。该标准于 2002 年 4 月由 IEEE-SA 标准部门批准成为一个正式标准，它可以同蓝牙 1.1 完全兼容。与蓝牙规范相比，IEEE 802.15.1 在定义协议内容之前专门增加了一个独立的章节，用于对无线个域网的技术和网络体系结构进行介绍，包括 IEEE 802.15.1 的物理层和数据链路层的无线介质访问控制子层，蓝牙无线个域网的网络拓扑结构、无线个域网与无线局域网的区别、蓝牙协议栈的组成以及它们与 OSI 七层模型的对应关系等。

IEEE 802.15.1 目的在于实现个人操作空间内的无线通信，为便携个人设备在短距离内提供一种简单、低功耗的无线连接，支持设备之间或在个人操作空间中的互操作。它所支持的设备包括计算机、打印机、数码相机、扬声器、耳机、传感器、显示器、传呼机和移动电话等。

IEEE 802.15.1 的主要工作在物理层和介质访问控制层，对应于 OSI 参考模型的物理层和数据链路层。它规定了蓝牙无线技术的低层传输机制，包括物理层规范、基带（baseband）规范、链路管理协议（link managerment protocol，LMP）、逻辑链路控制和适配协议（logical link control and adaptation protocol，

L2CAP）；描述了主机控制接口（host control interface，HCI）和主机控制蓝牙模块低层功能的方法；说明了低层向高层提供服务的服务接入点（service access point，SAP）以及相应的接口与原语。

3. IEEE 802.15.3

　　IEEE 802.15.3 任务组的目标是在保持 IEEE 802.15.1 体系结构、语音支持、低成本实现以及通信距离不变的基础上，增强其数据传输能力，并构建一个与已有 IEEE 802.11 设备具有一定兼容性的物理层。IEEE 802.15.3 高达 55 Mbps 的数据传输速率能够满足音频视频流传输、高解析图像打印、数字投影胶片发送等应用的要求。

　　2003 年 7 月，802.15.3 任务组发布了一个新的物理层标准，这个标准基本上仍采用蓝牙介质访问控制层和协议栈，但同时提供更高的数据传输速率。在信道选择上，采用了 11 MSymbol/s 的符号速率，而且与 5 MHz 的 IEEE 802.11 信道兼容。但是，由于使用更窄的 15 MHz 带宽，因此，在同一区域，可以比经典的 IEEE 802.11 及 802.1lb/g 提供更多的非重叠信道。同时该标准采用了一种更复杂的编码调制方法，即网格编码调制（trellis-coded modulation，TCM），使每个符号位可发送更多的数据，从而允许在较小的带宽中传输更多的数据。表 4.1 给出了 IEEE 802.15.3 在不同调制与编码方式下的数据传输速率。IEEE 802.15.3 可与其他 IEEE 802.15 无线个域网标准共存，也可与 IEEE 802.11 系列标准共存。

表 4.1　IEEE 802.15.3 的数据传输速率

调制方式	编码方式	码率	数据传输速率/Mbps	灵敏度/dBm
QPSK	TCM	1/2	11	−82
DQPSK	—	—	22	−75
16QAM	TCM	3/4	33	−74
32QAM	TCM	4/5	44	−71
64QAM	TCM	2/3	55	−68

　　随着高速无线个域网应用范围的扩展，IEEE 802.15.3 系列标准也获得了相应的发展。其中，IEEE 802.15 TG3a 于 2002 年 12 月获得 IEEE 批准正式开展工作，TG3a 主要研究数据传输速率 110 Mbps 以上的图像和多媒体的传输。于 2006 年 5 月发布的 IEEE 802.15 TG3b 主要研究对 802.15.3 介质访问控制子层的维护，改善其兼容性与可实施性。于 2009 年 11 月发布的 IEEE 802.15 TG3c 主要研究 IEEE 802.15.3—2003 标准规定的毫米波物理层的替代方案，这种毫米波无

线个域网工作于一个全新的频段（57~64 GHz），可以实现与其他已有 IEEE 802.15 标准更好的兼容性。

4. IEEE 802.15.4

IEEE 802.15 TG4 任务组制定的 IEEE 802.15.4 标准主要针对低速无线个人区域网络（low rate wireless personal area network，LR-WPAN）。该标准把低能量消耗、低速率传输、低成本作为重点目标，旨在为个人或者家庭范围内不同设备之间的低速互联提供统一标准。该任务组所定义的 LR-WPAN 网络特征与无线传感器网络（将在第 10 章进行详细介绍）有很多相似之处，很多研究机构把它作为传感器的通信标准。

IEEE 802.15.4 规定了包括用于 LR-WPAN 的物理层和介质访问控制子层两个规范，用于支持功耗小、工作于个人活动空间（10 m 直径或更小）的简单器件之间的通信。一个 IEEE 802.15.4 网络最多可容纳 216 个器件，器件既可以使用 64 位 IEEE 地址，也可以使用在关联过程中指配的 16 位短地址。IEEE 802.15.4 支持两种网络拓扑，即单跳星状或当通信线路超过 10 m 时的多跳对等拓扑，但是对等拓扑的逻辑结构由网络层定义。

低功耗是 IEEE 802.15.4 最重要的特点，因为对由电池供电的简单器件而言，更换电池的花费往往比器件本身的成本还要高。在有些应用中，还不能更换电池，例如嵌在汽车轮胎中的气压传感器或高密度敷设的大规模传感器网。所以在 IEEE 802.15.4 的数据传输过程中引入了几种延长器件电池寿命或节省功率的机制，其中多数机制是基于信标使能方式的，也称为同步模式，通过限制器件或协调器之间收发信机的开通时间，或者在无数据传输时使它们处于休眠状态，达到节省能耗的效果。

在 IEEE 802.15.4 发布后，又陆续推出了多个后续版本，包括 IEEE 802.15.4a、IEEE 802.15.4b、IEEE 802.15.4c、IEEE 802.15.4d 和 IEEE 802.15.4e 等。

4.2 蓝牙技术概述

蓝牙是一项由蓝牙特别兴趣小组制定的关于无线个人区域网（WPAN）的标准。"蓝牙"这个名称来自 10 世纪的一位丹麦和挪威国王 Harald Blåtand，国王 Blåtand 口齿伶俐，善于沟通交流，在位期间统一了现在的挪威、瑞典和丹麦。经过对欧洲历史和未来无线技术发展的讨论后，行业组织人员认为用国王 Blåtand 的名字命名这项技术再合适不过了。希望这项新技术能具有如同国王 Blåtand 那样的沟通与统一能力，能够协调不同工业领域及其产品，如计算机、手机和汽车等，保持着各个系统之间的良好交流。术语"Bluetooth"包含了"统一"的含义，意在利用"蓝牙"技术统一无线个域网通信标准。

4.2.1　蓝牙的特点

作为一种全球统一开放的短距无线通信技术规范，蓝牙的最初目标是取代现有的掌上电脑、移动电话等各种数字设备上的有线电缆连接。由于蓝牙体积小、功耗低，其应用已不再局限于计算机外设，而是几乎可以被集成到任何一种数字设备之中，特别是那些对数据传输速率要求不高的移动与便携设备。蓝牙的主要特点如下。

（1）全球统一开放的频段资源。蓝牙工作在 2.4 GHz 的 ISM 频段，频段的范围为 2.4~2.4835 GHz，作为开放的频段，使用该频段无须向各国的无线电资源管理部门申请许可证。

（2）可同时支持语音和数据传输。蓝牙既支持电路交换，也支持分组交换；既支持异步数据信道或三路语音信道，也支持异步数据与同步语音同时传输的信道。

（3）良好的抗干扰能力。ISM 频带是对所有无线电系统都开放的频带，而工作在 ISM 频段的无线电设备有很多种，如家用微波炉、无绳电话、汽车遥控器、无线个域网和 HomeRF 产品等。为了更好地抵抗来自这些设备的干扰，蓝牙采用了跳频扩频技术，以确保在噪声环境中也可以正常无误地工作。

（4）体积小，易于集成。作为一种用于互联便携的小型、微型移动设备及其外设的技术，蓝牙模块具有体积小、便于集成到小型便携设备的特点。如爱立信公司提供的蓝牙模块 ROK1011007，其外形尺寸仅为 33 mm×17 mm×3 mm。

（5）功耗微小，电源寿命长。蓝牙设备在通信连接状态下，有 4 种工作模式：活动（active）、呼吸（sniff）、保持（hold）和休眠（park）。活动模式是正常的工作状态，另外 3 种模式是为了节能所规定的低功耗模式。

（6）开放的接口标准。为了推广蓝牙技术，蓝牙特别兴趣小组（SIG）将蓝牙的技术标准全部公开，全世界范围内的任何单位和个人都可以进行蓝牙产品及应用的开发，只要最终能通过 SIG 的蓝牙产品兼容性测试，就可以推向市场。这样一来，不仅大量的蓝牙应用程序可以得到大规模的开发与推广，SIG 自身也通过提供技术服务和出售芯片等业务获利。

（7）尽管蓝牙产品刚刚问世的时候价格昂贵，但随着市场需求的扩大，各个供应商纷纷推出自己的蓝牙芯片和模块，蓝牙产品的价格也飞速下降，使得集成了蓝牙技术的设备的成本增加很少。

4.2.2　蓝牙标准的演进

随着蓝牙技术的不断完善和发展，SIG 先后制定并发布了不同版本的蓝牙标准。对蓝牙产品的一个关注点就是其所遵循的技术标准版本。蓝牙的技术标准主要经历了以下发展过程。

1. 蓝牙 1.0 版本

蓝牙特别兴趣小组于 1999 年 7 月 26 日推出了蓝牙技术核心规范 1.0 版本。蓝牙 1.0 标准规定了蓝牙协议栈的主要框架，包括核心协议层（RFID、基带协议、LMP、L2CAP、服务发现协议）、电缆代替协议、电话控制协议以及各种选用协议。蓝牙 1.0 标准也规定了主机控制接口，用于提供调用基带、链路管理、状态和控制寄存器等硬件的统一命令接口。

该版本的物理层采用了跳频技术，工作频段是 2.4 GHz 的 ISM 频段，该频段无须授权。1.0 版本的蓝牙规范结合了电路交换与分组交换的特点，可以进行异步数据通信，也可以同时支持最多 3 个同步语音信道，还可以使用一个信道同时传送异步数据和同步语音。每个语音信道支持 64 Kbps 的同步语音链路。异步信道可以支持一端最大速率为 723.2 Kbps、另一端速率为 57.6 Kbps 的不对称连接，也可以支持 433.9 Kbps 的对称连接。

2. 蓝牙 1.1

蓝牙 1.0 标准虽然定义了具体的功能，但缺乏严格的实施准则，以至于这个标准的关键部分——协同工作能力出现了隐患。协同工作能力问题的不断出现，阻碍了蓝牙 1.0 标准更广泛的推广应用。针对蓝牙标准 1.0 存在的问题，蓝牙 1.1 版规范在设备间验证以及主从设备协商等方面提出了相应的改进措施，并将跳频信道数统一为 79 个。

3. 蓝牙 1.2

蓝牙 1.2 标准于 2003 年 11 月发布，它提供了对蓝牙 1.1 版本的向下兼容。蓝牙 1.2 标准采用了一系列新技术来改进用户对蓝牙的体验。例如，针对蓝牙 1.1 版产品容易受到主流 IEEE 802.11b 设备干扰的问题，采用了自适应跳频（adaptive frequency hopping，AFH）技术来自动选择合适的频段，提高了同频抗干扰能力；采用了扩展同步的面向连接链路（extended synchronous connection-oriented link，ESCO）技术，以支持高 QoS 的音频信号传输；采用了更快速连接技术，以缩短设备间的重新搜索与再连接时间。

4. 蓝牙 2.0+EDR

蓝牙 2.0 核心规范发布于 2004 年，向后兼容蓝牙 1.2 版本。蓝牙 2.0 版规范的主要改进之一是引入了增强数据速率（enhanced data rate，EDR）。EDR 采用了高斯频移键控和相移键控联合调制技术，理论上的数据传输速率可达到3 Mbps，实际数据传输速率可达到 2.1 Mbps，达到了 1.2 版本产品数据传输速率的 3 倍。其次，EDR 通过降低设备的工作时间占空比，即通过减少工作负载循环，进一步降低了能耗。另外，带宽的增加也使多连接模式得到了简化，并进一步改善了误码率。蓝牙 2.0 版本规范以"蓝牙 2.0+EDR"的名义发布，"+"表示 EDR 是一个可选特性，是作为补充出现的。

5. 蓝牙 2.1+EDR

蓝牙 2.1 核心规范+EDR 发布于 2007 年 7 月，向下兼容蓝牙 1.2 版本。该版本加入了一种安全的简单配对（secure simple pairing，SSP）技术，以改进设备的配对方式。蓝牙 2.1 还加入了一种被称为减速呼吸（sniff subrating，SSR）模式的节能技术，通过延长两个蓝牙设备之间互相发送确认或存活（keep alive）信号的时间间隔，达到降低功耗的目的。根据官方的报告，采用此技术之后，蓝牙装置在开启之后的待机时间可以延长 5 倍以上。

6. 蓝牙 3.0+HS

2009 年 4 月，在日本东京召开的年度全体会议上，蓝牙特别兴趣小组正式发布了蓝牙 3.0+HS（High Speed）规范。蓝牙 3.0 的核心是引入了 MAC/PHY 交替射频（alternate MAC/PHY，AMP）技术。AMP 使蓝牙设备能最大程度地利用多种高速无线技术中更高的传输速率。这是一种全新的交替射频技术，它允许蓝牙协议栈针对任一任务动态地选择正确的射频。目前，蓝牙 3.0+HS 规范中加入的无线技术是 IEEE 802.11，使蓝牙 3.0 的速率提升到了 24 Mbps，是蓝牙 2.1+EDR 的 8 倍，可以轻松地应用于大量数据、高清视频流的传输，以及其他对于传输速率要求较高的应用。

另外，由于引入了增强电源控制（enhanced power control，EPC）机制，使空闲时期的功率消耗明显降低，并不会因为传输速率的提升而带来功耗的大幅提高。

7. 蓝牙 4.x

2010 年 7 月 7 日，蓝牙特别兴趣小组宣布正式采纳蓝牙 4.0 核心规范。蓝牙 4.0 依旧向下兼容，包含了经典蓝牙技术规范、最高速度 24 Mbps 的蓝牙高速技术规范和蓝牙低能耗（bluetooth low energy，BLE，也称蓝牙低功耗）协议规范。三种技术规范可单独使用，也可同时运行。

BLE 是蓝牙 4.0 规范新加的一个子集，是一个全新的用于简单链路快速部署的协议栈，其目标是支持仅仅依靠纽扣电池供电的极低功耗的应用。BLE 可以通过两种方式实现，即单模（single-mode）和双模（dual-mode）方式。在单模方式中，BLE 的协议栈是单独实现的。而双模方式要求将 BLE 集成于现有的经典蓝牙控制器中。

后续的蓝牙 4.1 核心规范（2013 年 12 月发布）和 4.2（2014 年 12 月发布）核心规范，实现了单一设备的主从一体，同时更进一步地提高了数据传输速度和隐私保护程度。

8. 蓝牙 5.0

蓝牙 5.0 是 2016 年 6 月 16 日在伦敦正式发布的，为现阶段最高级的蓝牙协议标准。蓝牙 5.0 向下兼容其他蓝牙版本。针对低功耗设备，蓝牙 5.0 有着更广的覆盖范围和更高的传输速率。在数据传输速率上，蓝牙 5.0 最高可以达到 24 Mbps，是之前蓝牙 4.2 LE 版本的两倍；有效工作距离可达 300 m，是之前蓝牙 4.2 LE 版本的 4 倍。蓝牙 5.0 具有室内定位辅助功能。结合 WiFi 可以实现精度小于 1 m 的室内定位。

4.2.3 蓝牙协议栈

为了使远程设备上对应的应用程序实现互操作，蓝牙特别兴趣小组为蓝牙应用定义了完整的协议栈，如图 4.2 所示。蓝牙协议和协议栈的设计原则是尽可能利用现有的各种高层协议，保证现有协议与蓝牙技术的融合以及各种应用之间的互操作，充分利用兼容蓝牙技术规范的软硬件系统。

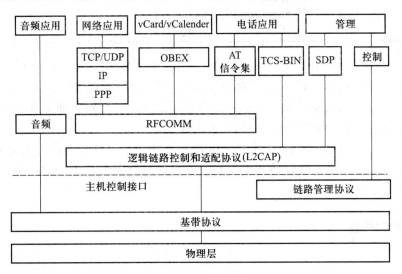

图 4.2 蓝牙协议栈

完整的蓝牙协议栈按照不同的协议层功能可分为蓝牙技术特有的核心协议层（如逻辑链路控制和适配协议、链路管理协议）、电缆替代协议层、电话控制协议层以及运行在其他平台上的选用协议层（如对象交换协议、用户数据报协议、无线应用协议等）四类。电缆替代协议层、电话控制协议层和选用协议层是蓝牙特别兴趣小组定义的面向应用的协议层，它们为上层应用服务，从而使各种上层应用能独立的运行在蓝牙核心协议层上。蓝牙协议栈按功能分层及相应的协议如表 4.2 所示

表 4.2 蓝牙协议栈分层

蓝牙协议层	协议栈部分
蓝牙核心协议层	基带协议 链路管理协议（LMP） 逻辑链路控制和适配协议（L2CAP） 服务发现协议（SDP）
电缆替代协议层	无线电频率通信协议（RFCOMM）
电话控制协议层	二进制电话控制协议（TCS-BIN）
选用协议层	AT 信令集 点到点协议（PPP） 用户数据报协议（UDP）/传输控制协议（TCP）/互联网协议（IP） 对象交换协议（OBEX） 无线应用协议（WAP） vCard vCalender 红外移动通信（IrMC） 无线应用环境（WAE）

应该注意的是，并不是所有的应用程序都利用全部协议，应用程序可以并往往只利用协议栈中的某些部分。比如，要实现蓝牙文件传输（蓝牙的典型应用之一），除了必须要实现的核心协议栈之外，只需要再加上 RFCOMM、OBEX 以及用于文件传输的上层应用程序即可。

本章后续小节将陆续介绍蓝牙的核心协议。对其余协议感兴趣的读者，请查阅与参考蓝牙协议栈相关文档。有关蓝牙各种规范的文档，读者可以通过 IEEE 802 网站下载。

4.2.4 相关术语

1. 微微网

当多个蓝牙设备相互靠近时，若有一个设备主动向其他设备发起连接并成功连接，它们就形成了一个蓝牙网络，这个网络称之为微微网（piconet）。微微网的最简单组成形式就是两个蓝牙设备的点到点连接。微微网是实现蓝牙无线

通信的最基本方式，微微网不需要类似于蜂窝网基站和无线局域网接入点之类的基础网络设施。图 4.3 表示的是就是两个独立的微微网。

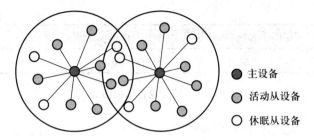

图 4.3　多个蓝牙设备组成的微微网

2. 主设备

主动发起连接的设备称为一个微微网中的主设备。

3. 从设备

对主设备的连接请求进行响应的设备称为从设备。

4. 活动从设备

一个微微网只有一个主设备，但一个主设备最多可以同时与 7 个从设备进行通信，这些与主设备处于通信状态的从设备称为活动从设备。

5. 休眠从设备

一个微微网中还可以同时有多个隶属于某个主设备的休眠从设备。休眠从设备不与主设备进行实际有效数据的收发，但是仍然和主设备保持时钟同步，以便将来快速加入微微网。不论是活动从设备还是休眠从设备，信道参数都是由微微网的主设备进行控制的。

6. 分散网

多个微微网在时空上相互重叠组成的比微微网覆盖范围更大的蓝牙网络称为分散网（scatternet，也称散射网）。分散网的基本特征是微微网之间有互联的蓝牙设备，虽然每个微微网只有一个主设备，但只要蓝牙信号在空间上可达，从设备可以基于时分复用机制加入不同的微微网，而且一个微微网的主设备可以成为另一个微微网的从设备。分散网中的每个微微网都有自己的跳频序列，它们之间并不需要跳频同步，这样就避免了不同微微网之间的同频干扰。

7. 蓝牙设备地址

正如每台计算机的网卡都会有一个全球唯一的遵循 IEEE 802 标准的介质访问控制（MAC）地址，世界上每个蓝牙设备也被唯一分配了一个遵循 IEEE 802

标准的蓝牙设备地址（bluetooth device address，BD_ADDR），其长度为48位，格式如图4.4所示。

LSB   MSB

制造商分配的产品编号	蓝牙SIG分配的制造商编号	
LAP(24 b)	UAP(8 b)	NAP(16 b)

图4.4　蓝牙设备地址格式

其中，低地址部分（lower address part，LAP）给出制造商分配的产品编号，各个蓝牙设备制造商有权对自己生产的产品进行编号；高地址部分（upper address part，UAP）给出蓝牙设备的组织唯一标识符（organization unique identifier，OUI），OUI由SIG的蓝牙地址管理机构分配给各个蓝牙设备制造商。无效地址部分（non-significant address part，NAP）不提供有意义的信息。长度为48位、有效位为32位的蓝牙设备地址所能提供的地址空间为 2^{32}（约42.9亿）个，这个巨大的数字保证了全世界数量众多的蓝牙设备地址是唯一的。

4.3　蓝牙的基带协议规范

蓝牙的基带规范定义了蓝牙的空中接口。同时，它还定义了设备间相互查找的过程以及建立连接的方式。基带规范还规定了支持同步和异步业务的各种分组类型，以及各种分组的处理过程，包括检错、纠错、重传和加密等。

4.3.1　蓝牙的物理信道与物理链路

蓝牙的物理信道（physical channel）由伪随机跳频序列确定，而跳频序列则由主设备的蓝牙设备地址决定，并且在一个微微网中是唯一的。蓝牙的物理信道被划分为一个个时隙，每个时隙对应着一个无线射频跳频频率，其跳频频率为1 600跳每秒，即每个时隙的持续时间为625 μs。

蓝牙的物理链路是蓝牙设备之间的基带连接。每条物理链路关联着一条物理信道。蓝牙1.1版系统规范定义了两种物理链路，分别为异步无连接链路（asynchronous connectionless link，ACL）和同步的面向连接链路（synchronous connection-oriented link，SCO）。两类链路有着各自的特点、性能与收发规则。

ACL链路是微微网中主设备和从设备之间的数据交换链路，其以分组交换的方式传输数据，既支持异步应用，也支持同步应用。ACL链路主要用于对时间要求不敏感的数据通信，如文件数据或控制信令的传输等。一对主从设备之间只能建立一条 ACL 链路。ACL 通信的可靠性可以由分组重传机制来保证。由于是分组交换,在没有数据通信时,对应的 ACL 链路就保持静默。微微网中的主设备可以与每个与之相连的从设备都建立一条 ACL 链路。双向对称连接的 ACL 链路数据传输速率为 433.9 Kbps;双向非对称连接时,正向 5 时隙分组(DH5)链路可以达到最大数据传输速率 723.2 Kbps,反向单时隙链路数据传输速率为 57.6 Kbps。

SCO 链路是微微网中一条由主设备维护同步数据交换链路,属于点到点对称链路。SCO 链路在主设备预留的 SCO 时隙内传输,其传输方式可以看作是电路交换方式,一般用于实时性很强的数据传输,如语音等。只有在建立了 ACL 链路后,才可以建立 SCO 链路。SCO 分组传输不进行重传操作。对于微微网中的一个主设备来说,最多可以同时支持三条 SCO 链路,这三条 SCO 链路既可与同一从设备建立,也可与不同的从设备建立。而对于一个从设备而言,它最多可以与同一主设备同时建立三条 SCO 链路,或者与不同主设备同时建立两条 SCO 链路。为了充分保证语音通信的质量,每一条 SCO 链路的数据传输速率都是 64 Kbps。

在蓝牙 1.2 版规范中,引入了一种新的物理链路,即扩展同步的面向连接,它在预留的时隙后面增加了重传窗口,以允许受损的语音数据进行重传。

4.3.2 蓝牙基带的分组类型及结构

1. 分组格式

蓝牙基带分组的编码遵循小端(little-endian,也称小字节序、低字节序)格式。在小端格式的分组中,最低有效位(least significant bit,LSB)b_0 写在最左边,而最高有效位(most significant bit,MSB)写在最右边。射频电路最先发送最低有效位,最后发送最高有效位。基带控制器认为来自高层协议的第一位是最低有效位,射频发送的第一位也是最低有效位。各数据段(如分组头、净荷等)由基带协议负责生成,都是从最低有效位开始发送的。例如,二进制序列 $b_2b_1b_0=011$ 中的最低位(b_0)的"1"首先发送,而最高位(b_2)的"0"最后才发送。

蓝牙的每个分组由三部分组成,即接入码(access code)、头部(header)、净荷(payload),如图 4.5 所示。其中接入码和分组头部为固定长度,分别为 72 b 和 54 b;净荷长度可变,即 0~2 745 b。一个分组可以仅包含接入码字段(此时为缩短的 68 b),或者包含接入码与分组头部,或者包含全部三个字段。

接入码有以下三种类型。

● 信道接入码(channel access code,CAC):用于标识一个微微网,所有在

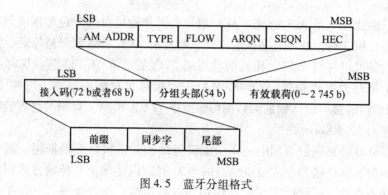

图4.5　蓝牙分组格式

该微微网中传送的分组都包含相同的 CAC。

● 设备接入码（device access code，DAC）：用于特殊的信令过程，如寻呼和响应寻呼。

● 查询接入码（inquiry access code，IAC）：又分为通用 IAC（general IAC，GIAC）和专用 IAC（dedicated IAC，DIAC）两类。GIAC 对该区域内所有设备都是一样的，用于发现其他的蓝牙单元；而 DIAC 则用于根据某种特性划分特定用户群。

分组头部包含链路控制信息，由 6 个字段共 18 b 组成：主动成员地址（active member address，AM_ADDR），3 b；分组类型字段（TYPE），4 b；流量控制字段（FLOW），1 b；确认字段（ARQN），1 b；序列号字段（SEQN），1 b；校验码字段（HEC），8 b；再加上速率为 1/3 的 FEC，编码保护后共占 54 b。

2. 分组类型

微微网中使用的分组类型有公共分组、同步的面向连接链路（SCO）分组、异步无连接链路（ACL）分组和扩展同步的面向连接链路（ESCO）分组四种，与使用的物理链路有关。

公共分组包括 ID 分组、NULL 分组、POLL 分组和 FHS 分组。

● ID 分组：ID 分组由设备接入码或查询接入码组成，长度固定为 68 b，用于寻呼、探询、响应。

● NULL 分组：NULL 分组仅包含信道接入码和分组头部，没有净荷字段，长度固定为 126 b。NULL 分组通过 ARQN、FLOW 等字段将链路信息返回给发送端。NULL 分组无须确认。

● POLL 分组：POLL 分组与 NULL 分组类似，也没有净荷字段，但是需要接收端的确认。当从设备收到 POLL 分组后，必须响应，即使当时没有数据信息需要发送。

● FHS 分组：FHS（frequency hopping sequence）分组是一种特殊的控制分组，

它提供发送者的设备地址和时钟信息，以实现跳频同步。净荷字段包含 144 位信息和 16 位 CRC 校验码，然后用速率为 2/3 的 FEC 保护，最终长度为 240 位。

SCO 分组在 SCO 信道中传输。ACL 分组在 ACL 链路中传输。ESCO 分组是在蓝牙 1.2 版本规范中随着 ESCO 链路而引入的，在 ESCO 链路中传输。与 SCO 只能传输单时隙分组不同，ESCO 还支持三时隙长度的同步语音分组或数据分组。

4.3.3 蓝牙微微网的建立过程

了解了蓝牙基带规范的有关知识后，下面来讨论如何构建一个蓝牙微微网。

1. 微微网的建立

在使用蓝牙设备时，首先需要查找周围是否有可供连接的其他蓝牙设备。如果有可供连接的目标，则可与其进行连接。蓝牙的基带规范对这个过程进行了详细的定义。

当蓝牙设备没有加入任何微微网时，它处于待机（standby）状态。待机状态是蓝牙设备的默认状态，在这种状态下，设备除了本地时钟以低功率模式驱动外，其他功能都处于闲置状态。当一个设备想要构建一个微微网时，这个潜在的主设备首先需要确认在其通信范围内有多少其他蓝牙设备想要加入该微微网。为达到此目的，主设备进入查询（inquiry）状态。

一个从设备为了使自己能被发现，需要周期性地进入查询扫描（inquiry scan）状态，以便响应主设备发出的查询消息。当某个处于查询扫描状态的设备在唤醒信道上接收到主设备查询信息时，该接收设备进入查询响应（inquiry response）状态，并将自己的跳频模式和时钟信息通过 FHS 分组反馈给主设备。从设备在响应了主设备的查询之后，就转换为寻呼扫描（paging scan）状态，等待来自主设备的寻呼，以建立真正的连接。

此时，主设备在收到从设备的 FHS 查询响应信息后，并不立刻响应该 FHS 分组，而仍然按照跳频序列，继续在下一个信道中扫描。如此反复，直到主设备查询端覆盖范围内的所有设备都发回 FHS 分组。

当主设备在其可达范围内发现所有期望与之相连接的设备后，就会进入寻呼（paging）过程，建立到每个从设备的连接，从而建立微微网。为了在寻呼期间与从设备建立联系，主设备需要使用对应的从设备地址（BD_ADDR）来计算寻呼的跳频序列。在寻呼时，主设备使用包含从设备 DAC 的 ID 分组进行寻呼。从设备收到寻呼信息后，返回相同的 DAC 的 ID 分组作为响应。当主设备又一次到达该从设备的时隙时，主设备用它自己的 FHS 分组作为响应。从设备再次向主设备发送 DAC 的 ID 分组作为响应，确认收到主设备的 FHS 分组。此时，从设备由从设备响应状态转到连接状态，并开始使用主设备 FHS 分组中定义的连接跳转序列。同时，主设备可以继续寻呼，直到它已连上所有要求的从设备。
然后，主设备进入连接（connection）状态。

　　图4.6给出了蓝牙设备连接建立过程的简单示意，连接过程中的操作状态转
换如图4.7所示。

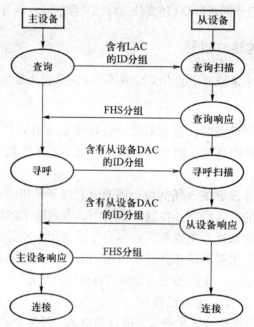

图 4.6　蓝牙设备的连接建立过程

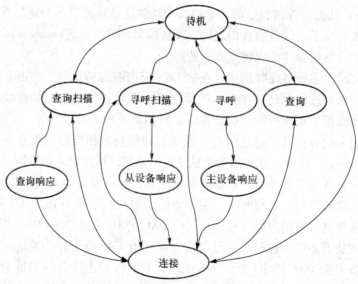

图 4.7　蓝牙的操作状态转换图

2. 蓝牙设备的连接状态

在连接状态下，蓝牙设备可以工作在如下 4 种模式：活动模式、呼吸模式、保持模式、休眠模式，并且所有这些模式都是可选择的。

（1）活动模式：处于活动模式的设备参与微微网的正常通信。主设备根据多个从设备的业务需求调整自身的数据发送，同时定期自动发送指令使从设备与自己同步。活动从设备检测来自主设备数据分组中的 AM_ADDR，若与自己的地址不匹配，从设备就进入休眠模式，等待主设备的下一次发送。

（2）呼吸模式：呼吸模式是一种节能模式，可以减少从设备监听信道的时间。如果已经建立了 ACL 链路，处于呼吸模式的从设备只在主到从的 ACL 时隙进行监听；处于呼吸模式下的主设备只能够在某些特定的时隙向某个从设备发送数据。

（3）保持模式：连接状态下的从设备可以暂时不使用 ACL 链路，进入保持模式。在保持模式下，可以腾出设备资源以用于扫描、寻呼、查询和加入其他微微网等操作。保持模式下的从设备保留 AM_ADDR。处于保持模式的从设备还可以进入低功耗的休眠状态。进入保持模式前，主从设备之间需要对从设备处于保持模式的时间进行协商。从设备进入保持模式后启动定时器，定时器超时后从设备被唤醒并与信道同步，等待主设备指示。

（4）休眠模式：当从设备不需要加入一个微微网但又希望保持信道同步时，可以进入低功耗的休眠模式。该模式下的从设备放弃 AM_ADDR，而使用 8 位休眠成员地址（parked member address，PM_ADDR）和 8 位接入请求地址（access request address，AR_ADDR）。PM_ADDR 用于区别处于休眠模式的不同从设备，该地址用于主设备发起解除休眠（unpark）进程。除此之外，还可以用 BD_ADDR 解除休眠。全 0 的 PM_ADDR 预留给那些使用 BD_ADDR 解除休眠的设备使用。一旦从设备被激活并获得一个 AM_ADDR，就放弃 PM_ADDR。处于休眠模式的从设备周期性地醒来监听信道，以便进行时钟同步和检测广播消息。

4.4　蓝牙的链路管理协议

4.4.1　链路管理协议概述

链路管理协议（LMP）是基带协议的直接上层协议，它在整个协议中的位置见图 4.2。基带协议的各项功能都是由链路管理器控制的，而不同蓝牙设备的链路管理器之间通过链路管理协议进行交互。

链路管理协议在蓝牙模块中起着承上启下的重要作用，其主要功能有三个：控制和处理待发送数据分组的大小；管理蓝牙模块的功耗模式及其在网络中的工作状态；控制链路和密钥的生成、交换和使用。

4.4.2　LMP-PDU 和过程规则

1. LMP-PDU

链路管理协议的功能是通过交换其协议数据单元（protocol data unit，PDU）而得以实现。由于基带协议已经提供了可靠的链路，因此，LMP-PDU 不需要显式的确认。

LMP-PDU 由异步无连接分组承载。每个 LMP-PDU 的第一个字节由 1 位的事务 ID（transaction ID，TID）以及 7 位的操作码组成。主设备发出的 PDU，TID 为 0；从设备发出的 PDU，TID 为 1。而操作码用来区分不同的 PDU。每个 LMP-PDU 可以被设置为可选或必选的，可根据不同使用情况来定。

2. 过程规则

每个链路管理器的交互过程可以通过一个序列图来表示，如图 4.8 所示。当一个设备的链路管理器利用 LMP-PDU 与另一个设备中的链路管理器通信时，接收端的链路管理器会根据相应的过程规则所指定的下一个 LMP-PDU 对发送方的 LMP-PDU 进行响应。比如接收端的链路管理器通过发送 LMP_accepted 或 LMP_not_accepted PDU 对消息的正确接收与否进行响应。发送的 LMP_not_accepted PDU 中包含了消息没有接收到的原因。

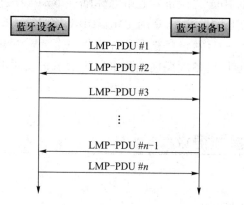

图 4.8　一个完整的链路管理器交互过程

LMP-PDU 有两种基本的通信类型。第一种类型是，双方的链路管理器中有一方利用请求消息初始化通信，接收端的链路管理器或者接受请求并执行相应操作（提供请求所要求的信息），或者利用 LMP_not_accepted PDU 拒绝请求。它也可以发送自己相应的 LMP-PDU 请求分组，为原来的请求提出一个可协商的选择。第二种类型是，主设备通过 LMP-PDU 分组发送命令要求从设备执行，从设备不能拒绝也不能提供协商的参数。第二种类型的一个例子是主设备强迫从设备进入低功耗模式（如保持模式）或者主设备要求断开链接，这是主设备强迫从设备进行的操作。

3. 建立 LMP 连接的过程规则

下面以建立 LMP 连接为例，说明 LMP-PDU 的过程规则。当然，LMP 规定了很多不同的过程，并详细规定了具体的过程规则。具体请参考关于蓝牙技术的专著。

主设备与从设备建立连接时，一开始是由最底层的基带层负责建立物理通道。正如 4.3.3 小节所介绍的，主设备与从设备各送出自己的 ID 与 FHS 分组完成时序的同步后，进入连接状态。接着，主设备的链路管理器需要与从设备的链路管理器建立链路管理器协议层的连接。首先，主设备发出 LMP - host - connect - request，若是从设备的链路管理器接受请求，则响应 LMP-accepted；否则响应 LMP-not-accepted。

如果设备不需要进一步的连接过程，则发送 LMP-setup-complete。若不需要建立进一步连接的设备，但仍然要对其他设备的请求做出应答。当设备建立连接时，应发送 LMP-setup-complete。然后就可以在与 LMP 不同的逻辑信道上发送第一个分组。过程如图 4.9 所示。

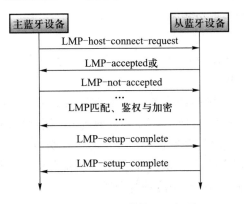

图 4.9 LMP 连接的过程规则

4.5   蓝牙的逻辑链路控制和适配协议（L2CAP）

4.5.1   L2CAP 功能

逻辑链路控制和适配协议（L2CAP）层主要用于逻辑链路的管理以及高层协议与低层协议之间不同 PDU 之间的适配。L2CAP 为其上层提供服务，可提供面向连接和无连接的两类数据服务。虽然基带协议提供了 SCO 和 ACL 两种连接类型，但 L2CAP 只支持 ACL。用于电话和音频传输的语音质量的信道一般建立在 SCO 链路上，而在 ACL 链路上也可以通过 L2CAP 协议传输分组音频数据，如 IP 电话，这种情况下音频传输被当作一种数据业务来处理。

L2CAP 层的主要功能如下。

（1）协议复用。由于基带协议不能识别在它之上被复用的协议，因此 L2CAP 必须能够区分高层协议，比如 SDP、RFCOMM、TCS 等协议。支持高层协议的多路复用是 L2CAP 层的一项重要功能。

（2）分段与重组。L2CAP 层需要实现基带的短 PDU 与高层的长 PDU 之间的适配，这在高层协议所支持的数据分组长于基带所能支持的分组长度的情况下是必需的。上层的 PDU 被封装成 L2CAP-PDU 之后，较大的 L2CAP 分组要在进行无线传输之前被拆分成多个较小的基带分组，这些基带分组在接收端经简单地完整性校验后重组成一个 L2CAP 分组。

（3）服务质量的协商。在建立连接的过程中，L2CAP 层允许蓝牙设备之间交换所期望的服务质量信息，并在连接建立之后通过监视资源的使用情况来保证服务质量的实现。

（4）组抽象。许多协议包含成组地址（group address）的概念。L2CAP 层通过向高层协议提供组抽象，可以有效地将高层协议映射到基带的微微网上，而不必让基带和链路管理器直接与高层协议打交道。

本章将对 L2CAP 层提供的高层协议的多路复用、数据分组的分段与重组以及服务质量信息的传递等功能进行介绍。

4.5.2   L2CAP 的信道与分组

不同蓝牙设备的 L2CAP 层之间的通信是建立在逻辑链路的基础上的。这些逻辑链路被称为信道（channel），每条信道的每个端点都被赋予了一个信道标识符（channel identifier，CID）。CID 在本地设备上的值由本地管理，为 16 位的标识符。信道 CID 的分配规则参见表 4.3。

表 4.3 CID 分配规则说明

CID	说　明
0x0000	空标识符
0x0001	信令信道
0x0002	无连接信道
0x0003～0x003F	保留
0x0040～0xFFFF	动态分配

L2CAP 有以下三种类型的信道。

（1）面向连接（connection-oriented，CO）信道，用于两个连接设备之间的双向通信，传输面向连接信道中的 L2CAP 分组。面向连接信道通过在信令信道上交换连接信令建立，建立之后，可以进行持续的数据通信。

（2）无连接（connectionless，CL）信道，用来向一组设备进行广播式的数据传输，为单向信道，传输无连接信道的 L2CAP-PDU。无连接信道则为临时性的信道。

（3）信令（signaling）信道为保留信道，用于传输 L2CAP 信令分组。信令信道在通信前不需要专门的连接建立过程，其 CID 被固定为 "0x0001"。一个 L2CAP 分组可以携带多条信令。L2CAP 规定了 5 类 11 条信令，具体见表 4.4。

表 4.4 L2CAP 的信令

代　码	说　明	代　码	说　明
0x01	拒绝命令	0x07	断开连接响应
0x02	连接请求	0x08	回送请求
0x03	连接响应	0x09	回送响应
0x04	配置请求	0x0A	信息请求
0x05	配置响应	0x0B	信息响应
0x06	断开连接请求		

其中，连接请求与响应信令用于建立一条新的逻辑连接。配置请求与响应信令用于在连接建立后对信道进行配置，可以进行配置的选项包括最大传输单元选项、超时刷新选项、服务质量选项等，具体内容参见协议。断开连接请求与响应信令用于终止 L2CAP 信道。一旦请求方发出断开连接请求，则在这一信道上，所有的流入数据都将被丢弃，并且禁止数据流出。回送请求与响应信令

用于请求远端 L2CAP 层实体的应答，以进行链路测试或通过数据字段传递厂商信息。信息请求与响应信令用于请求远端 L2CAP 层实体返回特定的应用信息。其中的信息类型字段指出了所请求的信息的类型。

4.6　服务发现协议

任一蓝牙应用模型的实现都是利用某些服务实现的。所谓服务，是指能够提供信息、执行操作、控制资源的实体，它可以用软件、硬件或软硬件组合来实现。在蓝牙设备之间组网的基本动机就是让这些设备能够相互通信，并获得彼此所需要的服务。一般而言，针对不同应用的蓝牙模块，所能提供的服务也不同。因此，必须提供一种机制，使得蓝牙设备互联之后，能够发现对方所能提供的服务，并了解所提供服务的性质。在蓝牙协议栈中，这个机制由服务发现协议（service discovery protocol，SDP）提供。

4.6.1　服务发现协议的工作模型

服务发现协议将设备分成客户端设备和服务器端设备，客户端是查找服务的实体，服务器端是提供服务的实体。服务器端存储了一系列可供使用的服务记录（service record），每一个记录对应于一个单一的服务，包括该服务的类型特征等。一个蓝牙设备既可以作为 SDP 服务器端，又可以同时作为 SDP 客户端。如果客户端设备决定使用某项服务，它必须先与提供服务的设备建立连接，然后才能使用该项服务。服务发现协议的工作模型如图 4.10 所示。

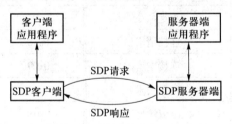

图 4.10　服务发现协议工作模型

服务发现协议采用请求/响应的连接模式，在这种模式下，服务的请求是通过一个 SDP 请求 PDU 发给服务器端设备的；同样，服务的响应也是由 SDP 响应 PDU 发回的。有关 SDP-PDU 的格式，请参考蓝牙技术的相关专著。

服务发现协议定义了服务搜索和服务浏览两种服务发现模式。服务搜索模式用于查询具有特定服务属性的服务，类似于查询，例如，"服务 A 或具有特征

B 和 C 的服务 A 存在吗"; 而服务浏览模式则用于简单地浏览全部可用的服务, 如"现在有些什么服务可以使用"等。

在蓝牙的临时网络中, 设备组成和提供的服务经常发生变化, 要求客户端能对通信范围内服务的动态变化做出反应, 但服务发现协议本身并不提供相应的通知机制。对于新增服务器, 必须通过服务发现协议之外的方法通知客户端, 使客户端可以通过服务发现协议查询服务器的服务信息; 对于无法再使用的服务器, 客户端可以通过服务发现协议对服务器进行轮询(polling), 如果服务器长时间无响应, 则认为服务器已经无效。

4.6.2 服务记录

所有关于服务的信息由服务发现协议服务器维护, 它们保存在一个服务记录中。服务记录由一组服务属性组成。服务发现协议服务器以服务记录的形式对每一个服务进行描述, 每一条服务记录都包含一个服务记录句柄(service record handle) 和一组服务属性, 所有的服务记录组成一份服务记录表, 如图 4.11 所示。

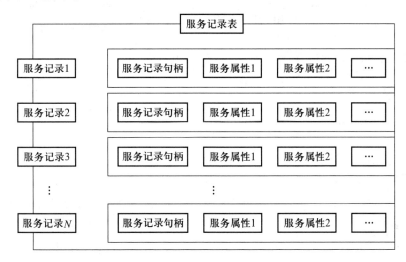

图 4.11 服务记录表

1. 服务记录句柄

服务记录句柄是一个 32 位无符号整数, 它唯一地识别服务器提供的服务。但需要特别指出的是, 句柄的唯一性是指它在某一个服务发现协议服务器中是唯一的。

2. 服务属性

服务属性用于描述某一服务的一个特征。对于常见的服务，蓝牙协议都有通用的服务属性定义。但服务提供方也可以定义其自己的服务属性，称为专用属性。服务属性由 16 位的属性标识符（属性 ID）和属性值构成。

属性值由数据元表示。数据元是服务发现协议对属性值中的数据进行描述的一个基本结构单元，它使属性值能够表示各种可能类型和复杂度的数据信息。数据元由头（header）字段和数据（data）字段两部分组成。头字段占 1 B，其中高 5 位为类型描述符（type descriptor），确定了数据字段的含义；低 3 位为尺寸描述符（size descriptor），确定了数据字段的长度。

表 4.5 是一些典型的服务属性的例子。

表 4.5　服务属性示例

属　　性	描　　述	属性 ID	属性值类型
ServiceRecordHandle	服务记录句柄	0x0000	32 位无符号整数
ServiceClassIDList	标识服务类，用于记录表示	0x0001	DES 或 DE
ServiceID	用于唯一标识一个服务的特定实例	0x0003	UUID
ProtocolDescriptorList	指定实现一个服务的协议栈	0x0004	DES 或 DE
ServiceName	服务名称，是一个可读的文本串	由偏移量决定	字符串
ServiceDescription	描述服务的字符串	由偏移量决定	字符串

4.6.3　服务类

服务类是一个很重要的概念，每一条服务记录都代表了一个服务类的实例。服务类确定了服务记录中各属性的含义和格式，每个服务类用一个通用唯一标识符（universally unique identifier，UUID）表示，包含在 ServiceClassIDList 属性中。

服务发现协议中定义了通用属性、ServiceDiscoveryServer 服务类属性和 BrowseGroupDescriptor 服务类属性三种属性。

1. 通用属性

通用属性是指适于所有服务记录的服务属性。并不是每一条服务记录都必须包含所有的通用属性，只有服务记录句柄（ServiceRecordHandle）属性和服务类标识符列表（ServiceClassIDList）属性是所有服务记录都具有的，其他属性可选。

服务记录句柄 ServiceRecordHardle 属性 ID 为 0x0000，属性值类型为 32 位无符号整数，服务记录句柄在一个 SDP 服务器内唯一地标识一个服务记录。服务类标识符列表 ServiceClassIDList 属性 ID 为 0x0001，属性值类型为数据元序列（data element sequence，DES），每一个数据元是一个代表服务所属类的通用唯一标识符。UUID 是 ISO 提出的通用唯一标识符，长度为 128 位。SDP 在服务属性中采用 UUID，就可以以一种标准的方法来标识服务。

其他各种通用属性的具体定义请参考蓝牙核心规范。

2. ServiceDiscoveryServer 服务类属性

ServiceDiscoveryServer 服务类属性描述了那些包含 SDP 服务器本身属性的服务记录。所有的通用服务属性都可以包含在该服务类的服务记录中。该服务类中的 ServiceRecordHandle 属性值为 0x00000000，ServiceClassIDList 属性中应包含代表 ServiceDiscoveryServer 服务类 ID 的 UUID。

ServiceDiscoveryServer 服务类有以下两个专用服务属性。

（1）VersionNumberList：该属性值为一数据元序列，每个数据元为 SDP 服务器支持的版本号。

（2）ServiceDataBaseState：该属性用于反映服务器上服务记录的增删情况。通过查询该属性值，并与上一次查询结果对比，可以知道服务记录有无增删。在 SDP 服务器的连接重新建立之后，使用前一次连接期间获得的服务记录句柄之前，客户端应该先查询该属性值。

3. BrowseGroupDescriptor 服务类属性

BrowseGroupDescriptor 服务类属性用于定义新的服务浏览组。所有的通用服务属性都可以包含在该服务类的服务记录中。ServiceClassIDList 属性中应包含代表 ServiceGroupDescriptor 服务类 ID 的 UUID。BrowseGroupDescriptor 服务类有一个专用服务属性 GroupID，该属性用于对浏览组的服务定位。

4.6.4 服务搜索和浏览服务

1. 服务搜索

SDP 客户一旦获得服务记录句柄，就能够很容易地查询相应的属性值。但是，客户最初是如何获取希望得到的服务记录句柄的呢？SDP 提供了服务记录搜索功能，允许客户按特定的服务属性值来获得相匹配的服务记录句柄。用于服务搜索的服务属性值的类型必须为 UUID，其他类型的服务属性值不具有搜索能力。

服务搜索样本用于确定服务记录是否匹配 UUID 列表，有效的服务搜索样本至少包含一个 UUID。如果服务搜索样本内所有 UUID 值都包含在服务记录属性值中，或者说服务搜索样本内的 UUID 是服务记录属性值中 UUID 的子集，则认为服务搜索样本与服务记录匹配。如果服务搜索样本内有一个 UUID 值不包含在服务记录属性值中，则认为两者不匹配。

2. 浏览服务

一般，用户按服务特征搜索所期望的服务。但是，当 SDP 服务器的服务记录中没有需要查找的服务类型的任何先验信息时，就需要查看服务器提供的服务，称为服务浏览。在 SDP 中，服务浏览机制是基于通用属性 BrowseGroupList 实现的，它的属性值是一个 UUID 列表，每个 UUID 代表一个浏览组。

用户希望浏览 SDP 服务器的服务时，需要创建一个包含根浏览组 UUID 在内的服务搜索样本。只有拥有根浏览组的 UUID，且 UUID 值是存在于 BrowseGroupList 属性中的服务，才能够在顶层中浏览到。

通常，当 SDP 服务器中的服务较少时，所有服务都放置在根浏览组中。如果提供的服务较多，则可以定义更多的、位于根浏览组下层的浏览组，而使所有的服务呈现一种层次结构。然而，SDP 服务器提供的服务可能是按浏览组层次组织的。根浏览组下层的浏览组通过 BrowseGroupDescriptor 服务类的服务记录来定义，因此，要浏览这些新定义的浏览组中的服务，必须确保能够浏览相应的 BrowseGroupDescriptor 服务类的服务记录。

浏览组描述符服务记录通过组标识符（groupID）定义新浏览组，由 BrowseGroupDescriptor 服务记录提供的可浏览服务允许增量浏览，这对于浏览包含许多服务记录的服务器非常有用。

4.7　蓝牙应用的实现举例——蓝牙耳机

蓝牙耳机是一类常见的蓝牙应用产品，它基于蓝牙技术实现了耳机与音频网关之间的无线通信。使用蓝牙耳机的手机借此实现了呼叫免提接听的功能。本节以蓝牙耳机与音频网关之间的通信为例，帮助读者进一步认识蓝牙应用的实现过程。

4.7.1　蓝牙耳机应用的协议栈模型

在蓝牙耳机应用中，需要明确两个组件的角色：一是音频网关（audio gateway），它既可以作为音频输入，也可以作为音频输出；二是蓝牙耳机，它既作为蓝牙远端音频输入输出设备，也提供了一些远端控制方式。

蓝牙耳机应用的协议栈模型见图 4.12。与所有的蓝牙应用协议栈类似，蓝牙耳机应用的协议栈包括蓝牙技术特有的核心协议以及一系列选用协议。其中，有关基带协议、链路控制协议、链路管理协议以及 L2CAP 等前面已经做过介绍，不再赘述。下面简要介绍下 HCI、RFCOMM 以及耳机控制层的作用。

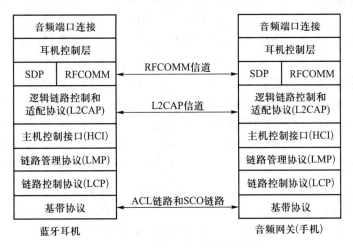

图 4.12   蓝牙耳机应用的协议栈模型

主机控制接口（HCI）是所有蓝牙设备遵循的标准传输和通信接口，这一接口实现了不同厂商的蓝牙主机与蓝牙模块之间的互操作性。这里的主机可以是任何个人计算机或嵌入式系统。HCI 提供了控制基带与链路控制器、链路管理器、状态寄存器等硬件功能的指令分组格式（包括响应事件分组格式）以及进行数据通信的数据分组格式。HCI 定义了一系列标准函数，通过调用这些函数，主机能够访问并控制相应的蓝牙硬件，而不需要了解这些蓝牙硬件的操作细节。蓝牙主机可以通过各种方式，比如通用串行总线、PC 卡和通用异步接收发送设备，实现 HCI 命令的传输，并可以接收来自 HCI 的事件。

无线电频率通信（RFCOMM）协议位于 L2CAP 协议上的传输层。RFCOMM 上层包括 TCP/IP、WAP（无线应用协议）、OBEX（对象交换协议）等协议，以及 AT 信令。RFCOMM 的主要功能是模拟传统 RS-232 串行端口的控制和数据信号。凡是现有使用串行端口 RS-232 的应用，都需要 RFCOMM 协议。

此外，蓝牙耳机应用的协议栈还必须包括用于实现蓝牙耳机应用相关功能的控制层协议。蓝牙耳机控制层主要功能包括：接到音频网关的呼叫时能建立音频链接，通话结束后能断开音频链接；能发起对远方的呼叫，通话结束后同样能断开音频链接；音频链接转移；对远端音频网关的音量控制。

4.7.2 蓝牙耳机应用的链路建立

就手机与蓝牙耳机之间的链路建立而言，手机或蓝牙耳机均可作为主动发起连接请求的一方。下面以手机作为主设备为例介绍该过程。

（1）建立一条 ACL 链路，以发送控制信号。作为主设备，手机首先发起查询，通过接收到的蓝牙耳机返回的 FHS 分组，获得蓝牙耳机的 BD_ADDR。然后手机向查询到的蓝牙耳机发起寻呼过程，蓝牙耳机发回应答分组，手机接收到蓝牙耳机返回的应答分组，手机与蓝牙耳机之间的 ACL 链接成功建立，如图 4.6 所示。

（2）建立 L2CAP 信道。建立 ACL 链接之后，还需要建立 L2CAP 信道，这是因为高层的数据需要通过 L2CAP 适配，才能够通过基带发送出去。为此，音频网关首先在 CID 为 0x0001 的 L2CAP 信令信道上发送一个连接请求信令，要求建立一条 L2CAP 逻辑链路，采用的信令格式如图 4.13 所示。假设这条 L2CAP 信道的 CID 为 0x0040，对应于 SDP 其连接请求信令的 PSM（协议服务复用，protocol service multiplexing）字段值为 0x0001。手机接收该连接请求，并返回连接响应信号，表明 CID 为 0x0040 的 L2CAP 逻辑信道已经建好。

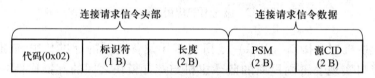

图 4.13   L2CAP 连接请求信令格式

（3）SDP 的查询。建立 L2CAP 信道之后，就可以利用此信道进行 SDP 查询。以上面所建立的 CID 为 0x0040 的 L2CAP 信道为例，手机在此 L2CAP 信道上发送一个 SDP 查询分组，以查询 SDP 服务器端即蓝牙耳机是否具有所需要的服务。若查询成功，则需要在 ACL 链路上另外再建立一条 L2CAP 逻辑链路，假设其 CID 为 0x0041，以用于传输封装了 RFCOMM PDU 的 L2CAP PDU。相应地，此时连接请求信令中的 PSM 应为 0003，以对应于 RFCOMM。在完成该逻辑链路连接的同时，断开用作 SDP 查询的 CID 为 0x0040 的 L2CAP 信道。

（4）RFCOMM 信道的建立。在建立了用于传输封装了 RFCOMM PDU 的 L2CAP PDU 链路之后，也就是在本例中 CID 为 0x0041 的 L2CAP 信道建好之后，就需要建立 RFCOMM 信道，包括控制信道和数据信道。控制信道用于传输调制器控制信号以及从耳机到手机的 AT 信令，数据信道用于传输用户数据。RFCOMM 信道建立的具体过程参考相关的蓝牙专著。

（5）建立 SCO 链接。建好 RFCOMM 信道后，手机发送一个或多个“AT + RING”的振铃指令给蓝牙耳机，通知耳机有入呼的音频链接到达。这意味着手机要求与蓝牙耳机建立用于语音传输的 SCO 链接。若用户按下蓝牙耳机上相应的应答键，则表示用户接受入呼音频链接的请求，此时蓝牙耳机将通过 RFCOMM 信道发送 AT 控制命令"AT + CKPD"给手机，完成两者之间 SCO 链接的建立。如图 4.14 所示。SCO 链接建立之后，蓝牙耳机和手机之间就可以传输语音了。

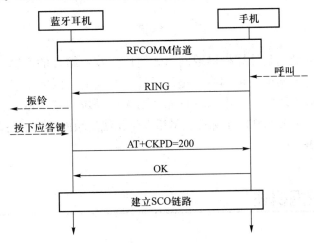

图 4.14   蓝牙耳机 AT 指令过程及 SCO 链接的建立示意图

思考题

1. 主设备与从设备之间支持哪几种类型的链路？

2. 蓝牙的基带协议规范与链路管理规范分别解决了蓝牙通信系统中的哪些关键问题？两大类规范之间的关系是什么？

3. 蓝牙系统的核心规范具体包括哪些协议？这些协议各自的功能是什么？

4. L2CAP 的面向连接信道以及无连接信道，与基带的 SCO 链路和 ACL 链路之间有什么关系？

5. 在微微网的组建过程中，"查询"过程和"寻呼"过程有什么区别？请简述微微网的建立过程。

6. 请选择一种蓝牙的应用及产品，分析并说明其协议栈模型与工作机理。

在线测试 4

第 5 章 　无线局域网

　　无线局域网是计算机局域网与无线通信技术结合的产物，它利用无线介质取代有线介质架构局域网络，提供了传统有线局域网的所有功能，并成为宽带接入的有效手段之一。本章将首先介绍无线局域网基本概念，然后讨论无线局域网原理和 IEEE 802.11 标准，最后介绍无线局域网组网设备以及无线局域网的规划与部署。

5.1 　无线局域网概述

　　无线局域网（WLAN）是指利用射频（RF）技术而不是有线传输介质构成的局域网络。通常情况下，局域网传输介质主要采用铜缆与光缆这些有线介质，但有线局域网在某些场合要受到布线的较大限制，例如，在具有复杂周围环境的制造业工厂、货物仓库内敷设专用通信线路的布线施工难度大、费用高、耗时长；在机场、车站、码头、股票交易场所等公共场所中，部署有线网络由于线缆限制会导致不能满足用户频繁移动的需求；在需要临时增设网络站点的场合，如体育比赛场地、展示会等，其布线、改线工程量非常大，导致布线花费大。而无线局域网不会受到有线线缆的限制，可以有效解决有线网络的布线问题。但是与有线局域网相比，无线局域网也存在一些不足，如数据传输稳定性相对较差，数据传输的安全性有待进一步提高。因而无线局域网目前主要还是面向那些有特定需求的用户，作为有线网络的一种补充。

5.1.1 　无线局域网的发展历程

　　无线局域网的雏形可以追溯至 20 世纪 70 年代初美国夏威夷大学建成的无线计算机网络 ALOHA，但当时并没有明确提出无线局域网的概念。夏威夷大学由分布在夏威夷群岛（欧胡岛、茂宜岛、夏威夷岛等）的 10 个校区组成，主校区设在欧胡岛，由于其特殊的地理环境以及对网络传输性能综合考虑，最后采用了无线联网方式将分布在夏威夷群岛的各个校区的计算机和用户终端相互连接起来以共享主校区的大型计算机资源。

1979 年，瑞士 IBM Rueschlikon 实验室的 Gfeller 首先提出了无线局域网的概念，他采用红外线为传输介质用以解决生产车间的布线困难问题，但由于传输速率小于 1 Mbps 而没有真正投入使用。

1980 年，加利福尼亚惠普实验室的 Ferrert 从事了一个真正意义上的无线局域网项目的研究，实现了直接序列扩频调制，传输速率达到了 100 Kbps，但未能从美国联邦通信委员会（FCC）获得需要的频段而最终导致该项目流产。

1. 第一代无线局域网

1985 年，FCC 为无线局域网分配了两种频段：一种是专用频段，它避开了比较拥挤的、用于蜂窝电话和个人通信服务的频段，而采用更高频率；另一种是免许可证的频段，主要是 ISM 频段。该电波法为无线局域网的发展扫清了障碍，在无线局域网的发展历史发挥了重要作用。当时具有代表性的有 RangeLAN 的 900 MHz 产品和 NCR 的 2.4 GHz 产品等。

2. 第二代无线局域网

随着无线局域网技术与应用的不断发展与成熟，1990 年 IEEE 成立了 IEEE 802.11 工作组，并开始着手制定无线局域网的系列标准，于 1997 年正式发布了 IEEE 802.11 协议，这是在无线局域网领域内第一个被广泛认可的协议。第二代无线局域网工作在 2.4~2.483 5 GHz 频段，传输速率为 1~2 Mbps。

3. 第三、四代无线局域网

IEEE 802.11 工作组的研究进程比计划的要慢，在 1992 年，苹果公司领导成立了 WINForum 工业联盟，并最终从 FCC 处获得了用于个人通信系统的 1.890~1.930 GHz 频段的 20 MHz 带宽，用于实现语音同步传输和数据异步传输。同时，欧洲成立 HiperLAN 标准化组织，并于 1997 年完成了 HiperLAN/1 标准的制定，后来制定的 HiperLAN/2 工作于 5 GHz，传输速率可到达 54 Mbps。由于 IEEE 802.11 所实现的最高传输速率只有 2 Mbps，因此进一步研究与改进后于 1999 年制定了 IEEE 802.11a 和 IEEE 802.11b 标准，它们的传输速率分别达到 54 Mbps 和 11 Mbps。2002 年制定了 IEEE 802.11g 标准，该标准与 IEEE 802.11b 兼容，传输速率达到 54 Mbps。由于符合 IEEE 802.11b 标准的产品已经较为普及，将它归为第三代无线局域网产品，而将符合 IEEE 802.11a、IEEE 802.11g 和 Hiper-LAN/2 的产品称为第四代无线局域网产品。

4. 第五代无线局域网

IEEE 802.11n 于 2009 年获得批准，它带来突破性革命，推动着无线局域网走向安全、高速、互联的第五代无线局域网阶段。IEEE 802.11n 采用了包括信道绑定、正交频分复用、多输入多输出、帧聚合等技术，将最大传输速率理论值提升为 600 Mbps。另外，IEEE 802.11n 同时支持 2.4 GHz 频段和 5 GHz 频段，能够向下兼容 IEEE 802.11g 和 IEEE 802.11a。

　　IEEE 802.11ac 是 IEEE 802.11n 的演进版本，于 2013 年 12 月正式发布。IEEE 802.11ac 通过物理层、介质访问控制层等一系列技术更新实现对 1 Gbps 以上传输速率的支持，它的最高速率可达 6.9 Gbps。IEEE 802.11ac 只能工作在 5 GHz 频段，向下兼容 IEEE 802.11a。IEEE 802.11ac 在低密度、信道状况稳定的环境下，能够获得很好的用户体验。但在高密集度场景下，其性能就显得有些捉襟见肘。为此，IEEE 802.11ac 的进一步演进版——IEEE 802.11ax 专门致力于提升高密集网络场景下的无线局域网性能。IEEE 802.11ax 支持 2.4 GHz 和 5 GHz 频段，向下兼容 IEEE 802.11a/b/g/n/ac，其理论最高传输速率可以达到 9.6 Gbps。

　　由于 IEEE 802.11a/b/g/n/ac/ax 的命名太过专业化，2018 年 10 月 3 日，WiFi 联盟启用新命名规则以帮助用户轻松区分 WiFi 技术。其中，WiFi6 用于识别支持 802.11ax 技术的设备，WiFi5 用于识别支持 802.11ac 技术的设备，而 WiFi4 用于识别支持 802.11n 技术的设备。新规则通过数字序列识别 WiFi 世代，该数字序列与 WiFi 的主要进步相对应，这种改变与蜂窝网络的代际升级非常像，用户更易于理解。

5.1.2　无线局域网的特点

　　相对于有线局域网，无线局域网具有以下优点。

1. 灵活性

　　在传统的有线局域网中，网络设备的安放位置受网络位置的限制，用户接入有线网络需要通过网线以及相应的有线端口。而无线局域网则不一样，只要在无线信号覆盖区域内的任何位置，用户都可以接入网络。例如，在会议中心、机场、车站、码头、酒店等一些公共场会，让用户四处寻找有线网络端口并且随身携带网线是很不现实的，而无线局域网则让用户彻底摆脱了网线与有线端口的束缚。再如，在一些因具有复杂周围环境的制造业工厂、货物仓库、地铁、公路交通监控等难于布线的场所内，在那些缺少网络电缆而又不能打洞布线的历史建筑物内，在一些因受自然条件影响而无法实施布线的环境中，以及一些需要临时增设网络站点的场合如体育比赛场地、展示会等，无线局域网都能提供较有线局域网更高的灵活性。

2. 移动性

　　由于不受线缆和有线端口的束缚，无线局域网可以提供优良的移动性。只要在无线局域网的覆盖范围内，用户就可以在相应的区域内自由移动并保持与网络的连通性。

3. 经济性

一般来说，在网络建设当中施工周期最长、对周边环境影响最大的就是网络布线的施工。施工过程中，往往需要破墙掘地、穿线架管。而无线局域网的部署则相对简单，一般只要安放一个或多个接入点设备就可建立覆盖指定区域的局域网，免去或减少了繁杂的网络布线工作，网络建设成本相对低廉。

与有线局域网相比，无线局域网的后期维护或更新也相对容易。有线网络一旦出现物理故障，尤其是由于线路连接不良而造成网络中断，往往很难查明，而且检修线路需要付出很大的代价；而无线网络则很容易定位故障，只需更换故障设备即可恢复网络连接。对于有线网络来说，组网地点或网络拓扑的改变通常意味着重新建网，重新布线是一个昂贵、费时、浪费和琐碎的过程，而无线局域网可以避免或减少以上情况的发生，降低了网络的维护与更新成本。

然而无线局域网也有一些不足。比如数据传输质量的稳定性和数据传输的安全性，相较有线网络还有差距。比如，虽然 IEEE 802.11ax 的传输速率能够达到 9.6 Gbps，但其传输性能仍远不如光纤稳定；此外，由于无线局域网采用无线信号，而无线信号比有线信号更容易从网络的物理介质中泄漏出来，因此无线局域网具有比有线局域网更严重的安全威胁。

5.1.3 无线局域网的标准组织

无线局域网相关的标准组织与产业联盟是推动无线局域网发展的重要力量，制定无线局域网标准对保证不同厂商产品之间的兼容性非常重要。关于无线局域网标准或规范的组织主要有以下几个。

1. IEEE

IEEE 即美国电气电子工程师学会（Institute of Electrical and Electronics Engineers）。自 1997 年以来，IEEE 802 委员会先后发布 IEEE 802.11、IEEE 802.11b、IEEE 802.11a、IEEE 802.11g 等多个 IEEE 802.11 协议相关标准。

2. WiFi 联盟

WiFi 联盟是 1999 年成立的一个非营利国际组织，它旨在保证基于 IEEE 802.11 标准的无线局域网产品的互操作性，它负责 WiFi 认证与商标授权的工作。WiFi 联盟目前在全球有超过 200 个成员单位。至目前为止，已经超过 2 000

种产品被 WiFi 认证了互操作性。另外包括 IEEE 802.11i 中所给出的无线个域网和 IEEE 802.11e 中的 WMM（WiFi multimedia，WiFi 多媒体）也是该联盟的贡献，前者涉及无线局域网安全，后者涉及无线局域网中的服务质量。

3. IETF 的 CAPWAP

IETF 为因特网工程任务组（Internet engineering task force），它是一个松散的、自律的、志愿的民间学术组织，其主要任务是负责因特网相关技术规范的研发和制定。CAPWAP 即无线接入点控制和配置协议（control and provisioning of wireless access points protocol specification），是 IETF 中目前有关于无线接入控制器（access controller，AC）与瘦 AP 间控制和管理标准化的工作组。它提出的重要标准有 Architecture Taxonomy for CAPWAP 与轻量接入点协议（lightweight access point protocol，LWAPP），用于无线控制器与瘦 AP 间的管理和控制。

4. ITU-R

国际电信联盟无线电通信组（Radio Communication Sector of ITU，ITU-R）是国际电信联盟的一个重要的常设机构，主要职责是研究无线电通信技术和业务问题，从无线电资源的最佳配置角度出发，规划和协调各会员国的无线电频率，并发布相关技术标准和建议书。它负责管理射频波段和卫星轨道的分配。

5. WAPI 产业联盟

WAPI 产业联盟成立于 2006 年，是由从事无线局域网产品的研发、制造、运营的企事业单位组成的民间社团组织及产业合作平台。WAPI 产业联盟目前已有 90 余家成员单位，在国内形成了 WAPI 完整产业链，已有百余家国内外企业能生产、销售上千种型号的 WAPI 产品。

5.2　IEEE 802.11 协议簇

5.2.1　IEEE 802.11 体系结构

与所有的局域网协议标准要规定介质访问控制（MAC）子层和物理层一样，IEEE 802.11 规范覆盖了无线局域网的物理层和 MAC 子层。IEEE 802.11 无线局域网的协议结构如图 5.1 所示。其中，"介质访问控制"仍然负责访问控制和帧的拆装，"介质访问控制管理"则负责扩展服务集（extended service set，ESS）漫游、电源管理和登记过程中的关联管理。物理层分为物理层汇聚协议

（physical layer convergence protocol，PLCP）、物理介质相关（physical medium dependent，PMD）子层和物理管理子层。PLCP 主要进行载波监听和物理层协议数据单元的建立，PMD 负责传输信号的调制和编码，物理管理子层负责选择物理信道和调谐。此外还定义了站管理子层，用于协调物理层和介质访问控制层之间的交互作用。

数据链路层	逻辑链路控制(LLC)		站管理
	介质访问控制(MAC)	介质访问控制管理	
物理层	物理层汇聚协议(PLCP)	物理管理	
	物理介质相关		

图 5.1 无线局域网协议模型

5.2.2 IEEE 802.11 物理层

IEEE 802.11 物理层的主要功能在于定义物理层所采用的调制方案、最大传输速率、工作频段等。IEEE 802.11 物理层标准有 IEEE 802.11、IEEE 802.11b、IEEE 802.11g、IEEE 802.11a、IEEE 802.11n 和 IEEE 802.11ac 等标准。

1. IEEE 802.11

它是 IEEE 制定的第一个无线局域网标准，于 1997 年被正式批准。该标准定义了两个射频传输标准和一个红外线传输标准，射频传输标准是跳频扩频和直接序列扩频，工作在 2.4~2.483 5 GHz 频段。只能用于数据访问业务，最高传输速率为 2 Mbps，由于在传输速率和传输距离上都不能满足人们的需要，后来被 IEEE 802.11 所替代。

2. IEEE 802.11b

该标准是对 IEEE 802.11 高速率直接序列扩频模式的扩充，为了在相同的分片速度、相同带宽下获得更高的数据传输速率，它使用了一种名为补码键控（complementary code keying，CCK）的调制模式。在数据传输速率方面可以根据实际情况在 11 Mbps、5.5 Mbps、2 Mbps、1 Mbps 的不同速率间自动切换。该标准规定无线局域网工作频段在 2.4 GHz，与 IEEE 802.11 兼容，于 1999 年 9 月被正式批准。

3. IEEE 802.11a

该标准采用正交频分复用（OFDM）扩频技术，工作频段在 5 GHz，最大数据传输速率为 54 Mbps，如果需要，数据传输速率可降为 48 Mbps、36 Mbps、

24 Mbps、18 Mbps、12 Mbps、9 Mbps 或者 6 Mbps。IEEE 802.11a 拥有 12 条非重叠信道，8 条用于室内，4 条用于点对点传输。

IEEE 802.11a 工作频段移到 5 GHz 不仅获得了较高的传输速率，而且避免了受到工作在 2.4 GHz 频段上其他设备如蓝牙设备、无绳电话、微波炉等产生的干扰问题。但 IEEE 802.11a 的好处在一定程度上由于不能向后兼容 IEEE 802.11b 而被抵销了。该标准于 1999 年 9 月被正式批准。

4. IEEE 802.11g

IEEE 802.11g 是为提供更高的传输速率而制定的标准，它的工作频段为 2.4 GHz，并通过使用正交频分复用调制技术在频段上实现 54 Mbps 的最大数据传输速率。与 IEEE 802.11a 不同，它可以实现向后兼容 IEEE 802.11b 系统，IEEE 802.11g 也规定了高速率直接序列扩频的使用，所支持的数据传输速度为 1 Mbps、2 Mbps、5.5 Mbps 和 11 Mbps，而正交频分复用数据传输速度为 6 Mbps、9 Mbps、12 Mbps、18 Mbps、24 Mbps、48 Mbps 和 54 Mbps。

5. IEEE 802.11n

IEEE 802.11n 标准 2009 年 9 月正式发布，旨在不增加功率或射频频段分配的前提下提高无线局域网的数据传输速度并扩大其覆盖范围。IEEE 802.11n 能够将相邻两个 20 MHz 的子信道绑定为一个 40 MHz 的更宽的信道，获得了两倍于单个子信道的效果。在调制解调技术方面，IEEE 802.11n 支持 64QAM 调制，每个符号承载 6 位信息。另外，IEEE 802.11n 引入了多输入多输出技术，在终端使用多个无线电发射装置和天线，每个装置都以相同的频率广播，从而建立多个信号流。一个高速数据流可以被分割为多个低速数据流并通过多路无线电发射装置和天线同时进行发送。其大数据传输速度可高达 300～600 Mbps。

6. IEEE 802.11ac

IEEE 802.11ac 工作于 5 GHz 频段，向下兼容 IEEE 802.11a。IEEE 802.11ac 进一步扩展了信道绑定机制：两个相邻的 20 MHz 子信道绑定为一个 40 MHz 的信道，两个相邻的 40 MHz 子信道绑定为一个 80 MHz 的信道，两个 80 MHz 子信道绑定为一个 160 MHz 的信道，从而最大能够获得 160 MHz 的传输带宽。相比于 IEEE 802.11n 所采用的最高 64QAM 调制，IEEE 802.11ac 将其提升到 256QAM 调制，使得每个符号所携带的位数，从 6 位提升为 8 位。IEEE 802.11ac 对多输入多输出技术也进行了升级。它采用了多用户高阶多输入多输出，实现了数据传输速率的成倍数增长。

表 5.1 给出了 IEEE 802.11 各标准之间物理层的比较。

表 5.1　IEEE 802.11 标准物理层比较

	IEEE 802.11	IEEE 802.11b	IEEE 802.11a	IEEE 802.11g	IEEE 802.11n	IEEE 802.11ac
标准发布时间	1997.7	1999.9	1999.9	2003.7	2009.9	2013.12
工作频段	红外（IR）或 2.4 GHz	2.4 GHz	5 GHz	2.4 GHz	2.4 GHz/5 GHz	5 GHz
调制技术	FHSS/DSSS	CCK/DSSS	OFDM	CCK/OFDM	MIMO 与 OFDM 结合	多用户 MIMO 与 OFDM 结合
最大数据传输速率	2 Mbps	11 Mbps	54 Mbps	54 Mbps	600 Mbps	>1 Gbps
兼容性	—	与 IEEE 802.11g 兼容	与 IEEE 802.11b/g 不兼容	与 IEEE 802.11b 兼容	与 IEEE 802.11a/b/g 兼容	与 IEEE 802.11a 兼容

5.2.3　IEEE 802.11 分布式协调功能

　　IEEE 802.11 介质访问控制（MAC）子层是位于物理层和逻辑链路控制子层之间的一个层次。IEEE 802.11 MAC 层可以有两种工作模式，分别为分布式协调功能（distributed coordination function，DCF）以及点协调功能（point coordination function，PCF）。其中，DCF 采用 CSMA/CA，实现了基于竞争的媒体访问控制技术。而 PCF 则在 DCF 基础之上实现了基于轮询的非竞争的媒体访问控制，如图 5.2 所示。DCF 是 IEEE 802.11 必须实现的功能，而 PCF 是可选功能。本书主要关注 DCF 机制。

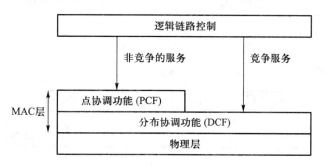

图 5.2　IEEE 802.11 的 DCF 和 PCF

　　除了介质访问控制之外，IEEE 802.11 MAC 子层还要完成信号扫描、设备认证、网络关联三个必需功能以及数据加密、RTS/CTS 握手、帧分段和节能四个可选功能。下面主要介绍 IEEE 802.11 MAC 子层相关的知识。

1. 帧间间隔

IEEE 802.11a/b/g 规定了如下三种长度不等的帧间间隔（interframe space，IFS），用于实现优先级模式。

（1）SIFS：短 IFS（short IFS），用于所有的立即响应动作。

（2）PIFS：点协调功能 IFS（point coordination function IFS），用于启动 PCF 模式的帧间间隔。PIFS 长于 SIFS，但短于 DIFS。

（3）DIFS：分布协调功能 IFS（distributed coordination function IFS），时间最长的 IFS，用于 DCF 的信道竞争。

2. IEEE 802.11 分布式协调功能

DCF 是 IEEE 802.11 最基本的介质访问控制技术。DCF 采用 CSMA/CA 来实现无线介质的接入。DCF 有两种信道接入方式，一种是基本 DCF 方式，另一种是带有 RTS/CTS 握手机制的 DCF 方式。

对于基本的 DCF 方式，当源站点有数据要发送时，其接入信道的具体过程如下。

第1步：源站点监听信道，如果信道持续空闲达到 DIFS，源站点立即发出数据帧。

第2步：如果信道忙，则持续监听信道，直到信道持续空闲时间达到 DIFS，进入随机退避过程。

第3步：退避过程结束后，源站点立即发出数据帧。

第4步：接收站点收到数据帧以后，等待 SIFS 后发送 ACK 帧。

第5步：如果源站点在规定的时间内收到 ACK 帧，则表明发送成功。

第6步：如果源站点在规定的时间内没有收到 ACK 帧，则进入重传退避过程，回到第2步。

基本的 DCF 方式如图 5.3 所示。

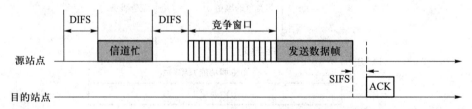

图 5.3　IEEE 802.11 基本 DCF 机制

对于带有 RTS/CTS 握手机制的 DCF 方式，就是在基本 DCF 基础上引入 RTS/CTS 握手机制（详见第 3 章）。当源站点有数据要发送时，其接入信道的具体过程如下。

第1步：源站点监听信道，如果信道持续空闲达到 DIFS，源站点立即发出 RTS 帧。

第2步：如果信道忙，则持续监听信道，直到信道持续空闲时间达到 DIFS，进入随机退避过程。

第3步：退避过程结束后，源站点立即发出 RTS 帧。

第4步：接收站点收到 RTS 帧以后，等待 SIFS 后发送 CTS 帧。

第5步：源站点收到 CTS 帧以后，等待 SIFS 后发送数据帧。

第6步：接收站点收到数据帧以后，等待 SIFS 后发送 ACK 帧。

第7步：如果源站点在规定的时间内收到 ACK 帧，则表明发送成功。

第8步：如果源站点在规定的时间内没有收到 ACK 帧，则进入重传退避过程，回到第2步。

带有 RTS/CTS 握手机制的 DCF 方式的工作过程如图 5.4 所示。

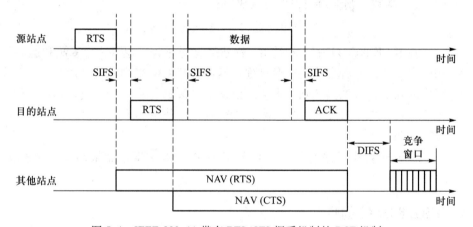

图 5.4　IEEE 802.11 带有 RTS/CTS 握手机制的 DCF 机制

3. 虚拟载波监听

IEEE 802.11 采用了虚拟载波监听机制。虚拟载波监听由网络分配矢量（network allocation vector，NAV）提供。NAV 是一个倒计时计数器，指示了信道仍将维持繁忙状态的时隙数。每个无线站点都维护着自身的 NAV。只有当一个站点的 NAV 为 0 时，该站点才能够进行数据传输。

由于无线信道的广播特性，每个站点都能够收到邻居站点发送的帧。IEEE 802.11 的 MAC 帧包含一个 Duration 字段，用来指明本次完整的数据传输（包含数据帧以及相关控制帧）需要占用信道的时间。每个站点会根据这些数据帧和控制帧的 Duration 字段，来更新维护自己的 NAV。具体地，当 Duration 字段指示的时间少于 NAV 时，NAV 值保持不变；否则将 NAV 值更新为 Duration 字段所指示的时间。图 5.4 给出了 RTS/CTS 握手机制的 DCF 机制中，站点更新 NAV 的例子。

4. 二进制指数退避

值得注意的是，可以根据不同需求来选择第 3 步中的退避算法。比如，在 IEEE 802.11 中，步骤 2 和 3 中提到的退避算法采用了二进制指数退避算法。具体由下述公式决定：

$$T_{\text{backoff}} = \lfloor \text{CW} \times \text{random}(\ ) \rfloor \times \text{aSlotTime} \tag{5.1}$$

其中，CW 是退避窗口大小，random( ) 是在 $(0,1)$ 的一个随机数，$\lfloor x \rfloor$ 代表小于等于 x 的最大整数，aSlotTime 是时隙长度。

CW 的大小与退避（重传）的次数有关。设 W 是第一次传输时的退避窗口，即退避窗口的初值，m 是退避（重传）次数，$m \in [1, m_{\max}]$，$m_{\max}$ 是最大退避（重传）次数，则退避窗口由下式决定：

$$\text{CW} = W \times 2^{m-1} - 1, m \in [1, m_{\max}] \tag{5.2}$$

在 IEEE 802.11 中，若是第一次进入退避过程，退避窗口 CW 和退避基数采用的是默认值。若是重传退避过程，退避窗口 CW 采用的值是由公式（5.2）计算出的新值，直到其达到最大值。根据式（5.2），在重传退避过程中，CW 的值是呈指数增长，比如取初值 W 为 1，则 CW 值的变化序列为 7，15，31，63，127，255。

该数据帧重新进行传送，直到正确接收到 ACK，如果多次重传都无效则停止。

5.2.4　IEEE 802.11 的帧

IEEE 802.11 标准主要使用了三种类型的帧，分别是数据帧、控制帧和管理帧。其中，数据帧用于网络中的数据传输；控制帧负责区域的清空、信道的取得以及载波监听的维护，并用于在收到数据时予以肯定确认；管理帧采用与数据帧同样的方式进行发送以交换管理信息，主要用来加入或退出无线网络以及处理接入点之间关联的转移事宜。

1. 数据帧

数据帧的帧格式如图 5.5 所示。

数据帧中各字段含义如下。

（1）Frame Control（帧控制）：指出帧的类型，并提供控制信息。它又被划分为若干个子字段。表 5.2 列出了帧控制字段的各个子字段的含义。

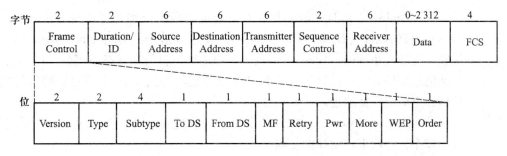

图 5.5　IEEE 802.11 数据帧

表 5.2　帧控制字段的有关子字段说明

子 字 段 名	语 义 说 明
Version	协议版本。用来表示 IEEE 802.11 标准版本
Type	类型字段。用以标识帧的类型为管理帧、控制帧还是数据帧
Subtype	子类型。用以进一步说明帧的子类型，例如，管理帧的子类型可以为连接请求、连接响应等；数据帧的子类型可以为数据、数据+CF ACK 等；控制帧的子类型可以为发送请求、清除发送等
To DS	到 DS。发送给分布式系统（distribution system，DS）的帧，该字段值置 "1"
From DS	来自 DS。发自 DS 的帧，该字段值置为 "1"
MF	更多分段（more fragment）。当有更多分段属于同一帧时，该字段置 "1"
Retry	重发。如果帧为以前帧的重传，则该字段置 "1"
Pwr	电源管理（power management）。用以指明发送站点在传输帧以后所采用的电源管理模式。如果站点进入睡眠模式，该字段置为 "1"；若站点处于活动模式，则该字段置为 "0"
More	更多数据（more data）。表示尚有很多帧缓存到本站点中
WEP	若该字段值为 "1"，表示该帧的帧体使用了 WEP 加密
Order	该字段值为 "1"，表示该帧为采用严格顺序服务级别的帧

（2）Duration/ID（持续时间/标识）：通常，表示该帧和它的确认帧将会占用信道多长时间。如果帧的控制子类型为 "PS-Poll"，则表示站点（STA）的连接标识，即 AID（association identification）。

（3）Address：地址字段。共有 4 个地址字段，分别为源地址（Source Address）、目的地址（Destination Address）、发送方地址（Transmitter Address）和接收方地址（Receiver Address）。其中，源地址与目的地址必不可少，但传输工作站地址与接收工作站地址只在跨基本服务集的通信中有用。目的地址可以为单播、组播或广播地址。

（4）Sequence Control：由分段号和序列号组成。用于表示同一帧中不同分段的顺序，并用来过滤掉重复帧。

（5）Data：发送或接收的信息。

（6）FCS：帧校验序列。采用 32 位的循环冗余校验（CRC）。

2. 管理帧

MAC 管理信息帧负责在工作站和无线接入点之间建立初始的通信，提供连接加入和认证服务，图 5.6 给出了管理帧的一般格式。根据管理帧的功能，可以将其划分为连接请求帧、连接响应帧、再次连接请求帧、再次连接响应帧、探求请求帧、探询响应帧、信标帧、业务声明指示信息帧、分离帧、认证帧和解决认证帧等子类型。

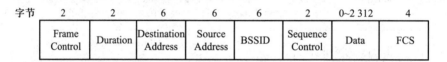

字节	2	2	6	6	6	2	0~2 312	4
	Frame Control	Duration	Destination Address	Source Address	BSSID	Sequence Control	Data	FCS

图 5.6　管理帧一般格式

3. 控制帧

控制帧的主要目的在于完成部分介质访问控制功能，具体包括有 ACK、RTS/CTS、PO-Poll 等。以第 3 章节中介绍的采用 RTS/CTS 握手机制的 CSMA/CA 为例，该协议可以有效解决隐藏发送终端问题。在该协议中，请求发送（RTS）与发送确认（CTS）是避免在无线覆盖范围内出现隐藏站点控制器，站点之间的请求发送（RTS）帧与发送确认（CTS）帧均采用了控制帧。通常，在无线工作站和接入点之间建立连接和认证之后，需要使用控制帧为数据帧的发送提供辅助功能。图 5.7 为常见的一次数据帧成功发送过程中的所使用的控制帧情况。

发送工作站以控制帧的形式向接收工作站发送请求发送（RTS）帧，以协商数据帧的发送。接收工作站收到发送工作站所发送的 RTS 帧，向发送工作站回送一个发送确认（CTS）帧，以确认发送工作站具有发送数据帧的权力。若发送工作站在一定时间内没有收到 CTS 帧，它就会重复发送操作。发送工作站在确认自己具有发送数据帧的权力之后，启动数据帧的发送。接收工作站收到一个无误的数据帧后, 以控制帧形式向发送工作站发送一个 ACK 帧, 以确认帧被成功接收。图 5.8 给出了控制帧 RTS、CTS、ACK 和 PS-Poll 的帧结构, PS-Poll 帧用于工作站完成对缓冲帧的获取。

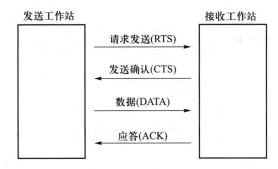

图 5.7   数据帧成功发送过程中的所使用的控制帧情况

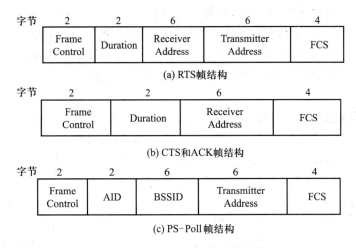

图 5.8   IEEE 802.11 控制帧结构

5.2.5　无线客户端接入过程

无线客户端要接入无线局域网, 需要经过扫描发现无线服务、认证和关联三个阶段, 如图 5.9 所示。只有在完成了这三个阶段之后, 客户端才能够通过所连的 AP 进行数据收发。

1. 无线扫描

无线客户端在连接到合适的接入点或无线站点之前, 首先会检测周围是否有接入点或其他无线站点可供加入, 无线客户端可以通过两种方式定期地搜索周围的无线网络信息：一种是被动扫描，另一种为主动扫描。在实际工作过程中，无线客户端通常会结合使用被动扫描和主动扫描获取周围的无线网络信息。

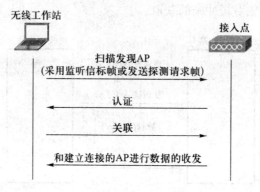

图 5.9　客户端接入管理过程

由于提供无线网络服务的接入点都会周期性发送信标（beacon）帧，因此无线客户端可以通过监听周边区域内的接入点定期发送的信标帧获取相关无线网络信息，无线客户端的这种扫描方式即为被动扫描。一般来说，当无线客户端需要节省电量时，可以使用被动扫描。如 IP 语音终端通常使用这种被动扫描方式。

当无线客户端工作在主动扫描方式时，它主要在其支持的信道列表中，主动地定期发送探测请求（probe request）帧扫描无线网络，并通过接收探测响应（probe response）帧来获取可接入的无线网络信号。根据探测请求帧是否携带 SSID 信息，又进一步把主动扫描分为两种情况。第一种是无线客户端所发送的探测请求帧中的 SSID 字段为空，相关的接入点在接收到这类探查请求帧后，会回应探测响应帧通告其可以提供的无线网络信息，无线客户端在接收到相关接入点返回的探测响应帧之后，可以根据需要选择合适的无线网络接入。第二种是客户端探测请求帧中的 SSID 为指定值，这表明无线客户端已被配置成希望连接到一个由该 SSID 所标识的无线网络或者已经成功连接到该无线网络，在这种情况下，只有提供所指定 SSID 无线服务的接入点会在接收到探测请求后回复探测响应帧。

当无线站点知道了需要连接的网络存在后，将继续通过认证和关联过程来完成网络连接。

2. 认证

IEEE 802.11 标准提供了多种认证服务，以增加 IEEE 802.11 网络的安全性。第一种为开放式系统认证（open system authentication）服务，也是默认的认证服务，其过程如图 5.10 所示。这类服务相当于不需要进行认证，没有任何安全防护能力，用户接入网络的安全性需要通过如地址过滤和用户帧中的 SSID 等其他方式来保证。第二种为共享密钥认证（shared key authentication），该方式具有比开放式系统认证更高的安全级别，使用共享密钥认证的工作站必须执行有线等效保密（wired equivalent privacy，WEP），共享密钥认证的操作过程如图5.11 所示。共享密钥认证方式仍然存在安全漏洞，攻击者可以通过监听接入点发送的明文挑战文本和无线工作站回复的密文，计算出 WEP 的密钥，实现对网络的非法访问。

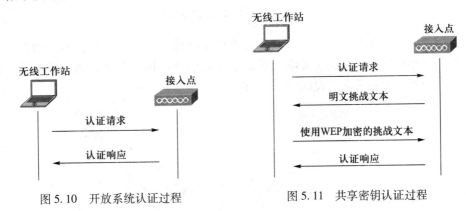

图 5.10　开放系统认证过程　　　　图 5.11　共享密钥认证过程

在实际的无线局域网应用中，更多的是采用 WPA/WPA2 或者 WPA-PSK/WPA2-PSK 认证方式。WPA（WiFi protected access，WiFi 保护接入）及其升级版 WPA2 是经由 WiFi 联盟验证过的 IEEE 802.11i 标准的认证形式。WPA 通过四次握手的机制来安全地协商交换用于加密数据的成对临时密钥（pairwisc transient key，PTK）。WPA/WPA2 能够提供很高的安全性，但由于该认证方式需要架设 Radius 服务器，并不适合普通家庭用户。因此，WPA/WPA2 提供了另外一个选项：预共享密钥（pre-shared key，PSK）模式的 WPA/WPA2，即 WPA-PSK/WPA2-PSK。这种认证方式相当于 WPA/WPA2 的简化版或者个人版。在 WPA-PSK/WPA2-PSK 中，每个用户只需提供预先配置好的密钥来接入网络，而不需要专门的 Radius 服务器。2018 年 6 月，WiFi 联盟完成了 WPA3 的制定。作为 WPA2 的升级版，WPA3 标准将加密公共 WiFi 网络上的所有数据，可以进一步保护不安全的 WiFi 网络。WPA/WPA2/WPA3 的工作原理不在本教材范围，请读者参阅相关的资料。

3. 关联

无线客户端在经过认证后，需要通过关联过程和接入点建立相应的关联。只有当无线客户端和接入点建立了关联后，才可以和建立关联关系的接入点之间进行数据的发送与接收。关联过程如图 5.12 所示。

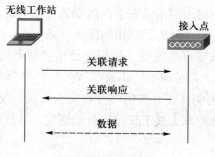

图 5.12   关联过程

当无线客户端从一个接入点移动到另一个接入点时，需要通过重新关联以和新的接入点建立关联，在重新关联前与新接入点之间必须经历重新认证的过程。重新关联过程如图 5.13 所示。

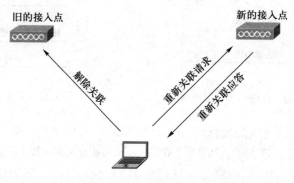

图 5.13   重新关联过程

5.3   无线局域网组网

5.3.1   无线局域网设备

要组建无线局域网，必须要有相应的无线网设备，主要的无线设备包括无线网卡、无线接入点、无线网桥和天线等，几乎所有的无线网络产品中都自含无线发射/接收功能。

1. 无线局域网网卡

无线网卡是无线网络客户端的主要连接设备，如图 5.14、图 5.15 所示，它在无线局域网中的作用相当于有线网卡在有线局域网中的作用。从无线网卡的外观来看，其硬件主要有三个部分。① 天线。天线可以是内置或外置的，一般来说，用于台式计算机的无线网卡其天线常常是外置的，而笔记本计算机无线网卡的天线通常是内置的。② 无线网卡的总线接口。其类型包括适合台式计算机的 PCI 接口，适合笔记本计算机的 PCMCIA 接口，以及笔记本计算机和台式计算机均适用的 USB 接口。③ 状态指示灯。不同类型的无线网卡其状态指示灯有所差异，通常无线网卡的状态指示灯包括电源灯和信号状态指示灯，也有可能只有一个信号指示灯，当信号指示灯闪烁时，表示正在传输数据。

图 5.14 PCI 无线网卡

图 5.15 USB 接口无线网卡

2. 无线接入点

无线接入点（AP）是在无线局域网环境中进行数据发送和接收的集中设备，相当于有线网络中的交换机。一个 AP 能够在几十至上百米的范围内连接多个无线用户，从而可以作为一个独立无线局域网的中心。由于无线电波在传播过程中会不断衰减，导致 AP 的通信范围被限定在一定的范围之内，这个范围称为微单元。但若采用多个 AP，并使它们的微单元有一定范围的重合，则用户可以在多个 AP 覆盖的区域内移动，无线网卡能够自动发现附近信号强度最大的 AP，并通过该 AP 收发数据，实现不间断地网络连接或无线局域网中的无线漫游。

AP 可以通过标准的以太网电缆与传统的有线网络相连，从而作为无线网络和有线网络的连接点。为方便网络部署，AP 上通常有支持以太网供电的 POE（power over Ethernet）端口。根据是否承载了安全管理等功能，AP 可以分为胖AP 与瘦 AP。

1）胖 AP

胖 AP（fat AP）除了作为一个接入点所应具备物理层功能之外，它还集成了众多无线局域网管理功能以及其他应用层功能，如用户数据加密、用户认证、二层漫游、服务质量、网络管理等。图 5.16 给出了胖 AP 的功能结构。

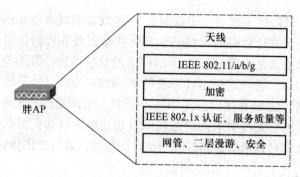

图 5.16　胖 AP 的功能结构

　　胖 AP 所有的配置信息都保存在本地 AP 上，它可支持二层漫游，但其漫游切换存在较大的时延；胖 AP 不支持信道自动调整和发射功率自动调整；胖 AP 由于集成了过多的功能管理，导致扩展能力受限。

　　采用胖 AP 进行无线局域网部署存在五个方面的不足：第一，除了组网过程中需要对每台胖 AP 进行单独配置外，网络建成之后的升级维护也要逐台实施，当无线局域网规模较大时，部署与维护工作量非常大；第二，胖 AP 所有的配置都只保存在本地 AP 上，如果 AP 设备丢失或被窃，不仅会引发网络运行故障，还会导致网络系统配置的泄露；第三，胖 AP 一般只支持二层而不支持三层漫游，而后者的漫游灵活性相对更佳；第四，当无线局域网规模变大时，一些高级网络功能如大规模无线网络中非法用户与非法 AP 的检测需要网络内 AP 协同工作，而胖 AP 很难完成这类工作；第五，胖 AP 通常价格较高，在实施大规模无线局域网部署时，增加了建设成本。

　　因此，胖 AP 通常用于规模较小并且对管理和漫游要求比较低的网络，如公寓式办公楼等小型无线网络。对于园区级的大规模无线局域网部署，胖 AP 往往难以支撑。

　　2）瘦 AP

　　瘦 AP（fit AP）也称轻量级 AP。使用瘦 AP 的无线网络解决方案中，通常还包括了无线控制器设备。瘦 AP 只简单地提供 IEEE 802.11 帧的加解密、IEEE 802.11 的物理层功能，并接受无线控制器的管理。一个无线控制器可以控制与管理多个瘦 AP。无线控制器不仅承担了无线网络的接入控制、转发和统计、漫游管理、安全控制等多种网络管理功能，还提供了对 AP 的配置与监控功能，例如，通过对整个无线局域网无线射频环境进行监控，它可以监测非法入侵 AP 和非法客户端。

　　瘦 AP 与无线控制器之间通过隧道方式进行通信，它们之间可以跨越第二和第三层进行连接。图 5.17 给出了瘦 AP 和无线控制器的功能结构。正是通过将安全认证、漫游切换和动态密钥管理等诸多复杂的管理功能从 AP 中分离出来，上移和集中至无线控制器，才使 AP 得到了瘦身，成为瘦 AP。

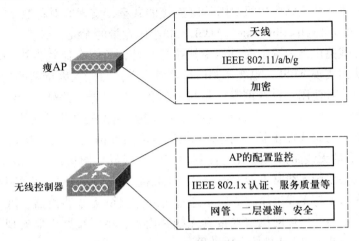

图 5.17　瘦 AP 和无线控制器的功能结构

　　瘦 AP 加无线控制器的架构，增加了网络的可扩展性，同时大大降低了网络建设与维护的复杂度与成本，可以很好地支持园区级无线局域网的部署与运行。因此，诸如思科和新华三等主流厂商都在主推其瘦 AP 产品。表 5.3 给出了胖 AP 与瘦 AP 方案的比较。为提供更高的灵活性，不少瘦 AP 产品可以通过软件升级到胖 AP，以适应小型网络环境的需要。

表 5.3　胖 AP 与瘦 AP 方案的技术比较

	胖 AP 方案	瘦 AP 方案
技术模式	传统主流方式	新兴方式，增强了管理性
安全性	采用传统加密、认证方式，具有较普通的安全性	增加射频环境监控，基于用户位置的安全策略，具有很高的安全性
网络管理	对每个 AP 单独进行配置	所有配置存在无线控制器上，AP 上零配置，维护简单
用户管理	类似于有线，根据 AP 接入的有线端口区分	可以根据用户名区分权限，使用灵活
组网规模	适于小规模无线局域网	可支持第二、三层漫游，适于大规模无线局域网
增值业务	实现简单数据接入	可扩展语音等丰富业务

3. 无线路由器

　　无线路由器是 AP 与宽带路由器结合的一种产品。无线路由器除了具有单纯无线 AP 功能（如 DHCP 服务、WEP 加密等）之外，通常还具有网络地址转换（network address translation，NAT）功能，可支持局域网用户的网络连接共享，实现家庭无线网络中主机对因特网连接的共享，实现非对称数字用户线（asymmetric digital subscriber line，ADSL）和小区宽带的无线共享接入。

无线路由器内置了简单的虚拟拨号软件，可以存储宽带接入的用户名和密码，从而实现 ADSL、电缆调制解调器等自动拨号接入因特网的功能，而无须手动拨号或者使用一台双网卡计算机充当代理服务器。此外，无线路由器一般还具备 MAC 地址过滤、IP 地址过滤等相对更完善的安全防护功能。

常见的无线路由器一般都有一个连接到外网的广域网接口（或因特网接口），有的无线路由器还有连接到内网的有线局域网接口。图 5.18 给出了家庭无线网络使用无线路由器实现共享 ADSL 接入到因特网的常见拓扑结构，其中无线工作站 1 与无线工作站 2 表示通过无线连接到无线路由器，PC1 与 PC2 通过无线路由器的局域网接口连接到无线路由器，由无线路由器实现了两台笔记本计算机与两台 PC 共享接入因特网。

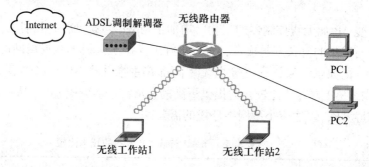

图 5.18   无线路由器在家庭网络中的使用

4. 天线

无线电设计输出的射频信号功能，通过馈线输送到天线，由天线以电磁波形式辐射出去；电磁波信号在到达接收地点后，由天线接收下来，并通过馈线送到无线电接收器。天线是发射和接收电磁波不可或缺的器件，也是无线局域网组网的重要组件。

天线通常可以分为两类：一类是定向天线，另一类是全向天线。定向天线是集中在一个方向上辐射射频能量，定向天线一般应用于通信距离远、覆盖范围小、目标密度大、频率利用率高的环境。它通常为半抛物线天线、接线天线、实心抛物线天线等。而全向天线是在水平方向上表现为 360° 均等地辐射射频能量，即平常所说的无方向性，全向天线一般应用于距离近、覆盖范围大的环境，并且价格便宜。全向天线主要有杆装天线、橡胶偶极天线等类型。

随着多输入多输出技术和信号处理技术的发展，智能天线技术也被应用于无线局域网。智能天线采用空分复用（space division multiplexing，SDM）技术，利用信号在传播方向上的差别，将同频率、同时隙的信号区分开来。它可以成倍地扩展通信容量，并和其他复用技术相结合，最大限度地利用有限的频谱资源。

5.3.2 无线局域网逻辑架构

服务集是无线局域网中的一个重要术语，用以描述 IEEE 802.11 无线网络的构成单位。它可以分为独立基本服务集（independent basic service set，IBSS）、基本服务集（basic service set，BSS）和扩展服务集（extended service set，ESS）三类。其中，IBSS 属于对等拓扑模式，又称 Ad-Hoc 模式；而 BSS 和 ESS 属于基础架构模式。

1. 基本服务集

基本服务集（BSS）是 IEEE 802.11 无线局域网的基本架构，它对应于单个接入点（AP）所覆盖的无线频率（RF）区域或单元，也被称为微单元，如图 5.19 所示。

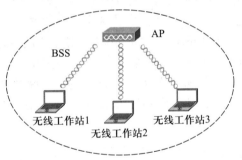

图 5.19　BSS 的基本服务区

BSS 微单元所覆盖的范围也称为基本服务区（basic service area，BSA），如图 5.19 所示，当工作站移动到基本服务区以外时，无线工作站就不能与基本服务集中的其他成员通信了。位于同一个基本服务集中的所有无线工作站可以直接通信，但如果要和本基本服务集以外的无线工作站通信则需要通过本基本服务集的基站即接入点（AP）实现。每个基本服务集都有一个不超过 32 B 的服务集标识符（service set identifier，SSID）和一个与其 AP 无线频率（RF）相对应的信道。

2. 独立基本服务集

独立基本服务集（IBSS）是 IEEE 802.11 无线局域网中最基本的类型。IBSS

完全由无线工作站组成，一个独立基本服务集可以有任意多个无线工作站，多
个无线工作站可以直接通信。一个最简单的独立基本服务集中可以只包括两个
无线工作站。图 5.20 给出了一个有 4 个无线工作站的独立基本服务集。

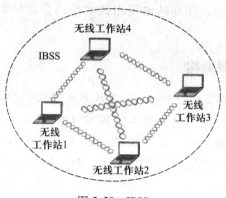

图 5.20   IBSS

3. 扩展服务集

基本服务集覆盖范围是有限的，对于某些网络，单个基本服务集的距离已
经足够了，但对于需要较大覆盖范围的网络，单个基本服务集不能满足覆盖范
围的要求。为此，需要通过提供多个基本服务集来进行扩展。每个基本服务集
通过 AP 连接到分布式系统，不同的基本服务集之间通过分布式系统来实现互联
互通。扩展服务集（ESS）是两个或两个以上采用相同服务集 SSID 的基本服务
集通过公共分布式系统连接起来的、更大规模的虚拟基本服务集。分布式系统
可以基于无线或有线网络来实现。图 5.21 给出了采用有线网络的扩展服务集和
分布式系统示意图。

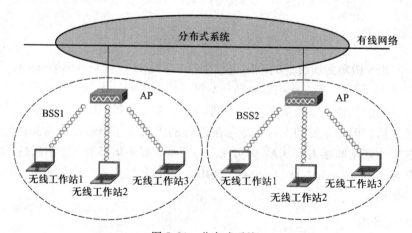

图 5.21   分布式系统

5.3.3 无线局域网的漫游

无线局域网漫游是指无线工作站在同属于一个扩展服务集内的接入点（AP）之间移动且保持用户业务不中断。例如，STA 先关联在 AP1 上，然后从 AP1 的信号覆盖范围移动到 AP2 的信号覆盖范围，并在 AP2 上重新关联，期间保持 IP 地址不变且业务不中断，这种行为称为漫游。

这里的关键是用户业务不中断，如果 STA 先在 AP1 下线，业务中断，一段时间后再到 AP2 上重新上线，重新获取 IP，则不能称为漫游。当然，用户业务不中断是指宏观意义上的，实际上由于多种因素，如漫游前后两个 AP 间的信号交叠地带信号弱或存在空洞、终端漫游过程中需要切换信道扫描到新 AP、终端需要在新老 AP 间切换关联关系、终端关联到新 AP 后需要重新协商密钥甚至重新认证等，漫游过程中会有少量丢包。

尽量减少漫游过程中的丢包、使上层业务感知不到明显延时、数据传输流畅，保障用户移动过程中业务体验良好是重要目标，后面将介绍尽可能将丢包降到最低的一些措施。

另外，只有同一个扩展服务集范围内的移动才能称为漫游。如果无线工作站开始关联着一个服务集标识符，后来又关联到另一个服务集标识符，则不能称之为漫游，因为此时无线工作站需要重新关联、重新认证、重新获取 IP 地址，不能保障业务不中断。

5.3.4 无线局域网的应用部署

1. 使用胖 AP 进行无线局域网组网

胖 AP 是传统的无线局域网组网方案，适合规模较小的家庭或办公网络，或者是一些局部需要采用无线局域网进行热点覆盖的网络。图 5.22 和图 5.23 分别给出了家庭胖 AP 组网和中小型网络热点覆盖的胖 AP 组网的简单示意。

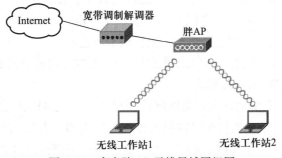

图 5.22　家庭胖 AP 无线局域网组网

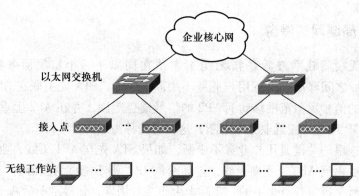

图 5.23   企业网络热点覆盖的胖 AP 无线局域网组网

2. 使用瘦 AP 与无线控制器进行无线局域网组网

瘦 AP 加无线控制器的无线局域网组网有三种拓扑结构可供选择，分别为直连模式、二层网络连接模式和三层网络连接模式。

1）直连模式

如图 5.24 所示，在直连模式中，瘦 AP 和无线控制器直接相连，中间不经过其他网络设备。由于无线控制器的端口数以及可管理的 AP 有限，因此该模式较适合小型的瘦 AP 网络。

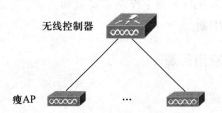

图 5.24   直连的瘦 AP+无线控制器组网拓扑

2）二层网络连接模式

如图 5.25 所示，在二层网络连接模式中，瘦 AP 与无线控制器之间通过二层交换机相连，它们处在同一个广播域中。由于这种连接模式中采用了二层交换机与无线控制器相连，从而大大扩展了所连的 AP 个数以及地域范围，因此二层网络连接瘦 AP 适合网络规模较大、AP 点数多而较分散的无线局域网。

3）三层网络连接模式

如图 5.26 所示，在三层网络连接模式中，瘦 AP 和无线控制器中间存在三层网络设备，瘦 AP 和无线控制器处在不同的 IP 网段，它们之间的通信需要通过路由器或者三层交换机的三层转发来完成。三层网络连接的瘦 AP 组网适合网络规模较大且存在分支机构的无线网络环境。

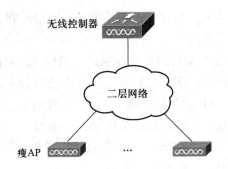

图 5.25　二层网络连接的瘦 AP+无线控制器组网拓扑

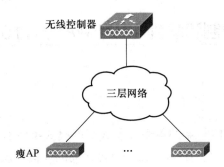

图 5.26　三层网络连接的瘦 AP+无线控制器组网拓扑

4）两种组网模式的比较

采用瘦 AP+有线交换机的分布式无线局域网组网模式，由 AP 完成用户的无线接入、用户权限认证、用户安全策略实施，对无线局域网设备的管理也是分布式的。随着无线局域网技术的成熟和应用的普及，大规模无线局域网部署越来越多，接入的用户数和无线设备的规模都在成倍增长，这种传统的无线局域网组网方式在大规模网络的建设和维护遇到了很多问题。

首先，在网络建设时，需要对数量众多的 AP 进行逐一配置，人力成本很高，且很容易因误配置而造成配置不一致。为了管理 AP，需要维护大量 AP 的 IP 地址和设备的映射关系，每增加一批 AP 设备都需要进行地址关系维护。接入 AP 的边缘网络需要更改虚拟局域网、ACL 等配置以适应无线用户的接入。为了能够支持用户的无缝漫游，需要在边缘网络上配置所有无线用户可能使用虚拟局域网和 ACL。

其次，在网络维护时，查看网络运行状况和用户统计时需要逐一登录到 AP 设备才能完成查看。在线更改服务策略和安全策略设定时也需要逐一登录到 AP 设备才能完成设定。升级 AP 软件无法自动完成，维护人员需要手动逐一对设备进行软件升级，费时费力。

再次，这种分布式的组网模式也存在着一定的安全隐患。AP 设备的丢失意味着网络配置的丢失，在发现设备丢失前，网络存在入侵隐患，在发现设备丢失后又需要全网重配置。

而瘦 AP+无线控制器的集中控制式组网模式，则能够很好地适应大规模的部署。在这种模式下，所有配置都是在无线控制器中进行的，并保存在无线控制器中。在 CAPWAP 协议的支撑下，瘦 AP 启动时会自动从无线控制器下载合适的设备配置信息，能够自动获取 IP 地址，能够自动发现可接入的无线控制器。在瘦 AP+无线控制器组网模式下，能够很方便地实现二层或三层的无缝漫游，并提供增强业务 QoS、安全等功能。

5.4   无线接入点控制和配置（CAPWAP）协议

5.4.1   CAPWAP 概述

瘦 AP+无线控制器的集中控制式组网模式虽然有很多优点，但在这种模式的发展初期，由于瘦 AP 和无线控制器之间的通信协议是私密的，不同厂商设备之间并不兼容。比如思科系统所采用的是轻量级接入点协议（light weight access point protocol，LWAPP），Aruba 采用的是安全轻量接入点协议（secure light access point protocol，SLAPP）等。为了解决隧道协议不兼容问题造成的不同厂家接入点和无线控制器之间无法进行互通的问题，IETF 在 2005 年成立了无线接入点控制和配置协议（CAPWAP）工作组以标准化接入点和无线控制器间的隧道协议。

作为隧道协议的一个重要设计目标，它希望能够承载多种无线接入技术，如 IEEE 802.11 和 IEEE 802.16，所以工作组协议包括两部分：CAPWAP 协议和 CAPWAP 协议绑定。CAPWAP 协议（RFC 5415，2009 年 4 月发布）是一个通用隧道协议，完成了无线控制器对接入点[1]的控制与管理，且与具体的无线接入技术无关。目前工作组只提供了 IEEE 802.11 的绑定协议（RFC 5416，2009 年 4 月发布），以支持 IEEE 802.11 网络的配置管理功能。

CAPWAP 以集中控制的方式，实现无线控制器对接入点统一配置，把用户流量集中进行桥接、转发和加密，以增强大规模无线局域网的可管理性，提高无线局域网的性能。CAPWAP 可使无线终端点不必处理高层协议，而只执行与无线接入和控制相关且时间关联性强的功能，从而能够更加有效地利用无线终

---

[1] 在 RFC 5415 中，用无线终端点（wireless termination point，WTP）来表示接入点。

端点的硬件资源。CAPWAP 同时还提供一类封装和传输机制，使其能够应用到多种类型的无线接入点上。

CAPWAP 包含控制信道和数据信道。控制信道是一个双向信道，用于传输 CAPWAP 的控制消息。CAPWAP 数据信道也是一个双向信道，用于传输 CAPWAP 的数据消息。数据和控制消息使用不同的 UDP 端口传输（无线控制器上的 CAPWAP 控制消息端口为 5246，数据消息端口为 5247，无线终端点可以随意选择 CAPWAP 控制和数据端口）。CAPWAP 控制消息以及部分 CAPWAP 数据消息使用了 UDP 层的加密机制——数据报传输层安全（datagram transport layer security，DTLS），DTLS 是基于 TLS 的扩展，以支持 UDP 数据报。

5.4.2　CAPWAP 工作原理

无线终端点（WTP）被连接到网络时即进入发现无线控制器（AC）的过程。无线终端点使用广播、组播或单播方式发送"发现请求"控制消息。当使用单播方式时，WTP 需首先通过动态主机配置协议（DHCP）或域名服务（DNS）获得 AC 的 IP 地址列表。收到请求的 AC 返回"发送应答"给 WTP。WTP 将在所有应答的 AC 中，选择一个建立 DTLS 连接。DTLS 连接建立成功后，WTP 发送"加入请求"，AC 回复"加入应答"确认 WTP 加入该 AC 的管理范围。若 WTP 的固件版本过期，则进入升级固件过程，WTP 从 AC 下载最新版本的固件，升级成功以后重启，重新进入发现过程；若 WTP 固件为最新版本，则从 AC 下载配置参数，随后进入运行阶段。完整的工作流程如图 5.27 所示。

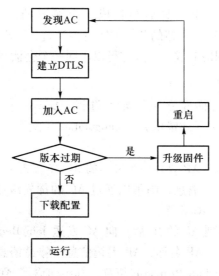

图 5.27　CAPWAP 工作原理示意图

1. WTP 发现 AC 的过程

WTP 的发现过程是可选的。如果在 WTP 上静态配置了 AC，那么 WTP 并不需要完成 AC 的发现过程。否则，需要通过下列方式之一来发现 AC。

（1）通过 CAPWAP 的 AC 发现机制来发现 AC。WTP 首先发送一个 Discovery Request message 给受限的广播地址，或者 CAPWAP 的多播地址 224.0.1.140，或者是预配置的 AC 的单播地址。在 IPv6 网络中，由于广播并不存在，因此使用 All ACs multicast address（FF0X:0:0:0:0:0:0:18C）来代替。

（2）通过 DHCP 的 Option 43 获得。

（3）通过 DNS 解析获得。如果接入点（AP）获取到了 DNS 服务器地址，则 AP 可以通过 DNS 方式来获取 AC 地址。

2. DTLS 握手

WTP 首先发送一个 ClientHello 消息来发起握手，说明它支持的密码算法列表、压缩方法及最高协议版本和其他一些需要的消息。

AC 回复一个 HelloVerifyReuqest 消息。此消息添加了一个用于识别 WTP 的 Cookie。WTP 必须重传添加了 Cookie 的 ClientHello 消息。AC 随即验证 Cookie，如果有效才开始进行握手。

根据 ClientHello 消息所包含的参数，AC 回应一个包含了其所选择的连接参数的 ServerHello 消息，以确定此次通信所需要的算法，然后将自己的证书（包含身份和自己的公钥）发送给 WTP。

WTP 在收到这个消息后会生成一个秘密消息，用安全套接层（secure sockets layer，SSL）服务器的公钥加密后传送过去，SSL 服务器端用自己的私钥解密后，会话密钥协商成功，双方可以用同一个会话密钥来通信了。

3. CAPWAP 会话建立过程

CAPWAP 的会话建立包括如下过程：Discovery（发现 AC）、Join（加入 AC）、Image Data（下载镜像）、Configuration（配置）、Data Check（数据校验）和 Run（运行）。

（1）Discovery：AP 寻找一个最佳的 AC 并与之交互。如果 AP 收到多个 AC 的 Discover Response 消息，则可以通过 AC 的优先级或者 AC 当前所连接的 AP 数量来决定与哪个 AC 相连。

（2）Join：得到 AC 的 IP 后，向 AC 发送 Join Request 消息。该请求消息包含 AP 软硬件信息、AP 名称、AP 无线信息、隧道消息格式等。AC 收到加入请求以后，回送一个 Join Response 消息，其中包含了 AC 名称、AC 希望 AP 运行的版本信息、CAPWAP 控制地址等，完成 AP 与 AC 的绑定。

（3）Image Data：AP 从 AC 上下载或更新软件，完毕后 AP 重启。

（4）Configuration：该状态用于 AP 配置下发，AP 发送 Configuration Request 消息到 AC，AC 通过 Configuration Response 消息，对 AP 进行配置。

（5）Data check：AC 与 AP 在 Join 阶段建立控制隧道，在 Data Check 阶段建立数据隧道，开始将 AC 发来的数据发送给无线终端点。

（6）Run：AP 进入常态化运行阶段。AP 接收 AC 下发的配置命令，并根据需要，进行信息收集并上报给 AC。在此阶段，AC 将对 AP 的运行状态进行实时监控。

5.5　无线局域网的规划与设计

5.5.1　需求分析

在进行无线局域网的设计之前，首先需要进行必要的需求分析，包括确定网络建设目标、建设原则、网络中需要承载的应用、无线网络需要覆盖的信号范围、无线网络中潜在的用户数等。其中，无线信号覆盖范围以及无线网络支持的潜在用户数属于无线局域网设计时需要特别关注的内容。

确定无线信号覆盖范围需要经过站点勘查。所谓站点勘查就是对企业用户区域进行相应的考察，以确定并实现网络组件的最佳使用、传输距离和覆盖范围的最大化以及基础性能的最大化。

站点勘测首先需要考察以下信息。

（1）无线局域网的覆盖范围。确定无线信号需要覆盖哪些区域，并明确覆盖信号强度等需求，尽可能和客户沟通以得到无线信号需要覆盖区域的平面图。

（2）用户需要多大的吞吐量。数据传输速率与传输距离成反比，通常在数据传输速率最低时，其无线传输距离最大，因此无线局域网带宽的需求潜在决定了 AP 所需的数量，如果用户需要较高的传输速率，则每个 AP 覆盖范围将会减小，从而需要更多的 AP。

（3）用户是否需要移动与漫游。在无线局域网中，漫游是区别于有线局域网的特征之一，在设计之前需要知道客户是否需要漫游。如果需要漫游，要注意 WLAN 信号的覆盖一定不能有空白点，且在 AP 之间要有足够的重叠。另外，要明确是需要二层漫游还是三层漫游。

（4）AP 的安装位置以及供电方式。AP 通常可以安装在室内与室外，室内常见的安装位置是墙壁或天花板，室外 AP 需要判断是否有本地供电的场所，一般要求尽量选用 POE 远程供电。

（5）有线网络连通性的限制。由于 WLAN 很多时候需要同有线网络相连，因此需要考察有线网络的连通性的情况。

勘查时除了考察以上的信息，还需要考虑以下的运行和环境因素。

（1）无线信号所在的物理环境。对于同一相同的 AP 设备，当它安装在空旷的环境中时其信号覆盖的范围会比在封闭拥挤的室内中更大。

（2）障碍物。由于无线信号的特点，当遇到障碍物时衰减很快，因此如果有诸如架子、柱子或墙等物理障碍物时，都会影响无线局域网设备的性能。注意，不要将无线局域网设备放在有金属面或反射面物体的附近。

（3）天线。天线配置对于获得最大的覆盖范围很重要，一般来讲，天线高度越高，传输距离就越大。

（4）视距。在户外应用时，无线网桥天线之间的视距必须无障碍，并且在两端都要在适当高度上安装定向天线，尽可能清除障碍物。

5.5.2　无线局域网的设计

根据无线局域网的空间环境，无线网络的覆盖可分为室内覆盖与室外覆盖，不管是室内覆盖还是室外覆盖要完成以下两个关键步骤。

（1）确定 AP 位置和 AP 数量，根据需要覆盖的信号范围确定所需的 AP 位置和数量，尽量减少空白覆盖区，空白覆盖区是指死角并且用户很少活动的地方。对于高密度无线用户接入区域，需要考虑在同一区域内布放多个 AP，一般原则是单个 AP 的接入用户不超过 20 个。

（2）规划信道的分配，使用相同频率的信道之间应尽量避免重叠，工作在相同频率的 AP 会相互干扰，这会降低整个无线局域网的性能。图 5.28 显示了一个只使用了 3 个不重叠的 IEEE 802.11b 和 IEEE 802.11g 信道且任意相邻区域使用无频率交叉的设计方案。

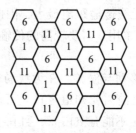

图 5.28　相邻区域使用无频率交叉的频道

1. 室内覆盖的设计

在进行 WLAN 室内规划设计时原则上只考虑在同一楼层区域内通过无线局域网方式接入该区域的无线用户，同一幢楼内不同的楼层应该分别考虑覆盖规划。

按区域半径，无线局域网室内覆盖区域分为大于 AP 覆盖半径的区域和小于 AP 覆盖半径的区域两类，一般来说，覆盖半径小于 60 m 的称为半径小的覆盖区域，覆盖半径大于 60 m 的区域称为半径大的区域。按接入用户的数量，无线局域网室内覆盖区域可分为高密度用户区域与低密度用户区域。一般，同时接入的无线终端数小于 30 的区域称为低密度用户区域，大于 30 的区域称为高密度用户区域。那些半径小、用户数量少的区域可看作半径小和用户数量少的区域的组合；半径大、用户数量多的区域可看作半径大和用户数量多的区域的组合。

1）半径小、用户数量少的室内区域覆盖设计

此类区域通常为小会议室、个人家庭、酒吧等场所，该类区域半径一般在 60 m 以下，中间不存在大的障碍物，而且需要接入的无线用户数量较少，常常直接使用一个 AP 信号就可以覆盖全部区域。但对于个人家庭，还需要合理地选择 AP 安装位置才可兼顾各房间无线信号的覆盖。

2）半径小、并发用户数量多的室内区域覆盖设计

此类区域通常为开放式办公区域、大型阶梯教室或大型会议中心等场所，其内部较为空旷，没有墙壁的阻挡，但由于无线接入用户的数量较多，除需考虑 AP 的覆盖范围外，还应该保证各个用户的有效带宽，因此需要部署多个 AP。为保证各用户的有效带宽，一般每个 AP 的接入用户数应控制在 30 左右，例如，办公区域无线用户数量为 100 个左右，则需要部署 3 个 AP。

使用多个 AP 进行部署时，需要考虑 AP 间信道的划分。采用交叉信道部署可以减少 AP 之间的相互干扰，可参见图 5.28 的信道设计方案。

3）半径大、用户数少的区域覆盖设计

此类区域通常为酒店客房、综合功能区域等室内应用场所，在设计该类区域的覆盖时可以首先根据房间、墙壁、立柱等情况将半径大的区域分割成半径较小的多个区域；然后对每个半径更小的区域使用多个小功率 AP 分别进行覆盖，覆盖方式可按照半径小、用户数少的区域覆盖方式，覆盖时需要注意 AP 频点的隔离。

2. 室外覆盖的设计

对于无线局域网室外覆盖的设计，首先考虑的是 AP 与无线客户端间信号的交互，从而保证用户可以有效地接入到网络中。因此保证 AP 可以有效地覆盖用户需要接入的区域是设计安装 AP 必须考虑的因素。在进行室外覆盖设计时其原

则如下。

(1) 室外空旷区域总体比较适合按照蜂窝网状布局执行，这样可以尽量提高频率复用效率，将信号均匀分布，控制每个 AP 覆盖区域的重叠区域。

(2) AP 比较适合安装在高处，以减少平时人员走动等环境变化对无线信号传播的影响，从而改善 AP 的收发性能。

(3) 天线安装位置需远离大功率电子设备，如微波炉、监视器、电机等。

(4) 在选择天线安装位置时注意规避可能影响无线射频信号传播的障碍物，如金属架、金属屏风等物体。

(5) 确定天线位置时应详细了解要求覆盖的每一片区域的特点。

(6) 了解在此区域内可能的用户的特点以及覆盖区域的建筑结构特点，确定 AP 的安装位置。

5.5.3   无线局域网设计举例

某学校有一个会议厅，该会议厅主要承担学校教师会议以及与其他学校进行的教学研讨会等功能。会议厅宽 20 m，长 40 m，高 8 m，一共有座位 120 个。要求对该会议厅进行无线局域网的设计，使该会议厅中平常可以同时有 30 个无线客户端可同时接入到网络中。

由于会议厅中信号覆盖为室内覆盖，因此可参照室内覆盖的原则。首先，分析学校会议厅无线局域网信号需要覆盖的相关情况。覆盖的区域大小即为会议厅本身的大小，即面积为 20 m×40 m；会议厅中除了座椅，基本没有会影响无线信号传输的障碍物；覆盖区域中用户的数量为 30 个，没有特殊的带宽需求，一般来说其接入的无线用户主要应用是浏览网站；根据勘查，AP 可以安装在天花板或者墙壁上。

在分析了无线局域网信号需要覆盖的相关情况后，接着确定所需要的 AP 数量，所需 AP 数量应从信号有效交互以及用户的有效传输速率两个方面考虑。由于学校会议厅无线信号需要覆盖的面积为 20 m×40 m，并且会议厅中没有明显的障碍物，使用一个 AP 即可覆盖其所有面积；从保证用户有效传输速率方面考虑，该会议厅用户数量为 30 个，采用一个 AP 就可以保证用户的有效传输速率。

最后，需要确定 AP 安装位置。通常 AP 可以安装在墙壁或天花板上，在覆盖区域天花板不高的情况或者用户对壁挂方式敏感的情况下，可以用中间吸顶的方式安装 AP；而在覆盖区域天花板过高的情况下，为了方便 AP 的维护，一般会采用壁挂的方式安装 AP。由于该会议厅天花板（8 m）较高，因此可以使用壁挂的方式安装 AP。

综上，该会议厅的无线局域网设计采用一个壁挂的 AP 实现了无线用户的接入。

思考题

1. 请列出 IEEE 802.11 各个版本的工作频段、最高速率。

2. 请简述 IEEE 802.11 二进制指数退避机制的工作原理。

3. IEEE 802.11 的网络分配矢量是如何维护和更新的？

4. IEEE 802.11 定义了哪两种介质访问控制方式？各自的访问机制的基本思想是什么？

5. 请简述无线客户端接入到接入点的过程。

6. 请描述 CAPWAP 中，瘦 AP 从开机到接入网络开始正常工作的工作流程。

7. 请比较胖 AP 与瘦 AP。

8. 请说明二层漫游与三层漫游的特点。

9. 请说明使用瘦 AP 和无线控制器有哪三种组网方式，并说明它们各自的特点。

10. 某用户在办公室能搜索到无线网络，但不能连接到无线网络，请问：可能的原因是什么？应该如何排除故障？

在线测试 5

第 6 章　数字蜂窝移动通信系统

　　数字蜂窝移动通信系统（digital cell mobile communication system）是基于数字通信技术的、以蜂窝结构小区覆盖范围组成服务区的大容量移动通信系统，也就是人们常说的移动电话通信系统。从用户群的角度看，它是拥有最大用户数的无线网络；从网络覆盖范围的角度看，它相当于无线网络中的广域网。从本章至第 8 章，将从蜂窝移动通信系统的原理出发，按其发展演进进程，分别介绍第二代、第三代数字蜂窝移动通信系统的相关内容。

　　本章将首先介绍蜂窝移动网络蜂窝式网络结构的基本概念，然后分别介绍第二代数字蜂窝移动通信系统，包括全球移动通信系统（GSM）、通用分组无线业务（GPRS）以及码分多址（CDMA）数字移动通信系统。

6.1　蜂窝移动通信系统概述

6.1.1　蜂窝移动通信系统的演变

　　人们曾经用过或正在使用的 GPRS、GSM、CDMA、3G 网络和 4G 网络有着一个共同的特点，即它们的目的均在于为公众用户提供广域网范围内的无线移动通信。而且频率资源是有限的，为了能够高效地利用有限的频率资源，让更多地区的更多用户使用这种服务，故而在此类移动网络中引入了蜂窝概念。蜂窝是解决频率资源不足和用户容量不断增加之间矛盾的一项重大技术，它通过频率的复用，能够在有限的频谱上为更多的用户服务，而不需要做技术上的重大修改。这也是此类公众移动网络被称为蜂窝移动网的由来。

　　蜂窝移动网络从 20 世纪 80 年代初开始商用至今，已历经五代。

　　（1）第一代：模拟蜂窝移动通信系统，简称 1G，主要有在北美商用的高级移动电话系统（advanced mobile phone system，AMPS）。

　　（2）第二代：数字蜂窝移动通信系统，简称 2G，包括全球移动通信系统（GSM）、通用分组无线业务（GPRS）和码分多址（CDMA）数字移动通信系统。

（3）第三代：数字蜂窝移动通信系统，简称 3G，其主流系统包括宽带码分多址（wideband CDMA）系统、时分同步码分多址接入系统和码分多址 2000（CDMA 2000）系统。

（4）第四代：数字蜂窝移动通信系统，简称 4G。4G 系统主要标准为 LTE-Advanced（long term evolution advanced，LTE-A），是后 3G（beyond 3G，B3G）标准 LTE 的演进版本。LTE 主流系统包括 LTE-TDD 和 LTE-FDD。

（5）第五代：数字蜂窝移动通信系统，简称 5G。5G 系统主要以超高带宽、超可靠和超低延迟以及海量接入为主要特征。虽然关于 5G 标准的制定正在逐步开展与完善，但 5G 已推广并投入商用。

从 1G 到 2G 的主要变革在于实现了通信系统的数字化。模拟蜂窝移动通信系统在日常应用中暴露出频谱利用率低、移动设备复杂、业务种类受限以及通话保密性差等问题，特别是其容量已不能满足日益增长的移动用户的需求。而新的数字蜂窝移动通信系统的频谱利用率更高、系统容量更大、无线传输质量更好。而且，得益于数字化系统，移动终端的体积也大大缩小，集成度极大地提高了。

从 2G 到 3G 的变迁，则实现了数据传输速率的飞跃。与 2G（包括 2.5G）系统相比，3G 的数据传输速率提高了几十倍，能够提供高达数兆至十数兆位每秒的传输速率。3G 所提供的高传输速率，使得多媒体业务的服务质量得到了质的提升。

4G 则在 3G 的基础上，进一步提高了数据传输速率。LTE 的下行峰值速率可以达到 150 Mbps，上行峰值速率也可以达到 50 Mbps。同时，4G 的系统容量和覆盖也得到了显著提升。

而到了 5G，在传输速率继续大幅提高的同时，其传输可靠性、传输延迟、接入容量和高移动性等方面也将有巨大的提升。5G 增强型移动宽带的峰值数据速率将达到 10 Gbps，传输延迟将缩小至 1 ms，支持高达 $10^6/\mathrm{km}^2$ 的连接密度，以及 500 km/h 的高移动性。

6.1.2 蜂窝移动通信系统的关键技术

围绕为广域网范围内大量公众用户提供移动通信服务这个目标，各代蜂窝移动网络所面临或需要解决的关键技术问题是基本类似的，主要包括以下几方面。

（1）提高数据传输速率。数据传输速率的阶跃式提高主要依靠物理层技术的更新换代。从模拟通信到数字通信，从 TDMA 到窄带 CDMA，再到宽带 CDMA，通信技术的进步是数据传输速率提高的根本动力。

　　（2）增加系统容量。为了使更多用户能够同时使用网络，蜂窝移动通信系统采用了各种技术来增加系统容量，比如利用蜂窝组网方式实现频率复用、采用 CDMA 多址方式、小区分裂等。

　　（3）提升抗衰落和干扰能力。恶劣的无线传输环境会导致信号的各种衰落，且小区之间或正在通信的不同用户之间也存在着各种干扰。这些衰落或者干扰会极大降低通信服务的质量。目前广泛采用的功率控制、RAKE 接收、扩频、正交频分复用等技术，都可以用来克服这些问题。

　　（4）增强对移动性的支持。蜂窝移动通信系统需要有高效、可靠的越区切换技术，以支持用户的移动。另外，系统需要更加快速、准确地对用户进行寻址。

　　（5）完善网络覆盖。网络覆盖属于网络规划问题。网络覆盖的完善需要进行合理的小区规划以及基站部署，在满足覆盖需求的前提下，实现成本控制和节能的目的。

6.1.3　移动网络中的大区制和小区制

　　按移动通信网服务区的覆盖方式，移动通信网可分为小容量的大区制和大容量的小区制。

　　所谓大区制，是指在一个服务区内只设一个基站（base station，BS），由该基站负责为服务区内的移动站点（mobile station，MS）提供通信服务，并进行相关的管理。为了扩大基站的服务范围，往往采用增高基站天线、加大发射机的功率等方法。但对于移动站点而言，由于其电源容量有限，而且考虑辐射对人体的副作用，不能不加限制地依靠提高发射功率来延长传输距离。这就使得距离基站较远的移动站点可接收到基站发送的信号，而基站却无法收到移动站点发送的信号，无法实现双向通信。为克服这一缺点，通常采用分集接收技术，即在服务区内的适当位置增设分集接收器（diversity receiver，DR）。分集接收器能够提供分集接收功能，以保证服务区内的双向通信质量。

　　大区制移动通信系统的结构如图 6.1 所示。大区制移动通信系统的频率利用率低，系统容量小，但网络结构简单，维护管理方便，在用户较少的专用通信网中应用较多。

　　所谓小区制，是指将整个移动通信网络的服务区划分为若干小区，在每个小区设置一个基站，负责为本小区内的移动站点提供通信服务，并对服务区域内的移动站点进行管理。小区的数量及每个小区的大小可根据用户密度来确定。同时，为了互联不同的小区，还需要设置一个移动业务交换中心，负责小区间的通信连接及与有线网的连接。在小区制的移动通信系统中，当移动用户从一个小区移动到另外一个小区时，需要进行越区切换。小区制移动通信系统的结构如图6.2所示。为了提高系统的频带利用率和系统容量，小区制的移动通信系统往往采用频率再用（频率空分复用）技术，但这会使小区制的网络结构比大区制复杂许多。尽管如此，在大容量公用移动通信网中，为了获得系统的大用户容量，仍普遍采用小区制蜂窝结构。比如目前广泛使用的 GSM 网络以及各种第三代移动通信系统。

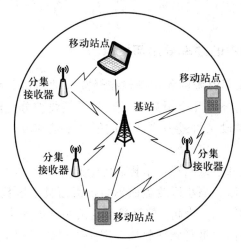

图 6.1　大区制移动通信系统结构示意图

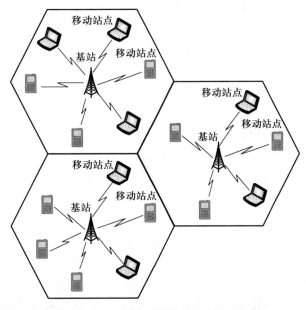

图 6.2　小区制移动通信系统结构示意图

在小区设计与容量分析的时候，通常用正六边形来表示一个小区所覆盖的区域。这是因为，与三角形、四边形等其他形状相比，在服务区面积一定的条件下，正六边形小区所需的基站数最少，相邻小区重叠面积也最小，是最为经济的一种小区形状设计方案。当然，由于无线信道衰落不均匀，在实际应用中小区形状可能存在一些不规则情况。由于正六边形的网络形同蜂窝，故又将这种形状的小区制移动通信网称为蜂窝网，这也是本书后续主要关注与讨论的对象。

6.1.4 蜂窝移动网络中的频率复用与区群

为了提高频率资源的利用率，在蜂窝移动通信系统中，系统的总带宽总是被分成互不重叠的几个子频段，这些子频段被分配给不同的小区。分配给每个小区的子频段又可进一步被分成很多子信道，供不同的用户与基站进行通信。

为了避免相邻小区间产生干扰，各个相邻小区的子频段应该是不同的。但因为频率资源有限，当小区覆盖面不断扩大而且小区数目不断增加时，将出现频率资源不足的问题。为此，蜂窝移动通信系统进一步引入了空间划分的方法，通过在不同的空间内进行频率复用，进一步提高了频率资源的利用率。其基本设计思想是：由若干个小区组成一个区群或簇（cluster），每个区群均使用整个系统的全部频段，这些频段被划分为子频段后供一个区群内的不同小区使用。不同区群中对应位置的小区使用相同的子频段，如图6.3所示。尽管不同区群中相同频率的小区之间会产生同频干扰，但当两同频小区间距足够大时，同频信号经历大幅度的传播损耗后，其强度将不影响正常的通信质量。

为在实际系统中实现上述设计思想与设计目标，无线区群的构成应满足以下两个基本条件：

（1）若干个区群彼此邻接，且能够无间隙、无重叠地组成整个服务区域；

（2）邻接的区群中，其同频小区的中心间距相等，且为最大距离。

满足上述条件的区群形状和区群内的小区数不是任意的。可以证明，构成区群的小区个数 N 为

$$N=a^2+ab+b^2 \tag{6.1}$$

其中，a、b 分别是相邻同频小区之间的二维距离（相隔的小区数），均为正整数，其中一个可以为零，但不能两个同时为零。显然，利用 a 和 b 就可以找到不同区群的同频小区。具体方法为：自某一小区 A 出发，沿边的垂线方向经过 a 个小区，再将方向转 60°，然后跨越 b 个小区，这样就可找出同频小区 A'。在正六边形的 6 个方向上，可以分别找到 6 个相邻的同频小区。区群间同频复用距离

计算方法为

$$d_g = \sqrt{3N}\, r_0 \tag{6.2}$$

其中，d_g 为同频复用小区之间的几何中心距离；N 为区群内的小区数；r_0 为小区的辐射半径。可见，群内小区数 N 越大，同频道小区距离就越远，抗同频干扰的性能也就越好。

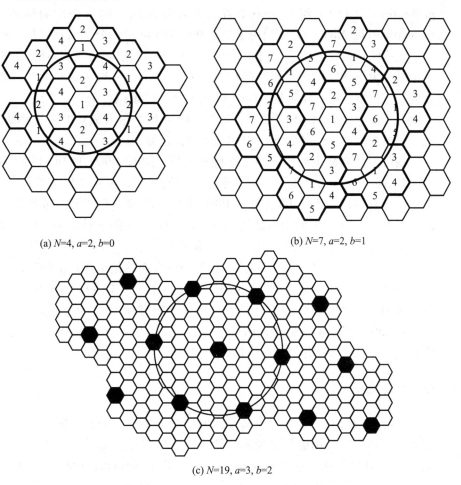

(a) $N=4$, $a=2$, $b=0$

(b) $N=7$, $a=2$, $b=1$

(c) $N=19$, $a=3$, $b=2$

图 6.3　不同规模的区群与同频小区示例

图 6.3 给出了区群与同频小区示意图。图 6.3（a）为 $a=2$，$b=0$ 的情况，即 $N=4$，表示由 4 个小区组成一个无线区群；图 6.3（b）为 $a=2$，$b=1$ 的情况，即 $N=7$，表示由 7 个小区组成一个无线区群；图 6.3（c）为 $a=3$，$b=2$ 的情况，即 $N=19$，表示由 19 个小区组成一个无线区群。图中的圆半径表示同频小区的距离。

6.2   GSM 数字移动通信系统

1982 年，欧洲邮电管理委员会（Confederation of European Posts and Telecom-munications，CEPT）组建了一个新的标准化组织，称为移动通信特别小组（Group Special Mobile），专门用于制定 900 MHz 频段的公共欧洲电信业务规范，以实现全欧移动漫游功能。因此，1988 年颁布的全球移动通信系统（GSM）标准也被称为泛欧数字蜂窝通信标准。1991 年，GSM 系统正式在欧洲开通运行。作为一个典型的第二代系统，GSM 取代了第一代模拟移动通信系统，虽然它尚不能提供如 3G 所承诺的高带宽。迄今，GSM 作为最为成功的数字移动通信系统，仍然被全球 190 多个国家 10 多亿人所广泛使用。

现阶段，GSM 主要包括两个并行的系统，即 GSM900 和 DCS1800，DCS 为 digital cellular system 的缩写。这两个系统功能相同，主要是频率不同，GSM900 工作在 900 MHz，DCS1800 工作在 1 800 MHz。GSM900 系统最初部署于欧洲，它采用了 890~915 MHz 的上行链路以及 935~960 MHz 的下行链路。GSM900 的后续版本（包括工作于 1 800 MHz 的 DCS 系统）采用了 1 710~1 785 MHz 的上行链路和 1 805~1 880 MHz 的下行链路。在美国所采用的是工作在 1 900 MHz 的 PCS（personal communication service）系统，该系统采用了 1 850~1 910 MHz 的上行链路和 1 930~1 990 MHz 的下行链路。另外，还存在 GSM 400 系统，它采用了 450.4~456.6/478.8~486 MHz 的上行链路以及 460.4~466.6/488.8~496 MHz 的下行链路，该系统被建议用于人口稀疏的地区。

6.2.1   GSM 的业务

从应用的角度，GSM 可支持不同的语音与数据业务；从网络互联的角度，它能够与现有的公用电话交换网（PSTN）、综合业务数字网（ISDN）以及分组交换公用数据网（packet switched public data network，PSPDN）实现互通。作为一类运营网络，GSM 定义了三种不同的业务，即承载业务（bearer service）、电信业务（telecommunication service）和附加业务（supplementary service）。

1. 承载业务

所谓承载业务，是指所有能够在两个接入点之间为用户提供的数据传输服务。从数据传输速率看，GSM 允许 9 600 bps 的非语音业务。从数据传输机制看，承载业务可支持透明或者非透明传输，以及同步或者异步的数据传输。

透明的承载业务仅仅利用物理层提供的功能来传输数据。在没有传输错误的情况下，数据传输的延迟和吞吐量是一个定值。在进行透明数据传输时，向前纠错是唯一可用的、提高传输质量的机制。

非透明的承载业务则利用数据链路层以及网络层的各种协议来实现纠错以及流量控制。实际上，这些业务仍然使用透明承载业务，但在其上加载了无线链路协议（radio link protocol，RLP）。RLP 包含了高级数据链路控制（high level data link control，HDLC）机制以及一种用于触发错误数据重传的选择丢弃机制，因而可使数据传输的误比特率低至 10^{-7} 以下。但是数据传输的延迟和吞吐量却将随着传输质量的改变而改变。

通过透明的以及非透明的承载业务，GSM 能够实现 1.2 Kbps、2.4 Kbps、4.8 Kbps 以及 9.6 Kbps 的全双工同步数据传输，也能够实现 300 ~ 9 600 bps 的异步全双工传输。不同的承载业务被 GSM 用于实现与公用电话交换网、综合业务数字网以及分组交换公用数据网等不同网络的互联。

2. 电信业务

电信业务是指提供包括终端设备功能在内的、完整的端到端通信业务。GSM 主要关注面向语音的电信业务，同时提供信息服务以及基本的数据通信等非语音业务。

其中，最主要的业务是电话业务。经过 GSM 网与固定网，为移动用户之间或移动用户与固定电话用户之间提供实时双向通话。这里的"通信"既可以是 GSM 网络内部移动用户之间的通信，也可以是 GSM 用户与其他网络（包括固定网络或其他移动网络）中用户之间的通信。

GSM 提供的另外一种业务是紧急呼叫（emergency call）业务。紧急呼叫业务是由电话业务派生出来的，其优先级别高于其他业务。它允许数字移动用户在紧急情况下实施紧急呼叫操作，即在 GSM 网络覆盖范围内，无论移动用户身处何方，只要他拨打了 119、110 或 120 等特定号码，网络就会依据用户所处的位置，就近接入一个紧急服务中心，如火警中心（119）、匪警中心（110）或急救中心（120）等。

短消息业务（short message service，SMS）是 GSM 提供的一种非常简单的消息传输业务。SMS 的最大长度为 160 个字符。SMS 并不使用 GSM 标准数据信道，而利用信令信道的空余容量进行传输。因此，即使在通话期间，SMS 的传输仍然能够正常进行。SMS 的后续版本，即增强型消息业务（enhanced message service，EMS），提供 760 个字符的容量，并支持动画、小图像以及铃声的传输。然而，由于多媒体消息业务（multimedia messaging service，MMS）的出现，EMS 并未真正得到飞速发展。MMS 能够传输更大规格的图片以及电影短片等。随着携带摄像头手机的普及，MMS 在年轻人中受到了普遍的欢迎。

三类传真业务也是 GSM 提供的非语音电话业务之一。这个业务将传真数据当作数字数据，利用 ITU-T 的 T.4 以及 T.30 标准，通过调制解调器在模拟电话网络中进行传输。一般而言，三类传真业务使用的是透明的传真业务，也就是说，传真数据和传真信令利用透明承载业务进行传输。

3. 附加业务

附加业务又称补充业务，是对基本业务的扩展。补充业务既可在标准电信业务之外为用户提供各种增强型功能，也是运营商充分利用网络资源获得增值效益的重要途径。GSM 系统推出了许多补充业务，它们大多数是面向语音通信的，有的也可用于数据通信。典型的包括用户识别、呼叫转移、呼叫前转等。

图 6.4 描述了 GSM 业务的参考模型。移动站点包括移动终端（mobile terminal，MT）和终端设备（terminal equipment，TE），MT 提供无线基带处理功能，TE 提供应用功能。移动站点通过 Um 接口与 GSM 公共陆地移动网（public land mobile network，PLMN）相连。关于 Um 接口，将在后续章节详细介绍。GSM-PLMN 是 GSM 网络所需的一种基础架构，并与传输网相连，比如综合业务数字网（integrated service digital network，ISDN）或者传统的公用电话交换网（public switched telephone network，PSTN）。同时，参考模型中还包含一个终端网络（terminal network）。R、S 与 U 是国际电报电话咨询委员会（International Telegraph and Telephone Consultative Committee，CCITT）为 ISDN 定义的参考点。读者可以参考 ISDN 相关的资料文档。

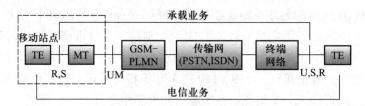

图 6.4　GSM 业务的参考模型

6.2.2　GSM 网络的系统结构

GSM 网络从系统结构上可分为无线电子系统（radio subsystem，RSS）、网络交换子系统（network and switching subsystem，NSS）和操作子系统（operation subsystem，OSS）三部分，如图 6.5 所示。

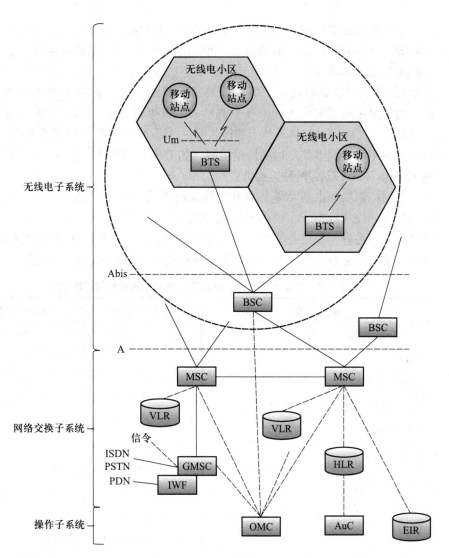

图 6.5 GSM 系统的功能架构

1. 无线电子系统（RSS）

无线电子系统包括所有与无线电相关的实体，除了移动站点（MS）之外，通常还包括以下几部分。

1）基站子系统（base station subsystem，BSS）

基站子系统的主要功能是维护无线网络与移动站点之间的无线连接、语音编解码、无线网络部分的速率自适应等。一个 GSM 网络包含了很多基站子系统。每个基站子系统包含一个基站控制器（base station controller，BSC）和数个基站收发机（base transceiver station，BTS）。

一个基站收发机包含了无线电收发相关的设备，如天线、信号处理器、放大器等。一个基站收发机能够形成一个小区，一个小区能够覆盖的半径范围除了取决于信号发射强度、基站天线高度等因素外，还取决于小区所在的环境（如建筑物、开放空间或山坡等）以及所期望的业务，通常在 100 m ~ 35 km 之间。而如果采用了定向天线，一个基站收发机则可以构成多个扇形小区。基站收发机通过 Um 接口与移动站点相连，通过 Abis 接口与基站控制器相连。Um 接口可实现用于无线多路复用的传输机制，如 TDMA、FDMA 等，而 Abis 接口则提供 16 Kbps 和 64 Kbps 两种连接方式。

基站控制器的主要功能是对基站收发机进行管理，包括进行无线电频率资源的分配、处理基站子系统内不同基站收发机之间的越区切换、处理移动站点的寻呼等。另外，基站控制器还用于将无线信道通过 A 接口复用至固定网络。表 6.1 就一个基站子系统中的基站收发机和基站控制器功能进行概括。

表 6.1   基站子系统中的基站收发机和基站控制器功能概括

功　　能	基站收发机	基站控制器
无线电信道管理		√
跳频	√	√
地面信道管理		√
地面信道与无线电信道的映射		√
信道编解码	√	
速率自适应	√	
加密与解密	√	√
寻呼	√	√
上行链路信号测量	√	
业务量测量		√
认证		√
位置注册与位置更新		√
切换管理		√

2）移动站点（MS）

移动站点指用来在 GSM 网络中进行通信的用户设备和软件的总和，包含了与用户无关的软硬件以及用户标志模块（subscriber identity module，SIM）。就移动站点而言，存在两类不同用途的标志。一是国际移动设备标志（international mobile equipment identity，IMEI），它存储在移动设备中，用于识别设备本身，可用于监控被窃或无效的移动设备。IMEI 由 15 位数字组成，它与每台手机一一对应，而且该码是全世界唯一的。另一类是基于 SIM 的标志，每个移动站点都配置一个 SIM，其中存储了所有与用户相关的数据，以用于识别使用者。例如一些与用户相关的机制，比如付款或者认证，就是基于 SIM 而不是设备本身的。如果没有 SIM，一个设备只能用于紧急呼叫。SIM 卡包含了很多标志信息及相关的表，比如卡的类型、序列号、定制的服务列表、个人识别号（personal identification number，PIN）、PIN 解锁码（PIN unlocking key，PUK）、国际移动用户标志（international mobile subscriber identity，IMSI）等。其中，PIN 用于移动站点的解锁。接入 GSM 网络后，移动站点存储着一些动态变化的信息，比如临时移动用户标志（temporary mobile subscriber identity，TMSI）和位置区标志（location area identity，LAI）。表 6.2 总结了与移动站点相关的标志及其功能。

表 6.2　与移动站点相关的标志及其功能

识　别　码	功　　能
国际移动设备标志（IMEI）	是区别移动设备的标志，存储在移动设备中，用于监控被窃或无效的移动设备。由 15 位数字组成，与每台手机一一对应，而且该码是全世界唯一的。这个号码从生产到交付使用都将被制造生产的厂商所记录
个人识别号（PIN）	SIM 卡的个人识别密码。PIN 码是可以修改的，用来保护自己的 SIM 卡不被他人使用
PIN 解锁码（PUK）	PUK 由 8 位数字组成，用户无法更改，如果输入三次 PIN 码错误，SIM 将自动锁卡，此时，需要输入 PUK 解锁
国际移动用户标志（IMSI）	IMSI 是区别移动用户的标志，存储在 SIM 卡中。其总长度不超过 15 位，使用 0 ~ 9 的数字。IMSI 包括 3 位移动国家代码（mobile country code，MCC），中国移动国家代码为 460；两位移动网络代码（mobile network code，MNC）；以及 10 位移动用户识别号（mobile subscriber identification number，MSIN）
临时移动用户标志（TMSI）	TMSI 的功能是为了防止非法个人或团体通过监听无线路径上的信令交换而窃得移动客户真实的 IMSI 跟踪移动客户的位置
位置区标志（LAI）	LAI 用于移动用户的位置更新，包含 MCC、MNC 和位置区域码（location area code，LAC）。LAC 用于识别一个 GSM 网中的位置区

2. 网络交换子系统

网络交换子系统（NSS）是 GSM 系统的核心子系统，主要完成无线网络与标准的公用网络相连、客户数据与移动性管理、安全性管理所需的数据库功能等。网络交换子系统由一系列功能实体所构成，各功能实体介绍如下。

1）移动业务交换中心（mobile service switching center，MSC）

MSC 负责管理一个地理区域内的多个基站控制器。通过 A 接口，MSC 能够与其他 MSC 以及基站控制器建立连接，并组成 GSM 系统的固定主干网。具有网关功能的 MSC 被称为网关 MSC（gateway MSC，GMSC），它可提供与其他固定网络如 PSTN、ISDN 等进行互联的功能。而互通功能（interworking functions，IWF）模块则使得 MSC 能够与公用数据网络（public data network，PDN）相连。MSC 能够利用 7 号信令来处理连接的建立、释放以及与其他 MSC 之间所进行的切换。

2）归属位置寄存器（home location register，HLR）

HLR 是 GSM 系统中最重要的数据库之一，它存储着所管辖用户的相关信息，这些信息包括移动用户 ISDN 号码（mobile subscriber ISDN number，MSISDN）、用户定制的服务、IMSI 等。其中，MSISDN 就是人们平常所说的手机号码，包括国家代码、国内目的码以及用户号码三部分。例如，我国的国家代码为 86，中国移动目前所使用的国内目的码有 139、138、136 等。HLR 中还存储了相关的动态信息，包括移动站点的当前位置区域、移动用户漫游号码（mobile subscriber roaming number，MSRN），以及当前的 VLR 和 MSC 等信息。这些信息用于在 GSM 网络中对移动用户的定位。HLR 能够管理数以百万计的用户数据，并能够满足实时服务的需求。

3）漫游位置寄存器（visitor location register，VLR）

VLR 是另一个重要的数据库，用于存储其所管辖区域中所有移动站点的来话、去话呼叫所需的相关信息，除了 IMSI、MSISDN 和 HLR 地址信息外，还包括用户签约业务和附加业务的信息，如客户的号码、所处位置区域的识别和向客户提供的服务。当一个移动站点进入一个位置区域，相关的 VLR 就会从该移动站点的 HLR 处获取所有的相关信息。VLR 和 HLR 所组成的架构，能够防止 HLR 的频繁更新。

3. 操作子系统

GSM 系统的第三部分是操作子系统（OSS），它包含了网络运行及维护所需的各种功能。OSS 中定义了如下的实体。

1）运行与维护中心（operation and maintenance center，OMC）

OMC 通过 O 接口监测并控制其他的网络实体。OMC 的管理功能有业务监测、网络实体状态报告、用户与安全管理以及计费。

2）认证中心（authentication center，AuC，也称鉴权中心）

由于无线通信的开放性，无线电线接口和移动站点很容易受到攻击。为此，GSM 系统还具备一个独立的认证中心，用于保护用户标识和数据传输。认证中心包含了安全认证的算法以及加密密钥，并产生 HLR 中用于认证所需的值。

　　3）设备标志寄存器（equipment identity register，EIR）

　　EIR 也是一个数据库，它存储了所有已经在该网络注册的设备标志。同时，EIR 包括了三个列表，分别是关于被盗设备的黑名单、关于合法 IMEI 的白名单以及关于故障设备的灰名单。被盗设备列表信息可用于对被盗手机进行监测。在日常生活中，移动站点很容易被盗。若不对被盗手机提供监测机制，那么只要拥有一张合法的 SIM 卡，被盗的手机仍然能够被正常使用。有了被盗设备黑名单后，从理论上来讲，一个设备被盗后，只要原机主能够及时报失，EIR 就可通过对 IMEI 的鉴别将该移动站点锁住。目前一些国外的网络运营商开始使用这项业务对被盗手机进行监测，但我国基本上没有采用 EIR 对 IMEI 进行鉴别。当然，如果被盗手机更换网络和修改 IMEI，那么 EIR 即使拥有被盗设备列表信息也将是无能为力的。

4. GSM 的接口

　　1）Um 接口

　　Um 接口是移动站点与基站收发机之间的接口，即所谓的空中接口（无线信道），也是 GSM 系统中最重要的接口。该接口包括三层协议。第一层为物理层，物理层通过无线信道发送或接收各种编码信息，主要提供信息传送所需要的时分复用（TDM）帧结构。链路层是第二层，其功能是将第三层信令无差错地传送给第一层。第三层为网络层，主要提供无线资源管理（radio resource management，RRM）、移动性管理（mobility management，MM）以及呼叫连接管理（call connection management，CM）等三种网络管理功能。

　　2）Abis 接口

　　Abis 接口是基站收发机与基站控制器之间的接口。该接口用于基站收发机与基站控制器的远端互联，支持所有向用户提供的服务，并支持对基站收发机无线设备的控制和无线频率的分配。

　　3）A 接口

　　A 接口是移动业务交换中心和基站控制器之间的接口，基于电路交换的 PCM-30 系统（2.048 Mbps）实现，能够容纳 30 路 64 Kbps 的连接；该接口传送有关移动呼叫处理、基站管理、移动站点管理、信道管理等信息。接口之间采用 7 号信令。

　　4）B 接口

　　B 接口是移动业务交换中心和漫游位置寄存器之间的接口。移动业务交换中心通过该接口向漫游位置寄存器传送漫游用户位置信息。并在建立呼叫时，向漫游位置寄存器查询漫游用户的有关用户数据。

5）C 接口

C 接口是移动业务交换中心和归属位置寄存器之间的接口。移动业务交换中心通过该接口向归属位置寄存器查询被叫移动站点的选路信息，以确定接续路由，并在呼叫结束时，向归属位置寄存器发送计费信息。C 接口的物理链接是通过移动业务交换中心与归属位置寄存器之间的标准 2.048 Mbps 的 PCM 数字传输链路实现的。

6）D 接口

D 接口是漫游位置寄存器和归属位置寄存器之间的接口。该接口用于两个寄存器之间传送有关移动用户数据，以及更新移动站点的位置信息和选路信息。GSM 系统结构一般把漫游位置寄存器综合于移动业务交换中心中，而把归属位置寄存器与认证中心综合在同一个物理实体内。因此，D 接口的物理链接方式与C 接口相同。

7）E 接口

E 接口是移动业务交换中心之间的接口。在一个呼叫进行过程中，当移动站点从一个移动业务交换中心控制的区域移动到相邻的另一个移动业务交换中心控制的区域时，为不中断通信需完成越区信道切换过程。此接口用于切换过程中交换有关切换信息以启动和完成切换。E 接口的物理链接方式是通过移动业务交换中心之间的标准 2.048 Mbps 的 PCM 数字传输链路实现的。

8）F 接口

F 接口是移动业务交换中心和设备标志寄存器之间的接口。移动业务交换中心通过该接口向设备标志寄存器查核发呼移动站点设备的合法性。F 接口的物理链接方式是通过移动业务交换中心与设备标志寄存器之间的标准 2.048 Mbps 的PCM 数字传输链路实现的。

9）G 接口

G 接口是漫游位置寄存器之间的接口。当移动站点从一漫游位置寄存器管辖区进入另一漫游位置寄存器区域时，新老漫游位置寄存器通过该接口交换必要信息，仅用于数字移动通信系统。

10）H 接口

H 接口是归属位置寄存器与认证中心之间的接口。归属位置寄存器通过该接口连接到认证中心完成用户身份认证和鉴权。

11）O 接口

O 接口是运行与维护中心（OMC）、基站控制器之间的接口。GSM 规范中可以使用三种连接方式：X.25 的专线连接，X.25 的公用数据网连，通过 A 接口的半永久连接。

12) Q3 接口

Q3 接口是运行与维护中心（OMC）、移动业务交换中心（MSC）之间的接口。因为 CCITT 对电信网络管理的 Q3 接口标准化工作尚未完成，目前还未开放。

6.2.3 GSM 的信道类型

GSM 系统的无线信道分为物理信道和逻辑信道两种。物理信道是指一个载频上对应于一个 TDMA 帧的一个时隙，相当于 FDMA 系统中的一个频率，用户通过某一载频上的一条物理信道就可进入系统进行通信。物理信道上所传输的信息内容被称为逻辑信道。逻辑信道必须映射到物理信道上才能传送。

通常，GSM 物理信道上所传递的内容可分成业务信息（话音、数据等）和控制信息（控制呼叫进程的信令）两种。根据信息内容与性质的不同，逻辑信道也相应地分为业务信道和控制信道两大类。

1. 业务信道

业务信道（traffic channel，TCH）用于传送编码后的话音或用户数据信息。这类信道在上行和下行链路上以点到点（基站与移动站点）的方式进行通信。根据发送速率的不同，业务信道可分为总速率为 22.8 Kbps 的全速率业务信道（TCH/F）和总速率为 11.4 Kbps 的半速率业务信道（TCH/H）。当用户量较大、信道出现拥塞时，可以启动半速率信道，此时一个时隙可以提供两个业务信道。

根据传输业务的不同，业务信道可以分为话音业务信道和数据业务信道。话音业务信道用于承载编码话音，支持 TCH/F 和 TCH/H。对于全速率话音编码，话音帧的时间长度为 20 ms，每帧含 260 b，提供的净速率为 13 Kbps。而对于数据业务信道，可支持最高达 9.6 Kbps 的透明和非透明数据业务，具体有：

- 全速率数据业务信道（TCH/F9.6），9.6 Kbps；
- 全速率数据业务信道（TCH/F4.8），4.8 Kbps；
- 半速率数据业务信道（TCH/H4.8），4.8 Kbps；
- 全速率数据业务信道（TCH/F2.4），≤2.4 Kbps；
- 半速率数据业务信道（TCH/H2.4），≤2.4 Kbps。

数据业务信道还支撑具有净速率为 12 Kbps 的非限制的数字承载业务。

在 GSM 系统中，为了提高系统效率，还引入另外一类被称为"TCH/8"的信道。如果将 TCH/H 看作为 TCH/F 的一半，那么 TCH/8 便可看作为 TCH/H 的一半或 TCH/F 的 1/4。TCH/8 的速率很低，仅用于信令和短消息传输。TCH/8 应归于慢速随路控制信道（slow associated control channel，SACCH）的范围。

2. 控制信道

控制信道（control channel，CCH）用于在基站和移动站点之间传送信令或同步数据，以实现基站对移动站点的控制。根据信道所完成的功能，又将控制信道进一步分为广播信道（broadcast channel，BCH）、专用控制信道（dedicated control channel，DCCH）和公共控制信道（common control channel，CCCH）。

1）广播信道（BCH）

广播信道是一类由基站至移动站点、采用一对多通信模式的单向传输信道，它分为频率校正信道、同步信道和广播控制信道三种。

频率校正信道（frequency correction channel，FCCH）用于向基站传送频率校正信号，使基站能调谐到相应的频率上。

同步信道（synchronization channel，SCH）用于向移动站点传送帧同步（TDMA帧号）和基站标志等信息。

广播控制信道（broadcast control channel，BCCH）用于向移动站点传送小区所有能用的消息。运营商为每个小区分配若干个载波频率，每个载波的频段间隔为200 kHz。在小区所有的载波频率中，必须选择一个频率用来传送逻辑信道的各种控制信号。这个特殊的载波频率称为BCCH载波。

GSM系统的许多功能都要通过BCCH载波上的控制信号来完成。例如，移动站点会随时自动搜索各个基站的信号强度，此时监测的就是BCCH载波的信号强度。移动站点会试图连接到BCCH载波信号强度最强的基站，若连接失败，将连接信号次强的基站，直到连接上某个基站为止。所有基站都会以最大发射功率发送BCCH载波，这样基站附近多个小区内的移动站点能同时接收到许多基站的信号，移动站点将接收到的各个基站的信号强度报给所在小区内的基站，为系统进行通话接续提供依据。位置更新时也会用到BCCH载波。移动站点会随时监听载波上的BCCH，BCCH传送位置区标志（LAI）。移动站点把目前的位置区标志存储在内存中，当接收到不同的位置区标志时，系统会进行位置更新。

2）专用控制信道（DCCH）

GSM通信系统为了传输所需的各种信令，设置了多种专门的控制信道，其目的是为了增强系统的控制功能和保证话音质量。

专用控制信道包括独立专用控制信道（standalone dedicated control channel，SDCCH）、慢速随路控制信道（SACCH）和快速随路控制信道（fast associated control channel，FACCH）。

SDCCH用于移动站点呼叫建立之前传送系统信息，如登记和鉴权等，是上行和下行的点到点通信的信道。SDCCH信道上传送的信令消息和事件包括位置更新、指示、周期性位置更新、呼叫建立、点到点短消息、传真业务、增值业务、错误接入。

SACCH与一个TCH或一个SDCCH相关，它是一条传送连续信息的连续数据信道。在上行方向，SACCH 主要传送移动站点接收到的关于服务及邻近小区的信号强度的测量报告，这和移动站点的切换息息相关。下行方向，SACCH 传送部分系统消息及用于移动站点功率管理和时间调整的消息，主要包括 LAI、CellID、邻区 BCCH 强度、移动站点发射功率控制、无线线路质量控制、在相邻基站上实现往返测量等。

快速随路控制信道（FACCH）采用上/下行双向信道，用于以点到点通信方式传送速度要求高的信令信息。该信道所传送的消息与 SDCCH 相同，两者之间的差别在于 SDCCH 是一条独立存在的信道，而 FACCH 寄生于 TCH，它工作于借用模式，也就是说在话音的传送过程中，若突然需要以比 SACCH 所能处理高得多的速率传送信令信息，则借用 20 ms 的话音时隙来传送信令，这种情况一般在越区切换时发生。

3）公共控制信道（CCCH）

CCCH 包括寻呼信道、随机接入信道和允许接入信道三种。寻呼信道（paging channel，PCH）用于寻呼移动站点，它是点到点的下行单向信道。随机接入信道（random access channel，RACH）用于移动站点接入系统申请，移动站点通过此信道申请 SDCCH。它是上行单向信道，采用点到点通信方式。允许接入信道（access grant channel，AGCH）用于系统分配给该移动站点的 SDCCH，它是下行单向信道，采用点到点通信。

图 6.6 是对 GSM 逻辑信道的概括。

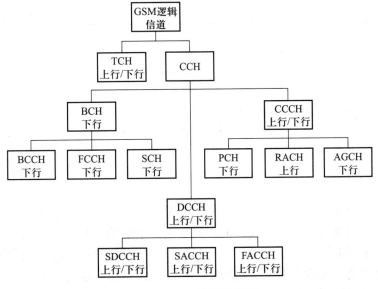

图 6.6　GSM 的逻辑信道

6.2.4 GSM 的多址方式

GSM 系统采用 TDMA/FDMA/FDD 的多址方式。以 GSM900 系统为例。利用频分双工，GSM900 下行和上行链路分别使用不同的频段，分别为：下行 935～960 MHz，上行 890～915 MHz，频段宽度均为 25 MHz。整个 25 MHz 的频段被分为125 个子频道，子频道之间的频率间隔为 200 kHz。每载波含 8 个时隙（TS_0～TS_7），一共有 125×8 个物理信道。每个时隙宽度为 0.577 ms。8 个时隙构成一个 TDMA 帧，帧长为 4.615 ms。如图 6.7 所示。

一对双工载波各用一个时隙构成一个双向物理信道，采用按需分配方式分配给用户使用。移动站点以突发方式在特定的频率上和特定的时隙内向基站传输信息，基站则在相应的频率上和相应的时隙内以时分复用的方式向各个移动站点传输信息。

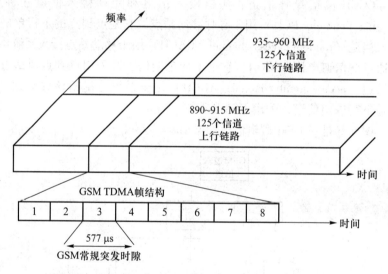

图 6.7 GSM 900 的 TDMA 帧、时隙以及 GSM 突发时隙

6.2.5 功率控制

功率控制是指在一定范围内，用无线方式来改变移动站点和（或）基站收发机的传输功率。功率控制能够减少整个系统的干扰，提高频谱利用率，并可延长移动站点电池的续航能力。例如，当接收端的接收电平和质量很好时，可以适当地降低发送端的传输功率，使通信保持在一定的水平上，这样就能减少对周围地区其他呼叫的干扰。

在 GSM 中，功率控制可以分别应用于上行链路和下行链路，上下行的功率控制是彼此独立的，由基站控制器管理上下行方向上的功率控制。协议中规定上行链路的移动站点功率控制的范围为 20~30 dB，根据移动站点的功率级别（目前大部分手持机的最大发射功率为 33 dBm），每一步可改变 2 dB。下行链路的功率控制范围一般由设备制造商来决定，虽然是否采用上下行的功率控制功能由网络运营商来决定，但所有移动站点和基站设备必须支持这一功能。

移动站点功率控制分为两个调整阶段，即初始调整阶段和稳态调整阶段。初始调整用于呼叫接续最开始的时刻，稳态调整是功率控制算法执行的常规方式。

当一个接续发生时，由基站控制器来选择移动站点和基站收发机的初始传输功率。移动站点根据它在空闲模式时通过收听 BCCH 广播的系统消息所得到的手机最大发射功率参数（MS_TXPWR_MAX_CCH），来获得它在该小区内的最大发射功率。因而移动站点在通过 RACH 接入网络时，都是以 BCCH 上广播的所允许的最大发射功率来发送的。而如果移动站点不支持这一功率级别，则采用与之最接近的、可支持的功率级别。同时，移动站点在专用信道上所发出的第一个消息的功率电平也是这个固定值，直到收到在 SDCCH 或 TCH 上 SACCH 消息块所携带的功率控制命令时，才开始接受系统的控制。

在稳态调整阶段，基站控制器根据基站收发机接收到的一定数量的上行测量报告，计算出最佳的移动站点功率级别，如果与当前移动站点输出功率级别不同，且满足一定的应用限制条件（如功率调整步长限制、移动站点输出功率范围限制），则发送功率调整命令。功率调整的周期是 480 ms，即 SACCH 的一个周期。移动站点功率调整指令在每一个下行的 SACCH 信息中传送给移动站点。当移动站点开始收到 SACCH 携带的功率控制消息后，在 60 ms 内以 2 dB 的步进进行功率调整。移动站点在执行功率控制命令之后，将在下一个上行 SACCH 告知当前的功率电平并随测量报告发送给基站。在下行链路上，将由移动站点来测量它对基站的接收电平，再由基站来决定它所需的传输功率并自行调节。

6.2.6 越区切换

越区切换是指将当前正在进行的移动站点与基站之间的通信链路从当前基站转移到另一个基站的过程，也称为自动链路转移（automatic link transfer，ALT）。切换包括三个方面的问题：

（1）越区切换的准则，也就是在什么条件下需要进行越区切换；

（2）越区切换的控制；

（3）越区切换时的信道分配。

越区切换时所关心的主要性能指标包括越区切换的失败概率、因越区失败而使通信中断的概率、越区切换的速率、越区切换引起的通信中断的时间间隔以及越区切换发生的时延等。

越区切换分为两大类，一类是硬切换，另一类是软切换。硬切换是指在新的连接建立以前，先中断旧的连接。而软切换是指既维持旧的连接，又同时建立新的连接，并利用新旧链路的分集合并来改善通信质量，当与新基站建立可靠连接之后再中断旧链路。

在越区切换时，可以仅以某个方向如上行或下行链路的质量为准，也可以同时考虑双向链路的通信质量。

1. 越区切换的准则

在决定何时需要进行越区切换时，通常是根据移动站点处接收的平均信号强度，也可以根据移动站点处的信噪比（或信号干扰比）、误比特率等参数来确定。假定移动站点从基站 1 向基站 2 运动，其信号强度的变化如图 6.8 所示。

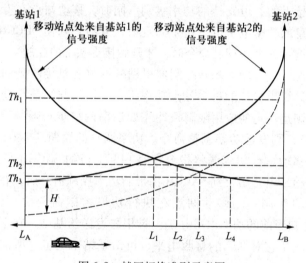

图 6.8　越区切换准则示意图

判定是否需要越区切换的准则如下。

1）准则 1——相对信号强度准则

相对信号强度准则在任何时间都选择具有最强接收信号的基站。如图 6.8 中，移动站点从基站 1 向基站 2 运动。当基站 2 的信号强度第一次超过基站 1 时（L_1 处），移动设备从基站 1 越区切换到基站 2。这种判决准则很简单，但缺点也是很明显的。首先，只要有其他基站的信号强度超过当前基站，即使当前基站的信号强度仍满足要求，也会进行切换，这将引发过多不必要的越区切换。其次，因为信号强度会由于各种原因而产生波动，所以这种判决方法会导致移动站点在两个基站来回切换，产生所谓的"乒乓效应"。

2）准则 2——带阈值的相对信号强度准则

根据带阈值的相对信号强度准则，仅当满足以下条件时才发生越区切换：

- 当前基站（基站 1）的信号足够弱，低于预设的阈值；
- 基站 2 的信号要强于基站 1 的信号。

如图 6.8 中，假设阈值为 Th_2，则移动站点会在 L_2 处将会发生越区切换。因此，对于准则 2，只要当前基站的信号足够强，即使有其他基站信号更好，也不会进行越区切换。阈值的设置是准则 2 性能的关键所在。如果阈值设置得太高，如图 6.8 中的 Th_1，则此时准则 2 等同于准则 1，移动站点仍然会是在 L_1 处进行切换。而如果阈值设置得太低，如图 6.8 中的 Th_3，则移动站点与基站 1 的通信链路有可能在切换之前就中断了。

3）准则 3——具有滞后余量的相对信号强度准则

具有滞后余量的相对信号强度准则仅允许移动用户在新基站的信号强度比原基站的信号强度强很多，即大于滞后余量（hysteresis margin）的情况下才进行越区切换。例如图 6.8 中，移动站点仍然从基站 1 向基站 2 运动。在 L_3 处，基站 2 与基站 1 的信号强度之差达到规定的滞后余量 H，此时，发生越区切换。准则 3 可以防止乒乓效应的产生，但缺点是只要新基站的信号强度超过当前基站的信号强度达到一定程度，就切换，而不管当前基站的信号强度是否仍然满足需求。

4）准则 4——具有滞后余量和门限规定的相对信号强度准则

根据具有滞后余量和门限规定的相对信号强度准则，当且仅当满足以下条件时才发生越区切换：

- 当前基站（基站 1）的信号足够弱，低于预设的阈值；
- 新基站（基站 2）的信号强度超过当前基站（基站 1）的信号强度达到一定程度 H。

如图 6.8 所示，若阈值为 Th_1 或者 Th_2，则移动站点会在 L_3 处发生越区切换；而若阈值为 Th_3，则移动站点会在 L_4 处发生越区切换。

2. 越区切换的控制策略

越区切换控制包括两个方面，一方面是越区切换的参数控制，另一方面是越区切换的过程控制。参数控制在上面已经提到，这里主要讨论过程控制。

在移动通信系统中，过程控制的方式主要有以下三种。

1）移动站点控制的越区切换

在移动站点控制的越区切换过程中，由移动站点连续监测当前基站和几个越区时候选基站的信号强度和质量，当满足某种越区切换准则后，移动站点选择具有可用业务信道的最佳候选基站，并发送越区切换请求。

 2）网络控制的越区切换

由基站监测来自移动站点的信号强度和质量，当信号低于某个门限后，网络开始安排向另一个基站的越区切换。在该方式中，网络要求移动站点周围的所有基站都监测该移动站点的信号，并把测量结果报告给网络。网络在这些基站中选择一个基站作为越区切换的新基站，把结果通过旧基站通知移动站点并通知新基站。

 3）移动站点辅助的越区切换

在该方式中，网络要求移动站点测量其周围基站的信号质量并把结果报告给旧基站，网络根据测试结果决定何时进行越区切换以及切换到哪一个基站。

在现有的 GSM 系统中，通常采用移动站点辅助的越区切换。

3. 越区切换时的信道分配

越区切换时的信道分配是解决当呼叫要转换到新小区时，新小区如何为切换的移动站点分配信道，使得越区失败的概率尽量小。常用的做法是在每个小区预留部分信道专门用于越区切换。这种做法的特点会因为可用信道数减少而增加呼损率，但减少了越区切换时通话被中断的概率，更加符合人们的日常使用习惯。

6.2.7　位置管理

在移动通信系统中，用户可在系统覆盖范围内任意移动。为了能把一个呼叫传送到随机移动的用户，就必须有一个高效的位置管理系统来跟踪用户的位置变化。

GSM 中的位置管理主要依靠归属位置寄存器（HLR）和漫游位置寄存器（VLR）这两个数据库。位置管理包括位置登记（location registration）、位置更新（location update）、呼叫传递（call delivery）和寻呼（paging）。

1. 位置登记

位置登记的任务是在移动站点实时位置信息已知的情况下，更新归属位置寄存器（HLR）和漫游位置寄存器（VLR），并对移动站点进行认证。GSM 系统将覆盖区域划分为若干个位置区（location area）。当一个移动站点进入一个新的位置区时，需要进行位置登记。位置登记过程分为如下三个步骤：在新位置区的 VLR 中登记该移动站点；更新 HLR 中该移动站点的 VLR；在旧 VLR 和移动业务交换中心（MSC）中注销该移动站点。

2. 呼叫传递

呼叫传递的任务是在有呼叫给移动站点的情况下，根据 HLR 和 VLR 中可用的位置信息来定位移动站点。呼叫传递主要确定两件事：确定为被叫移动站点服务的 VLR；以及确定被叫移动站点正在访问哪个小区。确定被叫 VLR 的过程和数据库查询过程如下。

（1）主叫移动站点通过基站向其 MSC 发出呼叫初始化信号。

（2）MSC 确定被叫移动站点的 HLR 地址，并向该 HLR 发送位置请求消息。

（3）HLR 查询到被叫移动站点的 VLR，并向该 VLR 发送路由请求消息，VLR 将该路由请求消息转发给为被叫移动站点服务的 MSC。

（4）被叫方的 MSC 给被叫移动站点分配一个称为临时本地号码（temporary local directory number，TLDN）的临时标志，并向 HLR 发送一个含有 TLDN 的应答消息。

（5）HLR 将上述应答消息转发给主叫移动站点的 MSC。

（6）主叫 MSC 根据上述信息便可通过七号信令向被叫 MSC 请求呼叫建立。

（7）上述步骤允许网络建立从主叫移动站点到被叫移动站点的连接。但由于每个 MSC 与一个位置区相联系，而每个位置区又包含多个蜂窝小区，这就需要通过寻呼的方法，确定出被叫移动站点在哪一个小区中。

3. 位置更新和寻呼

位置更新解决的是移动站点如何发现位置变化及何时报告自己的当前位置，而寻呼解决的是如何有效地确定移动站点当前处于哪一个小区。在移动通信系统中，将系统覆盖范围分为若干个位置区。当用户进入一个新的位置区时，它将进行位置更新。当有呼叫要到达该用户时，将在该位置区内进行寻呼，以确定出移动用户在哪一个小区范围内。

位置更新和寻呼信息都是在无线接口中的控制信道上传输的，因此必须尽量减少这方面的开销。在实际系统中，位置区越大，位置更新的频率就越低，但每次呼叫寻呼的基站数目越多。在极限情况下，如果移动站点每进入一个小区就发送一次位置更新信息，则这时用户位置更新的开销非常大，而寻呼的开销很小；反之，如果移动站点从不进行位置更新，这时如果有呼叫到达，就需要在全网络范围内进行寻呼，用于寻呼的开销非常大。

由于移动站点的移动性和呼叫到达情况是千差万别的，一个位置区很难对所有用户都是最佳的。理想的位置更新和寻呼机制应能够基于每一个用户的情况进行调整。有以下三种动态位置更新策略。

（1）基于时间的位置更新策略：每个用户每隔 T 秒周期性地更新其位置，时间间隔的确定可由系统根据呼叫到达间隔的概率分布动态确定。

（2）基于运动的位置更新策略：当移动站点跨越一定数量的小区边界后，移动站点就进行一次位置更新。

（3）基于距离的位置更新策略：当移动站点离开上次位置更新时所在小区的距离超过距离门限时，移动站点进行一次位置更新。最佳距离门限的确定取决于各个移动站点的运动方式和呼叫到达参数。

基于距离的位置更新策略具有最好的性能，但其实现开销也最大。它要求移动站点了解不同小区之间的距离信息，网络必须能够以高效的方式提供这样的信息。而对于基于时间和基于运动的位置更新策略实现起来比较简单，移动站点仅需要一个定时器或运动计数器就可以跟踪时间和运动的情况。

6.2.8　GSM 呼叫过程示例

图 6.9 所示为固定用户呼叫移动用户时，GSM 的呼叫处理过程。具体如下。

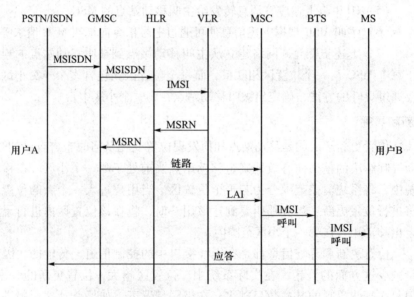

图 6.9　固定用户至移动用户的入局呼叫

（1）固定网络用户 A 拨打 GSM 网用户 B 的 MSISDN 号码，A 所处的本地交换机根据此号码与 GSM 网的相应入口交换局（GMSC）建立链路，并将此号码传送给 GMSC。

（2）GMSC 据此号码（H1H2H3ABCD）分析出 B 的 HLR，即向该 HLR 发送此 MSISDN 号码，并向其索要 B 的漫游号码（MSRN）。

（3）HLR 将此 MSISDN 号码转换为国际移动用户标志（IMSI），查询内部数据，获知用户 B 目前所处的 MSC 业务区，并向该区的 VLR 发送此 IMSI 号码，请求分配一个 MSRN。

（4）VLR 分配并发送一个 MSRN 给 HLR，再由 HLR 传送给 GMSC。

（5）GMSC 有了 MSRN，就可以把入局呼叫接到 B 用户所在的 MSC 处。GMSC 与 MSC 的连接可以是直达链路，也可以是由汇接局转接的间接链路。

（6）MSC 根据从 VLR 处查到的该用户的位置区标志（LAI），将向该位置区内的所有 BTS 发送寻呼信息，即所谓的一起呼叫。

（7）这些 BTS 再以一起呼叫方式通过无线寻呼信道（PCH）向该位置区内的所有 MS（移动站点）发送寻呼信息。用户 B 的 MS 收到此信息并识别出其 IMSI 码后，得知是在呼叫自己，即发送应答响应。

图 6.10 给出移动用户至固定用户的出局呼叫过程，具体如下。

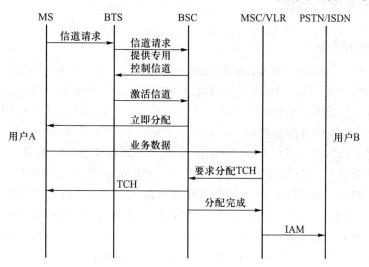

图 6.10　移动用户至固定用户的出局呼叫

（1）GSM 用户 A 拨打固定网用户 B 的号码，用户 A 的 MS 向 BTS 发送"信道请求"信息。

（2）BTS 收到此信息后通知 BSC，BSC 根据接入原因及当前资料情况，选择一条空闲的独立专用控制信道（SDCCH），并通知 BTS 激活它。BTS 完成指定信道的激活。

（3）BSC 给 MS 发送分配给 MS 的 SDCCH 有关参考值。当 MS 正确地收到自己的分配信息后，根据信道的描述，把自己调整到该 DCCH 上，从而和 BS（基站）之间建立起一条信令传输链路。

（4）通过 BS，MS 向 MSC 发送"业务请求"信息。MSC 启动鉴权过程，网络开始对 MS 进行鉴权。若鉴权通过，该 MS 向 MSC 传送业务数据，进入呼叫建立的起始阶段。

（5）MSC 要求 BS 给 MS 分配一个无线业务信道（TCH）。若 BS 中无信道可用，则此次呼叫进入队列。若 BS 找到一个空闲 TCH，则向 MS 发指配命令，以建立业务信道链接，并通知 MSC 分配完成。

（6）MSC 收到业务信道分配完成信息后，向固定网络发送 IAM 信息，将呼叫接续到固定网络。

6.3　CDMA 数字移动通信系统

6.3.1　CDMA 系统概述

1. CDMA 系统的演进

第二代 CDMA 技术的标准化经历了 IS-95（Interim Standard 95）、IS-95A 和 IS-95B 三个阶段。1993 年美国高通公司提出的 CDMA 系统设计方案被确定为一个暂定的标准，即 IS-95 标准。这时的 CDMA 系统被称为 IS-95 CDMA 系统，但是 IS-95 系统并没有商用。后来经过不断完善形成了 IS-95A CDMA 系统，这个系统是 CDMA 系统中第一个商用的系统。随着移动通信对数据业务需求的增长，1998 年 2 月，美国高通公司宣布将 IS-95B 标准用于 CDMA 基础平台。与 IS-95A 相比，IS-95B 标准支持中速数据传输，理论上可以提供的最大数据传输速率为 115 Kbps。IS-95B 被认为是 2.5G 技术，但两者均属于窄带 CDMA 标准。之后，2000 年推出的 CDMA2000 成为窄带 CDMA 系统向第三代移动通信系统过渡的标准。有关第三代 CDMA 系统，将在下一章进行详细介绍。

2. CDMA 系统的特点

CDMA 系统采用码分多址及扩频通信技术，使得可以在系统中使用多种先进的信号处理技术，为系统带来许多优点。

（1）信道容量大。计算及现场试验表明，CDMA 系统的信道容量是模拟系统的 10~20 倍，是 TDMA 系统的 4 倍。CDMA 系统的高容量在很大程度上是因为 CDMA 系统的信号采用了伪随机序列作为地址码的扩频调制技术，这保证了系统可以在同一频段上采用码分多址方式，信号频谱占用整个频段，几乎是普通窄带调制效率的 7 倍。

（2）抗干扰能力强。在 CDMA 系统中，首先通过特定的数字调制技术将基带信号调制为频带信号，从而得到窄带已调信号；然后再进行扩频调制，使调制后经过频谱搬移的射频信号带宽极大地展宽，使得输出信号带宽 BN 远大于调制信号带宽 Bs，达到 $BN/Bs \gg 100$。而在接收端的扩频过程中，有用的信号能够通过相关的伪噪声序列进行解扩重新转换为窄带信号，而窄带的无用信号却被本地伪码调制扩展成为宽带信号，使其在宽带谱中的功率谱密度大大减小。这样处理后可以使信噪比大大提高，从而大幅提高了系统的抗干扰能力。

（3）信道容量有弹性。在 FDMA、TDMA 系统中，当一个小区中正在通话的用户数达到最大信道数时，系统就再也无法支持新的呼叫了。发起新呼叫的用户只能听到忙音。而在 CDMA 系统中，容量和服务质量之间可以相互转换、灵活确定。也就是说，在话务量高峰期系统运营者可以通过对某些服务质量参数进行调整，例如将目标误帧率稍稍提高，即可增加可用的信道数。另外，在相邻小区的负荷较轻时，本小区受到的干扰较小，信道容量也可以适当增加。

（4）提供对软切换的支持。与 GSM 中的越区切换原理不同，CDMA 系统支持软切换。所谓软切换是指移动站点需要切换时，先与新的基站建立好连接，再与原基站断开连接。由于软切换只能在同频信道间进行，因此，GSM 系统不支持软切换。软切换可以有效地提高切换的可靠性，大大减少切换造成的掉话即通信中断。软切换的另外一个好处就是能够提供分集。由于 CDMA 系统中各个小区采用同一频带，移动站点可同时与小区 A 和邻近小区 B 进行通信。在上行信道，两基站分别接收来自移动站点的有用信号，进行分集接收；而在下行信道，两个小区的基站同时向移动站点发射有用信号，移动站点同样可以进行分集。空间分集技术能够提高移动站点在小区边缘的通信质量，进一步增加系统的容量。

（5）安全性高。CDMA 系统的信号扰码方式具有高度的保密性，从而在防止串话和盗用等方面具有其他系统不可比拟的优点。

（6）发射功率低。CDMA 系统中的移动站点在通信过程中辐射功率很小，因而享有"绿色手机"的美誉，这是与 CDMA 相比 GSM 的重要优点之一。从手机发射功率限制的角度来比较。目前普遍使用的 GSM 手机 900 MHz 频段最大发射功率为 2 W，相当于 33 dBm；工作于 1 800 MHz 频段的手机最大发射功率为 1 W，相当于 30 dBm。同时，对于 GSM900 和 1800 频段，规范要求通信过程中手机最小发射功率分别不能低于 5 dBm 和 0 dBm。而 CDMA IS-95A 系统对手机最大发射功率要求为 0.2~1 W，相当于 23~30 dBm；目前实际网络中允许手机的最大发射功率则仅为 0.2 W，相当于 23 dBm。CDMA 系统的手机之所以能够使用较小的发射功率，也是因为其采用了扩频通信技术和高效的功率控制技术。

6.3.2 CDMA 系统的结构

CDMA 系统具有与 GSM 系统类似的系统结构。在 CDMA 的系统结构中，各单元之间的通信依赖于接口，这些接口也与 GSM 系统的接口类似，如图 6.11 所示。具体包括：

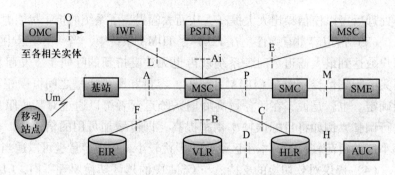

图 6.11　CDMA 系统的结构、相关功能实体及其接口

- 移动站点与基站之间的空中接口，Um 接口；
- 基站与 MSC 之间的 A 接口；
- MSC 与 VLR 之间的 B 接口；
- MSC 与 HLR 之间的 C 接口；
- HLR 与 VLR 之间的 D 接口；
- MSC 与 MSC 之间的 E 接口；
- MSC 与 EIR 之间的 F 接口；
- VLR 与 VLR 之间的 G 接口；
- HLR 与 AUC 之间的 H 接口；
- IWF（互通功能）与 MSC 之间的 L 接口；
- MSC 与 SMC（short message center，短消息中心）之间的 P 接口；
- SMC 与 SME（short message entity，短消息实体）之间的 M 接口；
- OMC 与各相关实体之间的 O 接口；
- MSC 与 PSTN 之问的 Ai 接口。

6.3.3　CDMA 系统的信道结构

与 GSM 系统类似，CDMA 系统也采用频分双工方式，分为上行链路和下行链路。从基站到移动站点方向的下行链路又称为正向链路或前向链路，而从移动站点到基站方向的上行链路也称为反向链路。对于 IS-95 系统，上行无线链路的工作频段为 869~894 MHz；下行无线链路的工作频段为 824~849 MHz。每个载频的带宽为 1.25 MHz，码分复用为 64 个物理信道，分别用 W_i（$i=0,1,2,\cdots,63$）表示，每个信道码片速率为 1.228 8 Mcps。

下行链路中的逻辑信道包括：前向业务信道（forward traffic channel，F-TCH）、导频信道（pilot channel，PiCH）、同步信道（SCH）和寻呼信道（PCH）等。

（1）导频信道（PiCH）：对应于物理信道 W_0，被基站用于发送导频信号，此类信号的功率比其他信道高 20 dB，主要供移动站点识别基站并引导移动站点入网。

（2）同步信道（SCH）：对应于物理信道 W_{32}，被基站用于发送同步信息，以帮助移动站点建立与系统的定时和同步。一旦同步建立，移动站点就不再使用同步信道。

（3）寻呼信道（PCH）：对应于物理信道 $W_1 \sim W_7$，被基站用于发送有关寻呼指令及业务信道指配信息。当有用户呼入移动站点时，基站就利用此信道来寻呼移动站点，以建立呼叫。

（4）前向业务信道（F-TCH）：对应于物理信道 $W_8 \sim W_{31}$ 和 $W_{33} \sim W_{63}$，被用于基站到移动站点之间的通信，主要传送用户业务数据，同时也传送随路信令。例如，功率控制信令信息、切换指令等就是插入在此信道中传送的。

上行链路中的逻辑信道由反向业务信道（backward traffic channel，B-TCH）和接入信道（ACH）等组成。

（1）反向业务信道（B-TCH）：供移动站点到基站之间通信，它与正向业务信道一样，用于传送用户业务数据，同时也传送信令信息，如功率控制信息等。

（2）接入信道（ACH）：在上行信道中至少有一个，至多有 32 个接入信道。每个接入信道对应正向信道中的一个寻呼信道，但每个寻呼信道可以对应多个接入信道。移动站点通过接入信道向基站进行登记、发起呼叫、响应基站发来的呼叫等。当移动站点呼叫时，在未转入业务信道之前，移动站点通过接入信道向基站传送控制信息。

6.3.4 CDMA 系统的关键技术

1. 功率控制技术

功率控制技术是 CDMA 系统的核心技术之一，其目标就是控制移动站点的发射功率，使其在尽量降低对其他用户干扰的前提下，到达基站时有足够的能量，以保证系统预定的通话质量。

由于所有的基站共用同一个宽带信道，同一小区中的其他用户和周围小区中的其他用户所造成的自干扰成为限制系统容量的主要因素。显然，用户的发射功率越大，对其他用户的干扰也越大。而移动站点的发射功率又必须足够大，以保证信号到达基站时的信噪比。同时，由于所有移动用户都占用相同带宽和频率，CDMA 系统中的"远近效应"（near-far effect）问题特别突出。所谓"远近效应"，是指当基站同时接收两个距离不同的移动站点发来的信号时，如果两个移动站点的发射功率相同，则距离基站近的移动站点将会对另一移动站点信号产生干扰。在严重的情况下，例如一个移动站点处于小区的边缘，而另一个移动站点距离基站很近，则距离基站近的移动站点的信号将完全淹没小区边缘的移动站点的信号。

因此，在 CDMA 系统中，功率控制至关重要。功率控制分为正向功率控制和反向功率控制，反向功率控制又可进一步分为仅有移动站点参与的开环功率控制，以及由移动站点与基站共同参与的闭环功率控制。

（1）反向开环功率控制。小区中的移动站点接收并测量基站发来的导频信号，根据所接收的导频信号的强弱估计正确的路径传输损耗，并据此来调节移动站点的反向发射功率。若接收信号很强，则表明移动站点距离基站很近，移动站点相应地降低发射功率，否则就增强发射功率。小区中所有的移动站点都有同样的过程，因此，所有移动站点发出的信号在到达基站时都有相同的功率。开环功率控制有一个很大的动态范围，根据 IS-95 标准，该动态范围在 ±32 dB 之间。反向开环功率控制方法简单、直接，不需要在移动站点和基站之间交换信息，因而控制速度快，且节省开销。对于某些情况，如车载移动站点快速驶入或驶出地形起伏区或高大建筑物遮蔽区所引起的信号强度变化，这种控制方法是十分有效的。但对于信号因多径传播而引起的瑞利衰落变化，反向开环功率控制的效果并不好。因为正向传输和反向传输使用的频率不同，IS-95 中上下行信道的频率间隔为 45 MHz，大大超过信息的相干带宽，它使得上行信道和下行信道的传播特性成为相互独立的过程，因而不能认为移动站点在前向信道上测得的衰落特性就等于反向信道上的衰落特性。为了解决这个问题，可以采用反向闭环功率控制。

（2）反向闭环功率控制。闭环功率控制的设计目标是使基站对移动站点的开环功率估计迅速做出纠正，以使移动站点保持最理想的发射功率。由基站检测来自移动站点的信号强度，并根据测得的结果，形成功率调整指令，通知移动站点增加或减小其发射功率，移动站点根据此调整指令来调节其发射功率。实现这种办法的条件是传输调整指令的速度要快，处理和执行调整指令的速度也要快。一般情况下，这种调整指令每毫秒发送一次就可以了。

（3）正向功率控制。正向功率控制是指基站调整每个移动站点的发射功率，其目的是那些路径衰落小的移动站点分派较小的前向链路功率，而为那些远离基站或误码率高的移动站点分派较大的前向链路功率，从而对任一移动站点来说，无论其处于小区中的什么位置，收到基站发来的信号电平都恰好达到信噪比所要求的门限值。在正向功率控制中，移动站点监测基站送来的信号强度，并不断比较信号电平和干扰电平的比值，如果小于预定门限，则给基站发出增加功率的请求。

2. 软切换

CDMA 系统支持软切换和硬切换。软切换只能发生在同频信道之间，若要切换的目的信道与当前信道处于不同的频段，则只能采用硬切换。

软切换采用先通后断的方式，在这种切换过程中，当移动站点开始与目标基站进行通信时并不立即切断与原基站的通信，而是先与新的基站连通再与原基站切断联系，切换过程中移动站点可能同时占用两条或两条以上的信道。

软切换是由 MSC 完成的，来自不同基站的信号被送至 MSC 选择器，由选择器选择最好的一路进行话音编解码。软切换允许移动站点在通话过程中同时与多个基站保持通信，所以，软切换提供了分集的作用，提高了接收信号的质量。IS-95 系统已经采用了软切换的方式。

CDMA 系统中还有一种被称为"更软切换"的方式。在 CDMA 系统中，移动站点在扇区化小区的同一小区的不同扇区之间进行的软切换称为更软切换。这种切换是由 BSC 完成的，并不通知 MSC。

3. Rake 接收

Rake 的概念是由 R. Price 和 P. E. Green 在 1958 年提出来的。发射机发出的扩频信号，在传输过程中会受到不同建筑物、山岗等各种障碍物的反射和折射，造成到达接收机时每路信号具有不同的延迟，从而形成多径信号。根据 CDMA 系统中可分离多径的概念，当两信号的多径时延相差大于一个扩频码片宽度时，可以认为这两个信号是不相关的，或者说是路径可分离的。

Rake 接收的基本原理就是将那些幅度明显大于噪声背景的多径分量取出，对它进行延时和相位校正，使之在某一时刻对齐，并按一定的规则进行合并，将矢量合并改为代数求和，有效地利用多径分量，提高多径分集的效果。

4. 伪噪声序列的同步

所谓伪噪声序列的同步问题，即 CDMA 系统要求接收机的本地伪噪声序列与接收到的伪噪声序列在结构、频率和相位上完全一致，否则就不能正常接收所发送的信息，接收到的只是一片噪声。若伪噪声序列不同步，即使实现了收发同步，也不能保持同步，也无法准确、可靠地获取所发送的信息数据。因此，伪噪声序列的同步是 CDMA 扩频通信的关键技术。伪噪声序列同步是扩频系统特有的，也是扩频技术中的难点。

CDMA 系统中的伪噪声同步过程分为伪噪声捕获和伪噪声跟踪两部分。伪噪声序列捕获指接收机在开始接收扩频信号时，选择和调整接收机的本地扩频伪噪声序列相位，使它与发送端的扩频伪噪声序列相位基本一致（码间定时误差小于 1 个码片间隔），即接收机捕捉发送的扩频伪噪声序列相位，也称为扩频伪噪声序列的初始同步。最常用的捕获方法为滑动相关法。伪噪声跟踪则是自动调整本地码相位，进一步缩小定时误差，使之小于码片间隔的几分之一，达到本地码与接收伪噪声频率和相位精确同步。

思考题

1. 移动网络中的大区制与小区制有什么不同？请简述它们的优缺点。

2. 请简述蜂窝移动通信网络频率复用的基本原理，并给出复用因子为 7 的区群结构图。

3. GSM 系统是由哪几个子系统构成的？每个子系统包含哪些功能实体？

4. GSM 系统采用了哪些多址接入方式和信道复用方式？请结合实际系统进行说明。

5. GSM 系统包含两个重要的数据库：HLR 和 VLR。请简述 HLR 和 VLR 在位置管理中的作用。

6. GSM 系统包含哪些重要的接口？第二代 CDMA 系统包含哪些重要的接口？

7. 硬切换和软切换主要有哪些不同？相对于硬切换，软切换有哪些优点？

8. 移动站点远离基站 1，朝基站 2 移动，如图 6.8 所示。回答以下问题。

（1）在越区切换判定上，如果采用相对信号强度准则，则越区切换发生在何处？

（2）如果采用带阈值的相对信号强度准则，当分别采用阈值 Th_1、Th_2 和 Th_3 时，越区切换发生在何处？

（3）采用具有滞后余量的相对信号强度准则，越区切换发生在何处？

（4）采用具有滞后余量和门限规定的相对信号强度准则时，当分别采用阈值 Th_1、Th_2 和 Th_3 时，越区切换又发生在何处？

9. CDMA 系统的功率控制为什么能够克服"远近效应"？相对于反向开环功率控制，反向闭环功率控制有什么优点？

在线测试 6

第7章　宽带数字蜂窝移动通信系统

　　尽管第二代移动通信系统仍然被世界各国所广泛采用，但其缺陷也逐渐显现，系统容量、频谱资源和数据传输速率等方面的限制使之难以支持宽带业务和移动多媒体应用。为此，发展出了宽带移动通信系统，包括第三代移动通信系统（3G）、第四代移动通信系统（4G）以及即将正式商用的第五代移动通信系统（5G）。

7.1　第三代移动通信系统

7.1.1　3G 概述

1. 3G 的提出

　　第三代移动通信系统最早由国际电信联盟（ITU）于 1985 年提出，当时称为未来公众陆地移动电信系统（future public land mobile telecommunication system，FPLMTS）。它的目标是实现 5 个 "W"，即任何人（whoever）在任何时间（whenever）、任何地点（wherever）都能够实现与任何其他人（whomever）进行任何形式（whatever）的通信。1996 年 ITU 将 FPLMTS 正式更名为 IMT-2000（international mobile teleconununications-2000）。随着第三代移动通信技术标准的发展，1999 年，ITU 又认为将 IMT 重新定义为 "internet mobile/multimedia telecommunication"，即互联网移动/多媒体通信。

　　IMT-2000 主要解决了以下几个问题。

　　（1）无线频率的统一。统一频率可以解决系统的兼容性问题。1992 年世界无线大会（WAR′92）统一规定了 IMT-2000 的核心频带为 1 885～2 025 MHz/2 110～2 200 MHz。其中，1 980～2 010 MHz/2 170～2 200 MHz 为卫星通信频段，以满足全球互联互通的需要。

　　（2）无线传输方案的统一。无线传输方案是充分利用频谱效率的关键所在，也是各种无线电技术的主要区别之处。国际电信联盟对各候选方案进行了评估和协调融合工作，以形成一个统一的、具有高频谱利用率和大系统容量的无线传输技术标准，或易于在终端上实现的不同技术标准。

（3）网络的兼容性与拓展性。IMT-2000 网络必须向下兼容现有的网络。现有网络的建立耗费了巨大的人力、财力和物力。IMT-2000 只有和现有的网络互联互通，才能保护广大用户、运营商以及制造商的利益，并获得广泛的支持。同时，IMT-2000 在网络构造上还充分考虑了未来的拓展性。

通过对上述问题的解决，IMT-2000 的目标在于实现一种高数据传输速率的，可支持全球漫游、多网络互联、多种用户设备兼容、多媒体业务和多种应用环境，并具有较高经济性能的新一代移动网络。

2. 3G 相关的标准化组织

除了国际电信联盟，3G 相关的标准化组织还有 3GPP 和 3GPP2。

3GPP（3rd Generation Partnership Project）作为领先的 3G 技术规范机构，由欧洲电信标准组织（European Telecommunications Standards Institute，ETSI）、日本无线工业及商贸联合会（Association of Radio Industries and Businesses，ARIB）和电信技术委员会（Telecommunications Technology Committee，TTC）、韩国电信技术联合会（Telecommunications Technology Association，TTA）以及美国 T1 电信标准委员会在 1998 年底共同发起成立。该组织旨在研究制定并推广基于演进的 GSM 核心网络的 3G 标准，其给出的标准涉及 WCDMA、TD-SCDMA、EDGE 等。

3GPP2（3rd Generation Partnership Project 2）于 1999 年 1 月成立，由北美 TIA、日本 ARIB 和 TTC、韩国 TTA 四个标准化组织发起，主要制定以 ANSI-41 核心网为基础、CDMA2000 为无线接口的第三代技术规范。3GPP2 致力于使 ITU 的 IMT-2000 计划中 3G 移动电话系统规范在全球推广发展，实际上它是从 2G 的 CDMA One 或者 IS-95 发展而来的 CDMA2000 标准体系的标准化机构，它得到了拥有多项 CDMA 关键技术专利的美国高通公司的支持。

中国无线电讯标准组（China Wireless Telecommunication Standard Group，CWTS）于 1999 年 6 月在韩国正式签字同时加入 3GPP 和 3GPP2，成为这两个当前主要负责第三代伙伴项目的组织伙伴。中国通信标准化协会（China Communications Standards Association，CCSA）于 2002 年成立，接管 CWTS 的工作。其主要任务是更好地开展通信标准研究工作，把通信运营企业、制造企业、研究单位、大学等关心标准工作的企事业单位组织起来，按照公平、公正、公开的原则制定标准，进行标准的协调、把关，把高技术、高水平、高质量的标准推荐给政府，把具有我国自主知识产权的标准推向世界，支撑我国的通信产业，为世界通信做出贡献。

3. 主流的 3G 无线传输技术标准

无线传输技术（radio transmission technology，RTT）是第三代移动通信系统

的重要组成部分，主要涉及调制解调技术、信道编解码技术、复用技术、多址技术、信道结构、帧结构、RF 信道参数等内容。根据 ITU 对第三代移动通信系统的要求，各大电信公司联盟均提出了各自的无线传输技术提案。1998 年 6 月，国际电信联盟（ITU）所征集的第三代候选无线接口技术标准共有 15 种之多，经过类似技术的彼此融合，最后形成 5 种，即 WCDMA、CDMA2000、TD-SCDMA、UWC-136 以及 EP DECT。其中，WCDMA 、CDMA2000 以及我国提交的 TD-SCDMA 是 3 种主流的技术。

7.1.2 宽带码分多址系统（WCDMA）

1. 概述

宽带码分多址（wideband CDMA，WCDMA）源于 1991 年就被提出来的通用移动通信业务（universal mobile telecommunications service，UMTS）。UMTS 的核心网兼容 GSM，能够把第二代移动通信系统通过通用分组无线业务平滑演进到 3G。UMTS 在传输数据的能力上远远超越了前面两代，最高速率达 2 Mbps。UMTS 采用宽带码分多址作为其无线接入技术，因此也把 UMTS 系统称为 WCDMA 通信系统。在移动传输网从 2G 向 3G 过渡中，WCDMA 是最为主流的选择。就 WCDMA、CDMA2000 和 TD-SCDMA 这三个 3G 的主流标准而言，全球已颁发的 3G 执照中有超过 80% 采用了 WCDMA。

WCDMA 的主要特点如下。

（1）在 5 MHz 带宽内实现高速数据传输，在室内环境支持 2 Mbps，步行/室外环境支持 384 Kbps，车速环境中支持 144 Kbps。

（2）具有高度的业务灵活性。采用了专用物理数据信道（DPDCH）和专用物理控制信道（DPCCH）结构，能支持可变步长为 100 bps 的逐帧可变数据传输速率和多种承载业务。

（3）可提供满意的场强覆盖和系统容量，同时也支持多用户联合检测、发射机分集、自适应天线等先进技术。

（4）高效率的功率控制方法大大减少了发射干扰，从而增加了系统容量，并通过传输功率的降低延长了手机电池的寿命。

（5）可在现有的 GSM 核心网基础上构建，实现了 GSM 系统和 WCDMA 系统的共存，通过同一核心网络的复用，大大降低了建网的成本。

（6）支持 FDD 和 TDD 双模式。WCDMA 之所以选用 FDD/TDD 双模式有两个重要原因，一是在欧洲、日本、中国和美国的 IMT-2000 频带中都存在相对分离的单频段或不等长频段对，因而只能采用 TDD；二是目前大多数低功率近距离无线系统都采用了 TDD 方式，如欧洲的 DECT、日本的 PHS，所以 UMTS 也应面向这方面的市场。由于 WCDMA 支持 FDD/TDD 双模式手机，因而应使得二者的工作方式尽可能相似，以便于系统设计和利用 TDD 单模式手机芯片。

2. WCDMA 网络结构

从系统结构和功能上看，WCDMA 系统可以分成无线接入网（radio access network，RAN）和核心网（core network，CN）两大单元，如图 7.1 所示。无线接入网用于处理所有与无线终端设备接入有关的功能；核心网负责处理 WCDMA 系统内所有的话音呼叫和数据连接，以及与外部网络的交换和路由。这两个单元和用户设备（user equipment，UE）一起构成了整个 UMTS 系统。

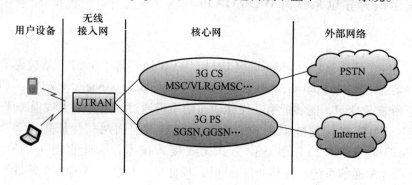

图 7.1 WCDMA 系统结构

图 7.1 中，"UTRAN" 是 UMTS 的陆地无线接入网（UMTS terrestrial radio access network）的简称。UTRAN 分为无线不相关和无线相关两部分，前者完成与核心网的接口，实现向用户提供服务质量（QoS）保证的信息处理和传送，以及用户和网络控制信息的处理与传送；无线相关部分则处理与用户设备的无线接入，包括用户信息传送、无线信道控制、资源管理等。

UTRAN 由一组无线网络子系统（radio network subsystem，RNS）组成，每一个 RNS 包括一个无线网络控制器（radio network controller，RNC）和一个或多个 Node B。RNC 相当于 GSM/GPRS 中的基站控制器，主要完成连接的建立和断开、切换、宏分集合并、无线资源管理控制等功能，具体为执行系统信息广播与系统接入控制、切换和 RNC 迁移等移动性管理、宏分集合并、功率控制、无线承载分配等无线资源管理和控制等功能。Node B 相当于 GSM/GPRS 中的基站收发机，是 WCDMA 系统的基站，包括无线收发信机和基带处理部件。它的主要功能是扩频、信道编码和解扩、解调、信道解码，还包括基带信号和射频信号的相互转换等功能。Node B 和 RNC 之间通过 Iub 接口进行通信，RNC 之间通过 Iur 接口进行通信，RNC 则通过 Iu 接口和核心网相连，如图 7.2 所示。

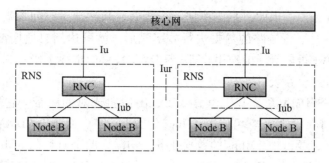

图 7.2 UTRAN 的结构及接口

核心网负责与其他网络的连接和对移动站点的通信和管理，其包括电路交换（circuit switching，CS）域和分组交换（packet switching，PS）域两个子系统。电路交换域的主要设备包括 MSC/VLR 和 GMSC 等。分组交换域的主要设备是 GPRS 服务支持节点（serving GPRS support node，SGSN）和 GPRS 网关支持节点（gateway GPRS support node，GGSN）。为提高分组交换的可靠性，在数据通信前，需要建立端到端的隧道，以保证服务质量。

电路交换域和分组交换域在用户和网络设备管理上可共用一些设备，如归属位置寄存器、认证中心和业务控制点（service control point，SCP）等。另外，还有一些业务支撑设备同时提供了与电路交换域和分组交换域的接口，如短消息服务中心（short message service center，SMSC）。

7.1.3 时分同步码分多址系统（TD-SCDMA）

时分同步码分多址（time-division synchronous code division multiple access，TD-SCDMA）系统是我国提出的第三代移动通信标准，也是 ITU 批准的三个主流 3G 标准中的一个。1998 年 6 月，原电信科学技术研究院代表我国向国际电信联盟提交了 3G 移动通信 TD-SCDMA 标准建议。2000 年 5 月召开的 ITU-R 全会正式批准将 TD-SCDMA 作为第三代移动通信国际标准之一。

TD-SCDMA 是以我国知识产权为主、被国际广泛接受和认可的无线通信国际标准，是我国电信发展史上重要的里程碑。这是近百年通信史上第一次由我国提出并得到批准的国际通信标准，也是我国通信技术进入国际竞争的开端。TD-SCDMA 是第一个使用时分双工方式的 3G 移动通信标准，同时综合采用了同步 CDMA、智能天线、联合检测、接力切换、低码片速率和软件无线电等世界领先的技术，其在频谱利用率、频率灵活性、对支持业务的多样性及成本等方面具有独特优势。

1. TD-SCDMA 的特点

TD-SCDMA 的上下行链路使用同一频率，同一时刻上下行链路的空间物理特性完全相同。因此，只要根据上行数据在基站端对空间参数进行估值，然后根据估值对下行链路的数据进行数字赋形，就可达到自适应波束赋形的目的，充分发挥了智能天线的作用。TD-SCDMA 是目前世界上唯一采用智能天线的第三代移动通信系统。

TD-SCDMA 系统基于时分双工，不需要成对的频带。它只需占用单一的 1.6 MHz 频带宽度，就可传送 2 Mbps 的数据业务，而对于 CDMA2000 或 WCDMA 方案而言，要传送 2 Mbps 的数据业务，均需要两个对称的 5 MHz 带宽作为上下行频段，即需要 2×5 MHz 带宽；且上下行频段间需要有 190 MHz 频率间隔作保护。目前频谱资源十分紧张，要找到符合要求的对称频段非常困难。TD-SCDMA 系统可以说是"见缝插针"，只要有一个带宽为 1.6 MHz 载波频段就可使用，可以更加灵活、高效地利用现有的频率资源。

此外，TD-SCDMA 还具有 TDMA 的优点，可以灵活设置上行和下行时隙的比例，从而调整上行和下行的数据速率的比例，特别适合因特网业务中上行数据少而下行数据多的场合。

智能天线和同步 CDMA 技术的应用，大大简化了 TD-SCDMA 系统的复杂性，适合采用软件无线电技术，从而使设备的成本更低。

2. TD-SCDMA 的主要技术参数

TD-SCDMA 系统的网络结构与 3GPP 制定的 UMTS 网络结构相同，此处不再赘述。下面主要介绍 TD-SCDMA 的主要技术参数。

（1）工作频段。2002 年 10 月原国家信息产业部下发文件《关于第三代公众移动通信系统频率规划问题的通知》（信部无〔2002〕479 号）并规定：将我国第三代公众移动通信系统主要工作频段规划为 TDD 方式的 1 880～1 920 MHz 和 2 010～2 025 MHz；补充工作频率同样为 TDD 方式，位于 2 300～2 400 MHz。因为第三代公众移动通信系统中 TDD 方式仅有我国的 TD-SCDMA，为方便表达，产业界又将频段 1 880～1 920 MHz 称为 A 频段，频段 2 010～2 025 MHz 称为 B 频段，频段 2 300～2 400 MHz 称为 C 频段。目前中国移动的 TD-SCDMA 均运行于 B 频段。随着 TD-SCDMA 的进一步发展，TD-SCDMA 系统将逐渐采用 A 频段。

（2）多址访问方式为 TDMA/DS-CDMA。

（3）调制方式包括 QPSK 和 8PSK。

（4）支持 12.2 Kbps、64 Kbps、144 Kbps、384 Kbps 和 2 Mbps 的数据传输速率。

（5）TD-SCDMA 系统采用的扩频码为正交可变扩频因子（orthogonal variable spreading factor，OVSF）。

（6）基本扩频码速率为 1.28 Mcps。采用低码片速率，降低了设备制造的成本。

（7）帧长 10 ms，分成两个 5 ms 子帧。这两个子帧的结构完全相同，每个子帧包含 7 个基本时隙，在这 7 个基本时隙中，TS0 总是分配给下行链路（DL），而 TS1 总是分配给上行链路（UL）。每个时隙（突发）包含两个 352 码片的数据块。

（8）由于每个子帧的 TS0 总是分配给下行链路，而 TS1 总是分配给上行链路，因此，每个 5 ms 的子帧中，一般情况下有两个转换点：第一个为 DL 到 UL 转换点，第二个为 UL 到 DL 转换点。

（9）信道间隔的标称值为 1.6 MHz，但在一些特殊情况下可以进行调整，以获得最佳性能。信号调整步长为 200 kHz。

3. TD-SCDMA 的关键技术

1）智能天线

智能天线是在自适应滤波和阵列信号处理技术的基础上发展起来的，是通信系统中能通过调整接收或发射特性来增强天线性能的一种天线。智能天线利用信号传输的空间特性，从空间位置及入射角度上区分所需信号与干扰信号，从而控制天线阵的方向图，达到增强所需信号抑制干扰信号的目的；同时它还能根据所需信号和干扰信号位置及入射角度的变化，自动调整天线阵的方向图，实现智能跟踪环境变化和用户移动的目的，达到最佳收发信号，实现动态"空间滤波"的效果。与无方向性天线相比较，其上下行链路的增益大大提高，降低了发射功率电平，提高了信噪比，有效地克服了信道传输衰落的影响。同时，由于天线波瓣直接指向用户，减小了与本小区内其他用户之间以及与相邻小区用户之间的干扰，而且也减少了移动通信信道的多径效应。

2）联合检测技术

在 CDMA 系统中，由于多个用户的随机接入，而各个用户所使用的扩频码之间通常不能保证严格的正交，从而引起各用户间的相互干扰，这种现象称为多址干扰（multiple access interference，MAI）。由个别用户产生的多址干扰固然很小，可是随着用户数的增加或信号功率的增大，多址干扰就成为 CDMA 通信系统的一个主要干扰，是限制 CDMA 系统容量增长的重要因素。传统的检测技术完全按照经典直接序列扩频理论对每个用户的信号分别进行扩频码匹配处理，因而抗多址干扰能力较差。

多用户检测（multiple user detection，MUD）是 TD-SCDMA 系统抗干扰的关键技术。多用户检测能够充分利用造成多址干扰的所有其他用户信号信息，对多个用户做联合检测或从接收信号中减掉相互间干扰的方法，有效地消除多址干扰的影响，从而具有优良的抗干扰性能。在理想情况下，应用多用户检测技术，系统的性能将接近单用户时的性能。由于多用户检测能够消除多址干扰，用户在较小的信噪比下就可达到可靠的性能，单用户信噪比的降低可以直接转化为系统容量的增加，因此可以更加有效地利用链路频谱资源，显著提高系统容量。另外，多用户检测技术能够有效缓解远近效应的影响，从而简化用户的功率控制，降低系统对功率控制精度的要求。

根据对多址干扰处理方法的不同，多用户检测技术可以分为干扰抵消（interference cancellation）和联合检测（joint detection）两种。其中，干扰抵消技术的基本思想是判决反馈，首先从总接收信号中判决出部分数据，根据数据和用户扩频码重构出数据对应的信号，再从总接收信号中减去重构信号，如此循环迭代。联合检测技术则是充分利用多址干扰，将所有用户的信号都分离开来的一种信号分离技术。联合检测算法的具体实现方法有多种，大致分为非线性算法、线性算法和判决反馈算法等三大类。TD-SCDMA 系统目前所采用的是线性算法中的一种，即迫零线性块均衡法。

3）同步技术

CDMA 系统空中接口的下行链路总是同步的。在此，同步 CDMA 指的是上行同步，即来自不同距离的不同用户的上行信号能同时到达基站的接收天线。对 TD-SCDMA 系统而言，不同用户是指使用同一时隙的、处于不同位置的用户。

TD-SCDMA 系统的上行同步过程主要用在随机接入过程和切换过程前，用于建立用户设备和基站之间的初始同步，也可以用于当系统失去上行同步时的再同步。

当用户设备开机时，首先要和基站（Node B）建立下行同步。只有用户建立并保持下行同步，才能开始建立上行同步。同步的建立从用户设备发送上行同步码（SYCN-UL）开始。此时，用户设备端并不知道与 Node B 之间的距离，不能准确地估计上行信号的发射功率和定时提前量。此时，如果用户设备在物理随机接入信道（physical random access channel，PRACH）发送上行信号，将对其他用户造成强烈的干扰。为此，TD-SCDMA 系统专门定义了两个时隙，即 GP 和 UpPTS，用于上行同步和初始功率调整。一旦在搜索窗口检测到 SYCN-UL，Node B 可估计出接收功率和时间，然后通过快速物理接入信道（fast physical access channel，FPACH）向用户设备发送反馈信息，调整下次发射的发射功率和发射时间，以便建立上行同步。

由于用户设备具有随机移动性，用户设备到 Node B 的距离是随机变化的，所以，整个通信过程中需要保持上行同步。保持上行同步需要利用每个上行突发的中间码（intermediate code）。在每个上行时隙中，每个用户设备的中间码都是不同的。Node B 通过测量每个终端在同一个时隙的中间码来估计用户设备的发射功率和时间漂移。然后，在下一个可用的下行时隙里，Node B 将发送同步偏移和功率控制指令，从而使终端能够正确地调整发射定时和功率电平，保证上行同步的可靠性。

上行同步是 TD-SCDMA 的关键技术之一，TD-SCDMA 系统中同一时隙的不同用户都采用正交码扩频，如果不同用户的信号同步到达 Node B，则理论上不同用户之间不会产生干扰。上行同步技术可以最大限度的克服多址干扰，改善系统的性能，简化基站设计方案，降低无线基站成本。

4）接力切换

所谓接力切换（baton handover），是指利用上行同步技术，在切换测量期间，使用上行预同步技术提前获得切换后的上行信道发送时间与功率信息，从而减少切换时间，提高切换成功率。接力切换是 TD-SCDMA 系统的重要技术特点。接力切换的前提是网络需要知道用户设备的准确位置信息。由于 TD-SCDMA 系统的基站采用智能天线，可以估计用户的波达方向（direction of arrival，DOA）信息。另外，TD-SCDMA 系统是上行同步的，网络可以确定用户信号传输的时间偏移，通过信号的往返时延，获知用户设备到 Node B 的距离信息。在获得了用户设备的准确位置信息后，系统就可以采用接力切换方式了。

接力切换的基本过程有测量过程、判决过程和执行过程。

与硬切换相同，在接力切换的测量过程中，首先由用户设备对信号强度和符合切换条件的相邻小区的相关参数进行测量。一旦发现本小区和邻近小区的导频强度、信号质量等满足一定条件，则将测量结果上报，并触发切换判决过程。

接力切换的判决过程由无线网络控制器完成。无线网络控制器收到用户设备的测量结果报告后，按照一定的判决准则，如基于接收信号强度的判决准则，形成目标小区列表，然后通过接纳判决算法等流程确定要切换的目标小区，最后发出切换命令。

用户设备接收到接力切换命令后，继续在原小区的下行链路接收业务数据和信令，同时，利用已经获取的本小区和邻近小区之间的功率参数和定时参数，在目标小区发射上行的承载业务和信令。此过程持续一段时间后，将接收来自目标小区的下行数据，中断与原小区的通信，完成切换过程。

从上述描述可以看出，接力切换介于硬切换与软切换之间。我们知道用户设备在不同小区间的切换主要有三种方式：硬切换、软切换和接力切换，三种方式各有优缺点。

硬切换是典型的"先断后通"模式。当用户设备从一个小区或扇区切换到另一个小区或扇区时，先中断与原基站的通信，然后再建立与新基站的通信。硬切换的切换过程中有可能丢失信息，还有可能造成掉话。软切换是典型的"先通后断"模式。当用户设备从一个小区或扇区移动到另一个具有相同载频的小区或扇区时，在保持与原基站通信的同时，和新基站也建立起通信连接，与两个基站之间传输相同的信息，完成切换之后才中断与原基站的通信。软切换过程中不会发生中断，而且同时和多个基站保持通信还有可能带来分集增益。但是一个用户重复占用多条通信信道也造成了无线资源的浪费，必然会影响运营商的收益。而接力切换则是首先将上行链路转移到目标小区，而下行链路仍与原小区保持通信，经过短暂的分别收发过程后，再将下行链路转移到目标小区，完成接力切换。

与软切换一样，接力切换也有较高的切换成功率、较低的掉话率以及较小的上行干扰等优点。不同之处在于，接力切换并不需要同时有多个基站为一个用户设备提供服务，因而克服了软切换需要占用较多信道资源、信令复杂导致加重系统负荷以及增加下行链路干扰等缺点。与硬切换一样，接力切换也具有较高的资源利用率、较为简单的算法以及系统相对较轻的信令负荷等优点。不同之处在于，接力切换断开原基站和与目标基站建立通信链路几乎是同时进行的，因而克服了传统硬切换掉话率较高、切换成功率较低的缺点。

7. 1. 4   CDMA2000

1. 概述

CDMA2000 是 IS-95 标准向第三代技术演进的方案，由 3GPP2 负责制定和发布。CDMA2000 系列主要包括 CDMA2000 1x、CDMA2000 1x EV-DO（evolution-data only）和 CDMA2000 1x EV-DV（evolution-data and voice）标准。其演进过程如图 7.3 所示。

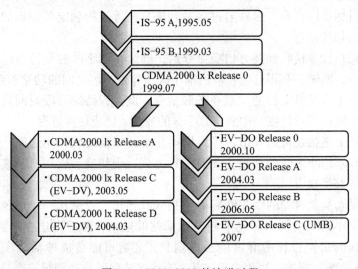

图 7.3   CDMA2000 的演进过程

CDMA2000 1x 就是众所周知的 3G 1x 或者 1xRTT，它是 3G CDMA2000 技术的核心。标志 1x 习惯上指使用一对 1.25 MHz 无线电信道的 CDMA2000 无线技术。CDMA2000 1x 是一个已经商用的 3G 技术，它在核心网部分引入了分组交换，可支持移动 IP 业务。CDMA2000 1x 目前包含 Release 0 和 Release A 两个版本。

之后，CDMA2000 1x 往两个分支演进，一个是 CDMA2000 1x EV-DO，另一个为 CDMA2000 1x EV-DV。

1x EV-DO Release 0 标准于 2000 年 10 月由 3GPP2 发布，正式的名称为 HR-PD（high rate packet data）。该标准规定了 2.4 Mbps 的下行峰值传输速率，而其上行峰值传输速率仍然只有 153.6 Kbps，难以适应对称性较强的业务需求，如可视电话等。1x EV-DO Release A 于 2004 年 3 月颁布，在向下兼容 Release 0 的基础上，将下行峰值传输速率提高到了 3.1 Mbps，上行峰值传输速率也提高到了 1.8 Mbps，从而可以较好地支持可视电话、广播/多播、即按即通（push to talk）及 IP 电话等对服务质量有较高要求的新业务。1x EV-DO Release B 于 2006 年 5 月颁布，又被称为多载波 EV-DO 技术。用户最多可以同时使用 20 MHz 频带，15 个载波，支持的峰值传输速率高达 73.5 Mbps。Release B 的单载波峰值速率达到 4.9 Mbps；支持灵活的资源调度与反馈技术；支持更高的调制阶数，前向支持的最高调制阶数为 64QAM。1x EV-DO Release C 现在已经被更名为超移动宽带（ultra mobile broadband，UMB）。UMB 标准化工作在 2007 年已经完成。

因为对 1x EV-DO Release 0 仅仅提高了数据业务的性能不满意，3GPP2 开始研究 1x EV-DV。1x EV-DV 与 CDMA2000 系列标准完全后向兼容，能够在一个载波上提供混合的高速数据和话音业务。1x EV-DV 空中接口标准分为两个版本：2003 年 5 月发布的 Release C 和 2004 年 3 月发布的 Release D。Release C 主要改进和增强了 CDMA2000 1x 的前向链路，前向峰值速率达到 3.1 Mbps。Release D 则在 Release C 的基础上进一步改进和增强了反向链路，使得反向峰值速率达到 1.8 Mbps。目前，随着 1x EV-DO 的不断演进并逐渐占据优势，EV-DV 的后续进程基本上停了下来。因此，下面将主要介绍 EV-DO 技术。

2. CDMA2000 1x EV-DO 的网络结构

CDMA2000 1x EV-DO 的网络结构如图 7.4 所示。它由无线接入网（RAN）和核心网（CN）两大部分组成，主要包含接入网（access network，AN）、分组控制功能（packet control function，PCF）和接入网鉴权、授权和结算（AN-authentication，authorization and accounting，AN-AAA）服务器等功能实体。

无线接入网主要负责无线信道的建立、维护及释放，进行无线资源管理和移动性管理，提供分组核心网（packet core network，PCN）与接入终端（access

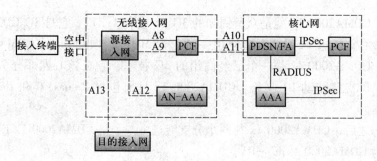

图 7.4   CDMA2000 1x EV-DO 的网络结构

terminal，AT）之间的无线承载。接入网类似于 CDMA2000 1x 的基站子系统（BSS），是在分组核心网和接入终端之间提供数据连接的网络设备，完成基站收发、呼叫控制及移动性管理功能。接入网鉴权、授权和结算服务器是接入网执行接入鉴权和对用户进行授权的逻辑实体。分组控制功能（PCF）与接入网配合完成与分组数据业务有关的无线信道控制功能。PCF 保持无线网络和移动站点之间的可到达性状态。当分组要到达一个处于不可达状态的移动站点时，PCF 会将分组数据进行缓存并且请求无线网络来寻呼该移动站点。PCF 也收集计费信息，并且将此信息发送到分组数据服务节点（packet data serving node，PDSN）。

核心网的构成与 EV-DO 接入因特网的方式有关。在非移动 IP 情况下，核心网主要包含 PDSN 及其 AAA 等功能实体。PDSN 完成分组数据会话的建立、管理和释放等功能。AAA 负责与用户有关的登记、授权和结算工作。而在移动 IP 情况下，核心网还包括功能实体外部代理（foreign agent，FA）和本地代理（home agent，HA）。其中，外部代理负责登记、计费和转发用户数据等工作，可以与 PDSN 整合在一起。本地代理是 IPSec 安全隧道的起点，用于提供用户漫游时的 IP 地址分配、路由选择和数据加密等功能。有关移动 IP 的具体内容，将在第 11 章详细介绍。

接入终端是为用户提供数据连接的设备。它可以与计算设备（如个人计算机）连接，或自身为一个独立的数据设备（如手机）。接入终端包括移动设备（mobile equipment，ME）和用户标识模块（user identity module，UIM）两部分。

3. CDMA2000 1x EV-DO 的关键技术

为了使得 CDMA2000 1x EV-DO 系统能够在保证可靠无线传送的前提下，获得较高的系统容量和频谱效率，CDMA2000 1x EV-DO 前向链路采用了自适应调制编码、混合自动重传请求、多用户调度、功率分配和虚拟软切换等关键技术；而在反向链路，CDMA2000 1x EV-DO 采用了速率控制和功率控制机制。

1）前向自适应调制和编码技术

在 CDMA2000 1x EV-DO 的前向链路中，终端通过测量当前时隙前向导频的载噪比（carrier-to-noise ratio，CNR），来预测下一时隙内前向链路所能支持的最大数据传输速率，并上报给基站。基站则按照该用户请求的数据传输速率来选择合适的调制和编码方式。

前向链路的质量估计是自适应调制和编码技术的关键。如果对前向链路质量估计过高，则终端向基站上报的请求速率也会过高，在基站向终端发送数据时，会因为速率过高而致重传比率上升；而若对前向链路质量估计过低，则会导致无线信道资源的浪费。尤其是在传输多时隙分组时，由于前向链路质量的时变特性，容易使传送速率与前向链路实际支持的速率失配，导致无线资源的浪费。

2）前向混合自动重传请求

CDMA20001x EV-DO 采用了融合信道编码的检验纠错功能与传统自动重传请求功能的混合自动重传请求（hybrid automatic repeat request，HARQ）技术。HARQ 机制工作原理如下：前向原始数据分组经过 Turbo 编码后，同时输出原始码流和校验码流。接入网先发送原始码流，若接入终端正确译码，则提前终止传送后续码流，剩余时隙可以分配给其他用户使用；若接入终端未能正确译码，则返回 NAK 应答，请求接入网重传后续码流；接入网收到 NAK 应答后，在分配的下一个时隙传送后续码流；接入终端收到后将其与之前收到的对应码流进行组合译码，根据译码结果判断是终止传送还是请求重传。重复上述步骤，直到接入网传完全部分配的时隙或接入终端正确译码为止。

采用 HARQ 机制可以解决分组业务在无线链路中的可靠传送问题。CDMA2000 1x EV-DO 引入物理层重传机制，以减轻无线链路协议的重传率及由此所引发的延迟。另外，CDMA2000 1x EV-DO 前向链路传输速率估计通常比较保守，会造成部分无线资源的浪费。HARQ 结合递增冗余（incremental redundancy）和提前终止（early termination）技术，在多时隙传送和链路质量比较好时，终端不需要等到基站传完所有分配的时隙，即可实现正确接收，从而使得实际的传送速率高于所请求的速率，部分克服了因为速率估计比较保守而导致的无线资源浪费问题。

3）前向链路调度算法

CDMA2000 1x EV-DO 系统的核心任务就是能够更好地支持分组数据业务，满足高速分组数据业务的服务质量要求。灵活、高效的前向链路调度机制是提高平均业务速率和系统整体稳定性的关键技术之一。

CDMA2000 1xEV-DO 系统中的所有接入终端通过时分复用方式共享前向链路。前向链路的每个时隙为 1.66 ms，而每一个时隙在同一时刻只能服务一个用户。网络侧在收到终端的 DRC 报告后，会按照一定的调度规则将时隙分配给不同的用户。在分配时隙的时候，管理调度算法需要考虑的两个重要因素是吞吐量和公平性。为了追求吞吐量的最大化，调度器必须选择具有最佳信道质量或最佳数据速率控制（data rate control，DRC）的用户传输数据，但后果是距离服务基站最近的接入终端因信道质量好而垄断信道资源，而信道环境不好的手机可能永远得不到服务，严重不公平。为了追求公平，可以采用最简单的轮询方式，即所有需要服务的接入终端按次序一个接一个接受服务。实际的算法一般是要把几个方面的因素结合起来考虑，兼顾效率和公平。

4）虚拟软切换

CDMA2000 1x EV-DO 系统的前向切换采用的是虚拟软切换技术。虚拟软切换的原理如下：接入终端的激活集中包含了多个基站的导频，但接入终端只能与当前服务基站进行数据传输。在每个时隙内，接入终端连续测量激活集内所有导频的信噪比，并从中选择信噪比最大的基站。如果选择的基站与当前的服务基站不同，并且接入终端决定将该基站作为自己的服务基站时，则开始进行切换。在每个时隙内，终端虽然只能与当前服务基站进行数据通信，但是它与导频激活集内的所有基站之间存在控制通路，即前向数据的切换是硬切换，而前向控制信息的切换是软切换。与软切换相比，这种虚拟软切换技术降低了切换信令开销，但无法提供与软切换类似的宏分集增益。

CDMA20001x EV-DO Release A 的反向链路中增加了数据资源控制信道，能够提前通知即将为接入终端服务的基站做好传输数据的准备，从而进一步减少切换引起的中断时延。

5）速率控制

速率控制是指采用一定的机制来控制接入网的前向数据发送速率，或接入终端的反向数据发送速率。因此，速率控制包括前向和反向速率控制两方面。

对于前向速率控制，终端通过测量当前时隙前向导频的信噪比，来预测下一时隙内前向链路所能支持的最大数据传输速率，并通过数据速率控制信道上报给基站。

而反向链路的速率控制则是根据反向信道的忙闲程度来进行的。CDMA2000 1x EV-DO 使用基于直接测量等效热噪声电平升高（raise over thermal，RoT）来估计反向链路负载。当 RoT 高于给定阈值时，反向活动指示位（reverse activity bit，RAB）被设置为 1，否则置 0。接入网利用反向活动子信道向接入终端指示反向信道的忙闲程度。接入终端通过监视反向活动子信道，就可以动态调整反向速率：当反向信道空闲时，接入终端会按一定的概率上调数据传输速率，而当反向信道繁忙时，则按一定的概率下降数据传输速率。反向速率控制能够提高反向链路无线资源的利用率。另外，CDMA2000 1x EV-DO 反向链路采用码分复用方式。由于分配给各个接入终端的码字并非完全正交，当所有接入终端同时进行数据传输时，各接入终端之间就会相互干扰。随着终端传输速率的提高，干扰也会相应增加。当干扰程度足够大时，就会导致系统不稳定以及数据传输错误概率大幅提高。速率控制结合功率控制，可将系统的干扰控制在一定范围之内。

6）功率控制

CDMA2000 1x EV-DO 系统中，不同用户的反向功率控制/数据速率控制锁定子信道与反向活动子信道采用码分复用方式。当扇区没有激活用户时，前向MAC 信道仅包含反向活动信道，因此反向活动子信道满功率发送。当扇区存在激活用户时，前向 MAC 信道还包含对应于激活用户的反向功率控制子信道及数据速率控制锁定子信道，系统功率在反向活动子信道和反向功率控制/数据速率控制锁定子信道之间合理分配，确保反向活动和数据速率控制锁定子信道的可靠传送，同时保证多用户数据速率控制锁定子信道差错性能的一致性。

接入终端是否能够正确解调反向活动子信道，会直接影响反向链路速率估计的精度，进而影响反向链路容量，因此需要优先对反向活动子信道分配功率；基站覆盖区域内的所有用户都要解调反向活动子信道，为了保证基站边缘处的用户能够正确解调反向活动子信道，要求为反向活动子信道分配固定比例的系统功率。而不同的反向功率控制子信道对应不同的激活用户，且用户距离基站的距离远近不同，因此，在功率资源受限的情况下，多个反向功率控制子信道之间需要进行合理的功率分配，克服远近效应；此外，不同用户所处的无线环境可能是时变的，因而需要动态调整多个反向功率控制子信道的发送功率。

对于不同的反向信道，CDMA2000 1x EV-DO 采用不同的功率控制方法。接入终端对接入信道采取开环功率控制方法，根据前向导频的强度来决定发射功率。系统对反向业务信道进行内环功率控制，根据系统测量的反向业务信道的信噪比，将功率控制指令通过反向功率控制子信道发送给接入终端。接入终端据此调整反向业务信道发射功率的高低。而对于反向速率信道，系统采用外环功率控制方式。基站先对反向速率信道进行译码，得到反向业务信道的传送速率；再对接收到的分组进行译码，计算出反向业务信道信道的误分组率（packet error rate，PER），并根据计算出的误分组率与目标误分组率，周期性地调整反向闭环功控的信噪比门限。

7.2 第四代移动通信系统

7.2.1 4G 概述

1. 4G 技术的演进

随着无线宽带传输以及无线多媒体业务的普及，人们对移动通信系统的系统容量、无线数据传输速率和服务质量提出了更多、更高的需求。3G 系统已经无法满足这些需求。4G 标准于 2008 年 3 月正式启动,并在 2012 年 ITU-R WP5D 会议上正式确定了高级国际移动通信 (international mobile telecommunications-advanced,IMT-Adavanced) 技术标准。IMT-Adavanced 包含 LTE-Advanced (long term evolution-advanced,简记为 LTE-A) 和 WirelessMAN-Advanced (也称为 WiMAX-2)。后者是无线城域网移动 WiMAX 技术的 4G 标准。本章主要介绍 LTE-A。

3GPP 工作组在 3GPP R8 (Release 8) 版本文档中给出了长期演进 (long term evolution,LTE) 的主要技术指标。LTE 包含了两种不同的模式,即 LTE-TDD (LTE-time-division duplex) 和 LTE-FDD (LTE-frequency-division duplex),LTE-TDD 也称 TD-LTE (time-division LTE)。第 6 章已经详细介绍过频分双工 (FDD)。FDD 在支持对称业务时,能充分利用上下行的频谱,但在支持非对称业务时,频谱利用率将大大降低。而时分双工 (TDD) 中,上行传输和下行传输使用同一频率载波的不同时隙,其单方向的资源在时间上是不连续的,时间资源在两个方向上进行了分配。用户设备和网络之间的时间必须严格协同一致才能顺利工作。

LTE 脱离了 3G 所普遍采用的 CDMA 多址访问技术,其下行采用正交频分多址 (OFDMA) 方式,上行采用单载波频分多址 (SC-FDMA) 方式。在核心网方面,LTE 同样进行了全 IP 和扁平化的变革。LTE 核心网引入了系统架构演进 (system architecture evolution,SAE),仅包含分组域。其用户平面和控制平面相互分离,取消了无线网络控制器。然而,事实上 LTE 仍然没有真正达到国际电信联盟无线电通信组 (ITU-R) 所规定的 4G 无线通信标准 IMT-Advanced 的性能要求,并非真正意义上的 4G。但关键技术具有 4G 特征,并能平滑演进到 4G。一般将其称为 3.9G 的技术,或准 4G 技术。

2. LTE-A 的技术参数

LTE-A 系统采用包括载波聚合、多输入多输出以及增强多天线等众多新技术,使得其性能指标有了很大的提高。

(1) LTE-A 能够实现更大的传输带宽。LTE-A 采用载波聚合技术,可以将相邻的两条或更多的载波 (每条载波 20 MHz 带宽) 聚合在一起以获得更大的传输带宽,最大能够达到 100 MHz。

(2) LTE-A 能够实现更快的传输速率。结合载波聚合和高阶多输入多输出 (MIMO) 技术,LTE-A 下行链路的峰值传输速率可以达到 1 Gbps 以上 (4×4 MIMO,并使用载波聚合),上行链路峰值传输速率也可达到 500 Mbps。

(3) LTE-A 能够实现更高的频谱效率。比如,当下行链路采用高阶 8×8 MIMO 时,其峰值频谱效率为 30 bps/Hz。

（4）LTE-A 能够实现更大的系统容量。LTE-A 要求每 5 MHz 带宽内至少支持 300 个并发用户。

（5）LTE-A 能够实现更短的延迟。在控制平面中，LTE-A 要求从空闲状态转换（以分配 IP 地址的情况下）到连接状态的延迟小于 50 ms；在用户平面中，FDD 模式的延迟小于 5 ms，TDD 模式的延迟小于 10 ms。

（6）LTE-A 能够提供快好的移动性支持。LTE-A 能够支持 350 km/h 高速移动的用户。

ITU-R 的 3G 技术标准 IMT-2000 和 4G 技术标准 IMT-Adavanced 的主要技术参数对比如表 7.1 所示。

表 7.1　IMT-2000 与 IMT-Advanced 系统主要技术参数

技术参数	IMT-2000	IMT-Advanced
业务特性	优先考虑语音、数据业务	融合数据和 VoIP
网络结构	蜂窝小区	混合结构
频率范围	1.6~2.5 GHz	2~8 GHz，800 MHz 低频
带宽	5~20 MHz	100 MHz 以上
传输速率	384 Kbps~2 Mbps	20~100 Mbps
接入方式	WCDMA/CDMA2000/TD-SCDMA	MC-CDMA 或 OFDMA
交换方式	电路交换/分组交换	分组交换
移动性能	200 kmph	250 kmph
IP 性能	多版本	全 IP（IPv6）

3. LTE/LTE-A 的工作频段

IMT-2000 和 IMT-Advanced 的工作频段是可以通用的。ITU-R 为 IMT 划分了新的频段，具体包括如下 4 个频段：450~470 MHz（20 MHz 带宽），698~806 MHz（108 MHz 带宽），2 300~2 400 MHz（100 MHz 带宽）和 3 400~3 600 MHz（200 MHz 带宽）。

对于 LTE-TDD，国内的频段划分如下：中国移动共获得 130 MHz 频谱资源，频段分别为 1 880~1 900 MHz、2 320~2 370 MHz、2 575~2 635 MHz；中国联通共获得 40 MHz 频谱资源，频段分别为 2 300~2 320 MHz、2 555~2 575 MHz；中国电信共获得 40 MHz 频谱资源，频段分别为 2 370~2 390 MHz、2 635~2 655 MHz。

对于 LTE-FDD，国内的频段划分如下：中国联通共获得 50 MHz 频谱资源，分别为上行 1 955~1 980 MHz，下行 2 145~2 170 MHz；中国电信共获得 60 MHz 频谱资源，分别为上行 1 755~1 785 MHz，下行 2 145~2 170 MHz。

7.2.2 LTE-A 的系统结构

LTE 网络结构主要包含两部分，一是 E-UTRAN（evolved UTRAN），负责用户设备的无线接入；另一部分是 EPC（evolved packet core），是全 IP 的核心网，如图 7.5 所示。

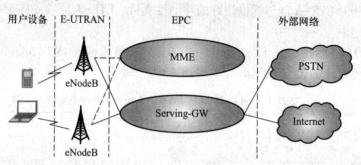

图 7.5　LTE 的网络结构

1. E-UTRAN

E-UTRAN 是 3G 接入网 UTRAN 的演进版本。E-UTRAN 由 e-Node B（evolved-Node B，eNB）构成。eNB 集成了部分无线网络控制器的功能，相当于 2G 中的基站收发机（BTS）与基站控制器（BSC）的结合体，或 3G 中 Node B 与无线网络控制器（RNC）的结合体，使得 LTE 的系统结构更加扁平化。eNB 之间网状直连。

eNB 负责与空中接口相关的所有功能，包括：无线资源管理，如无线链路的建立和释放、无线资源的调度和分配等；无线链路维护，保持与终端间的无线链路，同时负责无线链路数据和 IP 数据之间的协议转换；移动性管理，如用户设备附着时的移动性管理实体选择、用户面数据向服务网关的路由、寻呼消息调度和发送、广播信息的调度和发送以及移动性测量和测量报告的配置等。

2. EPC

EPC 主要由移动性管理实体（mobile management entity，MME）、服务网关（serving gateway，简记为 Serving-GW）以及分组数据网关（packet data network gateway，简记为 PDN-GW）构成，是 LTE 的核心网。其中，MME 负责移动性管理。Serving-GW 提供移动性支持；执行合法监听；进行数据分组的路由和前转；在上行和下行传输层进行分组标记；空闲状态下，下行分组缓冲和发起网络触发的服务请求；用于运营商间的计费等。PDN-GW 位于 EPC 和分组数据网（PDN）的边界，负责将用户设备连接至外部 PDN。需要注意的是，LTE 是全 IP

的网络，并没有电路交换域，所以用户设备总是需要连接至一个 PDN 进行数据传输。PDN-GW 完成基于用户的分组过滤、合法监听、IP 地址分配等功能。

7.2.3 LTE-A 协议栈

由于 LTE 的核心网是全 IP 网络，因此，用户数据和控制信令都是以 IP 分组的形式进行传输的。用户将 IP 分组发送出去之前，IP 分组需要通过协议栈中多个协议层实体进行处理。到达 eNB 后，IP 分组又需要经过逆向的协议层逆向处理。

LTE 系统中的用户平面和控制平面是相互分离的。负责传输和处理用户数据流工作的协议栈称为用户面，负责传输和处理系统信令的协议栈称为控制面。与控制面协议架构相比，用户面协议架构在网络侧是 SAE 网关，而控制面协议栈在网络侧是 MME 的非接入层（non-access stratum，NAS）。且用户面协议栈的 UE 侧和 eNB 侧不包含 NAS 和 RRC。

LTE 系统的协议栈，从下到上主要包含了物理层、数据链路层和网络层这三个层次，如图 7.6 所示。LTE 的协议栈的具体协议和功能描述见表 7.2。

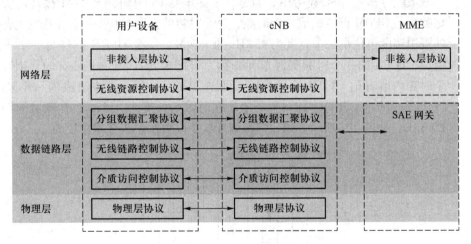

图 7.6 LTE 协议栈结构

表 7.2 LTE 协议栈中各种协议的功能

协议	功能
非接入层协议	负责处理用户设备和 MME 之间信息的传输，通过接入层的信令交互，在用户设备和 MME 之间建立起了信令通路，以实现非接入层的信令流程。具体功能包括会话管理、用户管理、安全管理和计费等

续表

协议	功 能
无线资源控制协议	支持终端和 eNB 间多种功能中最为关键的信令协议。广义上来说，还包括无线资源算法，实际应用中的无线行为都是由它来决定的
分组数据汇聚协议	它负责将 IP 分组的头部进行压缩和解压，对数据和信令进行加密，在控制平面对 RRC 和 NAS 的消息进行完整性校验
无线链路控制协议	负责分段与连接、重传处理，以及对高层数据的顺序传送
介质访问控制协议	负责处理 HARQ 重传与上下行调度，向上层提供数据传输服务和无线资源分配
物理层协议	负责编解码、调制解调、多天线映射以及其他物理层功能

7.2.4 LTE-A 的时频资源

在时域上，LTE-A 最小的资源单位是一个正交频分复用（OFDM）符号或单载波频分多址（SC-FDMA）符号，下面统称 OFDM 符号。一个循环前缀和一定数量的 OFDM 符号组成一个时隙，每个时隙的长度为 0.5 ms。在频域上，最小的资源调度单位是一个宽度为 15 kHz 的子载波。一个 OFDM 符号与一个子载波组成 LTE-A 的一个时频资源单元，称为资源单元（resouce element，RE）。一个时隙内所有的 OFDM 符号与频域上连续的 12 个子载波组成的一个资源块（resource block，RB），即一个资源块在时域的长度为 0.5 ms，在频域的带宽为 180 kHz，如图 7.7 所示。LTE 资源调度就是以资源块为基本单位的。

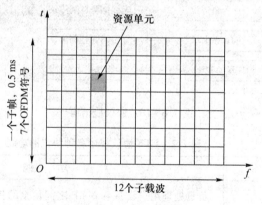

图 7.7 LTE 的资源块

两个连续的时隙组成一个子帧（subframe），因此，LTE 中子帧的长度为 1 ms。LTE-FDD 的每个无线帧（radio frame）包含 10 个子帧，如图 7.8 所示。

LTE-FDD 的上下行在不同的频域中分别进行。在半双工的 FDD 模式下，用户设备不能在同一个子帧里既发送数据又接收数据，而在全双工的 FDD 模式下，用户设备则允许在同一个子帧里可以同时发送和接收数据。

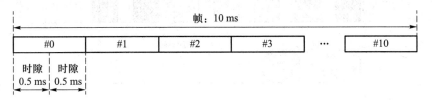

图 7.8　LTE-FDD 的帧结构

LTE-TDD 无线帧结构如图 7.9 所示。每个无线帧的长度同样为 10 ms，由两个"半帧"组成，每个"半帧"的长度为 5 ms，由 5 个连续的长度为 1 ms 的子帧组成。这 10 个子帧当中，第 1 号和第 6 号子帧是特殊子帧，由 DwPTS（下行导频时隙）、GP（保护间隔）、UpPTS（上行导频时隙）构成；其余子帧均为常规子帧，由两个长度为 0.5 ms 的时隙构成。

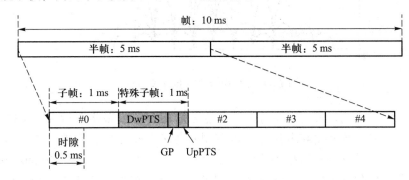

图 7.9　LTE-TDD 的帧结构

7.2.5　LTE-A 的关键技术

为了进一步提高性能，LTE-A 引入了一系列先进的技术，包括下行的正交频分多址（OFDMA）、载波聚合、多输入多输出（MIMO）、中继传输等。

1. 正交频分多址

LTE-A 下行采用 OFDMA 接入技术。OFDMA 以多载波调制技术——正交频分复用（OFDM）作为物理层的调制技术。与传统的多载波调制技术（如 FDM）需要一定频带宽度的保护间隔不同，OFDM 的各个子载波是相互重叠的，这样就大幅提高了频谱效率，如图 7.10 所示。为了避免重叠子载波之间相互的干扰，OFDM 各个子载波之间是两两相互正交的。邻近子载波在目标子载波理想抽样点处的值为 0，如图 7.11 所示。OFDM 相邻正交子载波之间的载频间距为奈奎斯特带宽，保证了 OFDM 具有最大的频谱利用率。

图 7.10　OFDM

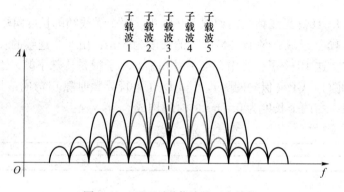

图 7.11　OFDM 子载波的正交特性

在发送端，首先需要将串行高速数据流转换成多路并行的低速数据流，然后利用 OFDM 将每路低速数据流调制到各个子正交的子载波上进行传输。混合的正交信号可以利用相关技术在接收端实现分离。由于每个子载波的带宽很小（LTE-A 为 15 kHz），因此每个子载波上的衰落可以看成是平坦的，从而能够有效地消除了符号间干扰。

2. 载波聚合

LTE-A 所支持的最大带宽为 100 MHz，以提供下行峰速 1 Gbps，上行峰速 500 Mbps 的传输速率要求。在目前频谱分配和规划方式下，想要找到满足 LTE-A 要求的 100 MHz 带宽相当困难。因此，LTE-A 引入了载波聚合（carrier aggregation，CA）技术，即将连续或者离散的多个成分载波（component carrier，CC）聚拢在一起以支持更大的传输带宽。LTE-A 最多可以支持 5 个载波聚合在一起，每个成分载波的最大带宽为 20 MHz。这也就是 LTE-Advanced 最大信道带宽是 100 MHz 的原因。载波聚合既可以用于 FDD 系统，也可以应用于 TDD 系统。

LTE-A 载波聚合可分为带内连续成分载波聚合、带内非连续成分载波聚合和带外非连续成分载波聚合三种类型，如图 7.12 所示。其中，带内连续载波聚合是在技术上最容易的。但在由于实际应用场景中连续的带内频谱资源非常有限，往往难以实现。因此非连续载波聚合则是相对灵活的选择。

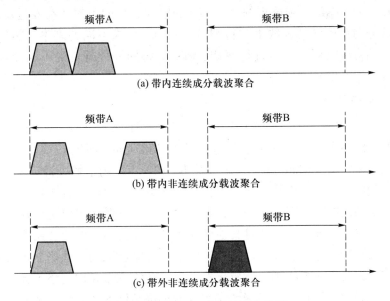

图 7.12 LTE-A 三种载波聚合类型

3. 多输入多输出技术

多输入多输出（MIMO）技术是指在发射端和接收端分别使用多个发射天线和接收天线来进行信号传输的一种方式，如图 7.13 所示。MIMO 能够在不增加带宽与发射功率的前提下，提高系统的数据传输速率、减少误比特率、改善无线信号的传送质量，是大幅提升 LTE 传输速率的物理层关键技术之一。3GPP Release10 规定了 LTE-A 下行最多可以支持 8×8 MIMO 方案，即 8 个发送天线加 8 个接收天线，下行峰值频谱效率达到了 30 bps/Hz，上行最多支持到 4×4 MIMO 方案。

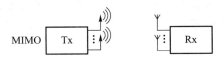

图 7.13 MIMO 示意图

MIMO 能够实现多个信号流在空中的并行传输。这多个信号流可以来自不同的数据流，也可以是同一个数据流的不同副本。当 MIMO 传输不同的数据流时，发送端把一个高速的数据流串并变换为几个速率较低的数据流，然后分别进行编码、调制，并通过不同的天线发送出去。各个天线之间相互独立，一个天线相当于一个独立的信道，接收机接收信号，然后进行解调、解码，将几个数据流合并，恢复出原始信号。这就是 MIMO 中空分复用的主要思想。如果传输的是相同的数据流，则体现的是 MIMO 的空间分集的思想。在发送端，同一个数据流分别在不同的天线上进行编码、调制，形成不同的副本，然后发送出去。接收端将接收到的信号进行解调、解码，将同一数据流的不同接收信号合并，恢复出原始信号。

4. 增强的小区间干扰协调

3GPP Release 10 允许 LTE-A 支持异构组网。在 LTE-A 异构架构中，除了传统的宏蜂窝（macrocell），还包含了微蜂窝（microcell）、微微蜂窝（picocell）和毫微微蜂窝（femtocell）等多种低功率的节点，用于解决特定区域的室内无线覆盖问题。由于异构蜂窝之间可使用同频载波，因此，各异构小区间存在着比较严重的同频干扰问题。例如，宏基站的下行发射功率要比低功率节点的发射功率大得多，导致宏基站对其他低功率节点覆盖小区中边缘用户的下行接收造成很大干扰；处于宏基站边缘终端的上行传输会采用大功率，也会对附近低功率节点覆盖小区中的用户造成干扰。为了有效消除异构网络不同类型基站之间的干扰问题，提升 LTE-A 系统吞吐量和网络整体效率，LTE-A 引入了增强的小区间干扰协调（enhanced inter-cell interference coordination，eICIC）技术。

eICIC 主要包含几乎空白子帧（almost blank subframe，ABS）和小区覆盖扩展（cell range expansion，CRE）两种关键技术。ABS 是一种基于时域的干扰管理技术，其原理是将宏基站的部分时域子帧设置为空白，称为 ABS 子帧。在该子帧上，宏基站保持静默状态，即不发送任何数据信息，只发送一些必要的导频信号，此时微基站优先服务微基站的边缘用户，以此来保证边缘用户的性能，避免宏基站的下行干扰。

CRE 的主要思路是：终端在选择接入宏基站或微基站时，系统为扩大微基站的覆盖范围，给终端接入宏基站设定一个偏移门限，仅当宏基站的信号强度比微基站的信号强度高出预设的偏移门限时，终端才会接入宏基站。CRE 的目的是，在保证覆盖质量的前提下，尽量让更多的终端选择接入微蜂窝，使微蜂窝更好地发挥业务分流的效果。

思考题

1. 目前主流的 3G 标准有哪几种？请分别列举每种标准的适用国家或地区。
2. UTRAN 是 WCDMA 系统的接入网部分，由一组无线网线子系统（RNS）组成，每一个 RNS 包括一个无线网络控制器（RNC）和一个或多个 Node B。请分别说明 Node B 与 RNC 的功能，并指出 Node B、RNC 与核心网之间的接口。

3. 用户设备在不同小区间的切换主要有哪几种方式？请简述它们之间的区别。

4. TD-SCDMA 是我国提出的第三代移动通信标准，也是 ITU 批准的三个 3G 标准中的一个。它与 WCDMA 和 CDMA2000 相比，有什么优点？

5. 查阅文献，比较 LTE-TDD 和 LTE-FDD 的优劣。

6. LTE-A 的核心网 EPC 是全 IP 核心网。请简述 EPC 中各主要实体的功能。

在线测试 7

第 8 章　低功耗广域网

物联网（internet of things，IoT）是在互联网基础上延伸与扩展的一种网络，通过信息传感设备（例如无线传感器节点、射频识别装置、红外感应器等）按照事先约定的协议，将世间万物与互联网连接起来，并进行信息的交换和通信，从而实现智能化识别、定位、跟踪、监测控制和管理。从技术层面分析，物联网可分为感知层、传输层和应用层。感知层通过实时感知，随时随地对物体进行相关信息的采集和获取，并将收集到的物理信息传送至传输层。传输层将感知层识别与采集的数据信息安全、可靠地传送到信息网络，是物联网实现无缝连接、全方位覆盖的重要保障。应用层则对感知信息和数据进行相关分析和处理，以实现智能化决策和控制。

物联网无线通信技术一般可以分为两类。一类是包括 WiFi、蓝牙和 ZigBee 等的短距离无线通信技术；另一类是使用 2G、3G 以及 4G 等蜂窝移动通信系统的广域无线通信技术，即低功耗广域网（low power wide area network，LPWAN）。根据工作频段的不同，低功耗广域网又可以分为两类：一类工作在非授权频段，如 LoRa 和 Sigfox 等，这类技术大多是非标准、自定义的；另一类是工作在授权频段的技术，最典型的代表就是窄带物联网（narrow band internet of things，NB-IoT）技术。

本章将主要介绍 LoRa 和 NB-IoT 这两种 LPWAN 技术。关于基于短距离无线通信技术的物联网相关技术，将在后续章节详细阐述。

8.1　LoRa 广域网技术

LoRa 这个名称来自"long range"，是一种低功耗远距离通信技术。基于 LoRa 技术的低功耗广域网的设计目标包括：数千米以上的大范围覆盖；超低能耗，仅由电池供电，能工作数年；良好的抗干扰能力；超高接入容量，一个接入点可以支持数万个终端节点；支持 300 bps~50 Kbps 的数据传输速率。

8.1.1 基于 LoRa 的 LPWAN 协议栈

基于 LoRa 的 LPWAN 协议栈分为物理层、数据链路层和应用层，如图 8.1 所示。

物理层即 LoRa 技术，采用 CSS（chirp spread spectrum）扩频调制方案，并具有前向纠错能力。LoRa 物理层技术显著地提高了接收灵敏度，扩大了无线通信链路的覆盖范围，并提供了更强的抗干扰性。

基于 LoRa 的 LPWAN 数据链路层由 LoRaWAN 提供。LoRaWAN 是 LoRa 联盟基于 LoRa 物理层制定的链路层协议。LoRaWAN 提供了基础 LoRaWAN（Class A）终端和两种可选终端类型（Class B 和 Class C），如图 8.1 所示。

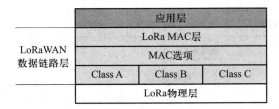

图 8.1 LoRa 的协议栈

8.1.2 LoRaWAN 的网络架构

LoRaWAN 所定义的网络架构如图 8.2 所示，包含终端、网关、网络服务器和应用服务器这四个部分。网关和终端之间采用星形网络拓扑组网，并由 LoRa 技术承载，实现网关和终端之间的单跳传输。网关负责转发终端和网络服务器之间的 LoRaWAN 协议数据。网络服务器负责和网关及终端的 MAC 数据交互，而应用服务器为应用层服务端。在网关和网络服务器之间，以及网络服务器和应用服务器之间，数据由 IP 网络承载。网络服务器和应用服务器也可能存在于同一个物理实体。

图 8.2 LoRaWAN 网络架构

LoRaWAN 定义了三种不同类型的终端。

Class A 提供了最低功耗的终端系统。其采用 ALOHA 协议上行发送数据，在每次上行后都会紧跟两个短暂的下行接收窗口，以此实现双向传输。服务器在其他任何时间进行的下行传输都需等待终端的下一次上行。

Class B 终端比 Class A 终端有更多的下行接收时隙。除了 Class A 的随机接收时隙，Class B 终端还会在指定时隙进行接收。为了让终端可以在指定时隙进行接收，终端需要从网关接收时间同步的信标。

Class C 的终端基本是一直打开着接收窗口，只在发送时短暂关闭。Class C 的终端会比 Class A 和 Class B 更加耗电，但同时从服务器下发给终端的时延也是最短的。三种终端的传输时序如图 8.3 所示。

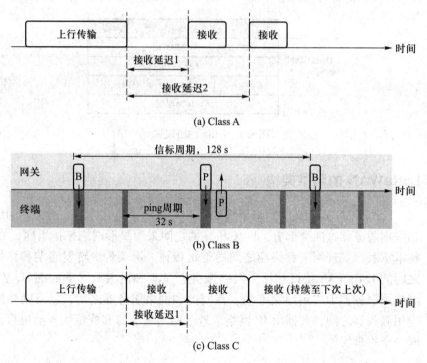

图 8.3　LoRaWAN 定义的三种终端的传输时序图

8.1.3　LoRaWAN 的入网方式

终端可以通过空中激活（over the air activation，OTAA）方式或者独立激活（activation by personalization，ABP）方式来加入网络。

当采用 OTAA 方式入网时，需要提供 DevEUI、AppEUI、AppKey 三个参数。其中，DevEUI 是终端的全球唯一标识符；AppEUI 是应用的唯一标识符；

AppKey 是一个 AES-128 的应用密钥, 由应用程序拥有者分配给终端。当终端通过 OTAA 方式加入网络, AppKey 用来产生会话密钥 NwkSKey 和 AppSKey, 分别用来加密和校验网络层及应用层数据。终端通过发送 Join-request 消息发起入网流程。Join-request 携带了 DevEUI 和 AppEUI 参数。如果网络服务器准许终端加入网络, 就会回复 Join-accept 消息, 并为终端分配 32 位的网络地址 DevAddr。

如果采用 ABP 方式入网, 则是直接为终端配置 DevAddr、NwkSKey、AppSKey 这三个 LoRaWAN 最终通信的参数, 不再需要启动 Join 流程。在这种情况下, 这个设备是可以直接发送应用数据的。

8.1.4 LoRaWAN 的优化

LoRaWAN 定义了多种不同的数据传输速率。为了最大化每个终端的电池寿命和系统的总体有效容量, LoRaWAN 使用自适应数据速率 (adaptive data rate, ADR) 来动态地优化匹配每个已连接终端的数据速率和射频传输距离。

另一方面, LoRaWAN 采用空中唤醒技术来优化终端的工作/休眠周期, 以尽量降低终端的功耗。空中唤醒技术是基于信道活动检测 (channel activity detection, CAD) 技术实现的。终端的接收机周期性自动醒来, 利用 CAD 检测空中是否存在有效的前导信号。如果没有, 则继续睡眠; 如果有, 则被唤醒进入接收状态。

8.2 窄带物联网技术

NB-IoT 是于 2015 年 9 月在 3GPP 标准组织中立项提出的一种新型低功耗广域网技术, 2016 年 6 月 16 日, NB-IoT 标准获得了 3GPP 无线接入网技术规范组会议通过。从立项到标准冻结, 整个历程仅不到 8 个月, 成为史上确立最快的 3GPP 标准之一。NB-IoT 标准发布以后, 因其具有连接强、覆盖率高、功耗低、成本低等优点, 迅速被应用于众多窄带物联网, 成为低功耗广域网的主导技术之一。本节将首先介绍 NB-IoT 的特点、应用场景, 然后介绍 NB-IoT 的组网方式。

8.2.1 NB-IoT 的特点及应用

NB-IoT 采用超窄带、重复传输、精简网络协议等设计, 牺牲一定速率、时延、移动性性能, 获取面向低功耗广域物联网的承载能力, 与低功耗、广覆盖的设计需求完美契合, 是最符合低功耗广域业务需求的物联网技术。NB-IoT 具有如下特点。

（1）低功耗。NB-IoT 支持节能模式（power-saving model，PSM）和增强型不连续接收（enhanced discontinuous reception，eDRX）技术降低终端功耗。根据实验结果，NB-IoT 的功耗只有 GSM 的 10%。如果采用 AA 电池供电，NB-IoT 终端模块可以保证工作 10 年而不用充电。

（2）覆盖范围广。NB-IoT 技术通过低阶调制、提高功率谱密度和重复发送的方式实现覆盖性能的提升。和 GSM 网络相比，在相同的发射功率下，NB-IoT 网络增益可提升 20 dB。

（3）容量大。通过频分和时分接入，理论上，每个小区可以支持数万个 NB-IoT 终端的连接。

（4）成本低。目前 NB-IoT 终端模块通过降低射频收发机、功放、元器件成本等方式，成本有望降到 5 美元以内。随着未来技术演进及市场的发展，NB-IoT 模块成本还有望进一步降低。

NB-IoT 的这些特点，使得其非常适合传输速率需求低、传输延迟不敏感、移动性弱或基本不移动等物联网应用场景。下面给出几个应用场景。

（1）市政建设中的基础设施和建设智能化管理。基于城市地理信息系统和数字化城市管理系统，采用云计算和大数据技术，实现对城市水电气、供暖、道路、绿化、公路照明等基础设施建设全方位的监测、控制和管理。

（2）城市交通智能化。通过终端及传感器网络感知城市运行，由通信网、互联网和物联网作为信息传递的载体，在平台中将各类信息和数据进行整合和分析，并搭建服务于支撑城市运营的行业应用，实现对交通信息、应急调度、智能停车等城市交通问题的智能化管理及服务。

（3）环境管理智能化。将装置在自然环境中空气、水、土壤的传感器信息发送到计算机，进行实时监控和管理，为环保提供更加科学、准确的判断依据。

（4）物流智能化。通过窄带物联网技术实现物流从仓储到运输配送及售后服务全过程跟踪的智能化信息化管理。

（5）现代家居智能化。将家中各种家电设备和安防设备通过物联网技术连接，对所有设备进行智能化监测、控制及管理。

8.2.2　NB-IoT 的物理层规范概述

NB-IoT 的上行传输有多载波方式和单载波方式两种，采用单载波 FDMA（SC-FDMA）多址方式。其中，多载波方式与 LTE 具有相同的 15 kHz 带宽的子载波、0.5 ms 时隙以及 1 ms 子帧长度，每个时隙包含 7 个 SC-FDMA 符号。而单载波方式的子载波有两种选项，分别是 15 kHz 和 3.75 kHz。当采用 3.75 kHz 子载波时，由于每时隙符号数需保持不变，3.75 kHz 的时隙延长至 2 ms（子帧长度延长至 4 ms）。

NB-IoT 定义了两种上行物理信道，分别为窄带物理上行共享信道（narrow band physical uplink share channel，NPUSCH）和窄带物理随机接入信道（narrow band physical random access channel，NPRACH）。其中，NPUSCH 用于传输上行的数据及控制消息，NPRACH 用于用户设备的随机接入过程。空闲状态的用户设备需要争抢 NPUSCH，用于建立连接，获得专用信道资源。另外，NB-IoT 还定义了一个上行的解调参考信号（demodulation reference signal，DM-RS），用于对用户设备所占用的 NPUSCH 信道进行信道估计与相干解调。

NB-IoT 定义了三种下行物理信道，分别为窄带物理下行控制信道（narrow band physical downlink control channel，NPDCCH）、窄带物理下行共享信道（narrow band physical downlink share channel，NPDSCH）和窄带物理下行广播信道（narrow band physical downlink broadcast channel，NPDBCH）。NPDCCH 主要用于下行传输下行控制信息（downlink control information，DCI），包括资源调度、HARQ 确认信息、随机接入响应调度信息、寻呼指示等。NPDSCH 主要用于下行传输业务数据、寻呼消息、RAR 消息和系统消息。NPDBCH 位于无线帧的 0 号子帧，主要用于下行广播系统主消息块。

NB-IoT 还定义了三种下行参考信号，分别为窄带主同步信号（narrow band primary synchronization signal，NPSS）、窄带辅助同步信号（narrow band secondary synchronization signal，NSSS）和窄带参考信号（narrow band reference signal，NRS）。NPSS 和 NSSS 用于 NB-IoT UE 执行小区搜索。NRS 用于下行信道质量估计，用于终端的相干检测和解调。

8.2.3　NB-IoT 的网络架构

窄带物联网是从 LTE 网络发展而来的，因此在网络整体框架上基本保留了 LTE 的基本架构。与 LTE 网络一样，NB-IoT 的网络架构具有扁平化和全 IP 化的特点。NB-IoT 网络同样取消了 2G 和 3G 中"基站-控制器"的结构，而采用一个单一的物理节点 eNB 来实现无线侧的数据传输和信令控制功能，使其系统结构更加扁平化。NB-IoT 的核心网目前主要是共用 LTE 网络的 EPC，是一个全 IP 化的核心网。图 8.4 为 NB-IoT 网络完整的网络结构图。

其中，NB-IoT 终端通过无线空口接口连接到 eNB。无线网侧的 eNB 主要完成空口接入处理，小区管理等相关功能，并与 IoT 核心网进行连接，将非接入层数据转发给高层网元处理。这里需要注意，NB-IoT 可以独立组网，也可以与 LTE E-UTRAN 融合组网。NB-IoT 核心网承担与终端非接入层交互的功能，并

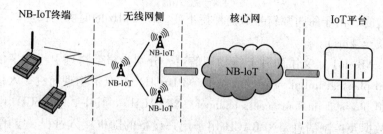

图 8.4　NB-IoT 的网络结构

将 NB-IoT 业务相关数据转发到 NB-IoT 平台进行处理。同样地，NB-IoT 核心网既可以是 NB-IoT 独立组网，也可以与 LTE 共用核心网。从各种接入网得到的 IoT 数据会汇聚至 IoT 平台。IoT 平台与各种相应的业务应用服务器相连，并将根据不同类型转发至相应的业务应用器进行处理。

8.2.4　NB-IoT 的组网方式

NB-IoT 的组网方式有三种，分别是独立（stand alone）组网方式、保护带（guard band）组网方式和频带内（in-band）组网方式，如图 8.5 所示。

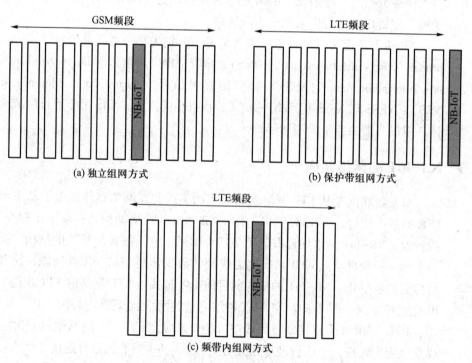

图 8.5　NB-IoT 的三种组网方式

独立组网方式是利用蜂窝移动通信系统未使用的频率资源进行组网,从两种网络所能够提供的频率资源来考虑,在 GSM 网络的频率资源上进行组网是一个比较优质的选择。GSM 的信道带宽为 200 kHz,这刚好为 NB-IoT 180 kHz 带宽辟出空间,且两边还有 10 kHz 的保护间隔。

保护带组网方式是指利用 LTE 的保护间隔频带内组网。这种方式不占用 LTE 系统资源。LTE 系统的保护间隔大于 200 kHz,满足 NB-IoT 180 kHz 的带宽需求。

频带内组网是指 NB-IoT 占用 LTE 载波内的一个物理资源块,即 180 kHz,进行组网。载波间不需额外保护带宽。这种方式下,NB-IoT 和 LTE 共存于同一个基站,需要对无线资源进行调度。

思考题

1. 请简述 LoRa 和 LoRaWAN 的联系与区别。
2. LoRaWAN 定义了三类不同的终端,它们在传输特性上,有什么区别?
3. LoRaWAN 网络包含哪些组成部分?它们各自的功能是什么?
4. NB-IoT 网络包含哪些组成部分?它们各自的功能是什么?
5. NB-IoT 的物理层定义了哪些物理信道?它们各自的作用是什么?
6. NB-IoT 有哪些组网方式?不同的组网方式下的资源分配方式有什么不同?
7. 查阅文献资料,分别介绍一种具体的 LoRa 和 NB-IoT 物联网应用。

在线测试 8

第 9 章 移动 Ad Hoc 网络

在第 6 和第 7 章中介绍了蜂窝移动通信系统,这些系统都是有基础设施的(infrastructure),要基于预设的网络设施如基站才能运行。第 5 章中介绍的无线局域网一般也是工作在有接入点及有线骨干网的模式下。但对于某些特殊应用场合来说,有基础设施的移动网络并不能胜任。比如,战场上部队的快速展开和推进,地震或水灾后的营救等。这些场合的通信不能依赖于任何预设的网络设施,而需要一种能够临时快速自动组网的无线网络。移动 Ad Hoc 网络正是为了满足这些需求而诞生的。本章将从基本概念、媒体访问控制技术以及路由技术等方面全面介绍移动 Ad Hoc 网络。

9.1 MANET 概述

9.1.1 MANET 的定义

词语"Ad Hoc"来源于拉丁语,其含义为"for this",引申义为"for this purpose only",字面上的意思是"为某种特定目的或场合的"或"仅为这种情况的"。因此,顾名思义,Ad Hoc 网络是一种有特殊用途的网络,它是一种多跳的(multi hop)、无中心的、自组织的对等式无线网络,是由多个带有无线收发装置的终端构成的一个临时性自治系统;网络中的每个终端同时具有路由转发功能。如果终端是移动的,则被称为移动 Ad Hoc 网络,也称(mobile ad-hoc network,MANET)。

图 9.1 描述了一个由三个节点组成的简单的 Ad Hoc 网络。该网络包含 3 个节点:A、B 和 C,每个节点的通信范围采用以该节点为圆心的虚线圆来表示。显然,C 不在 A 的通信范围之内,A 也不在 C 的通信范围之内。如果 A 和 C 之间需要交换信息,则需要 B 为它们转发分组,因为 B 既在 A 的通信范围内,又在 C 的通信范围内。

Ad Hoc 网络的前身是分组无线网(packet radio network)。早在 1972 年,美国国防部高级研究计划局(Defense Advanced Research Project Agency,DARPA)

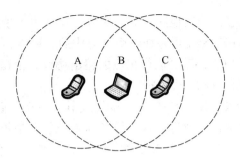

图 9.1 一个简单的 Ad Hoc 网络

就启动了分组无线网项目 PRNET（packet radio network），以研究如何在战场环境下利用分组无线网进行数据通信。此后，DARPA 于 1983 年启动了抗毁自适应网络项目 SURAN（survivable adaptive network），研究如何将 PRNET 的研究成果加以扩展，以支持更大规模的网络。成立于 1991 年 5 月的 IEEE 802.11 标准委员会采用了"Ad Hoc 网络"一词来描述这种特殊的自组织对等式多跳移动通信网络，Ad Hoc 网络就此诞生了。

9.1.2 MANET 的特点

与其他有基础设施的无线网络和固定网络相比，MANET 具有以下特点。

（1）无中心。MANET 采用无中心结构，没有预先存在的网络基础设施，所有节点的地位平等，是一个对等式网络。

（2）自组织。网络的布设或展开无须依赖于任何预设的网络设施。节点通过分层协议和分布式算法协调各自的行为。节点可以随时加入和离开网络，在任何时刻、任何地方都能够快速展开并组成一个移动通信网络，完全实现网络的自主创建、自主组织和自主管理。任意节点的故障不会影响整个网络的运行。与有中心的网络相比，移动 Ad Hoc 网络的自组织与分布式特征使其具有很强的健壮性和抗毁性。

（3）动态变化的网络拓扑。在 MANET 中，由于节点的随机加入或离开，节点的随时开机或关机，节点在网络中的随机移动，再加上无线发送装置发送功率的变化、无线信道间的互相干扰因素、地形等综合因素的影响，移动节点间通过无线信道形成的网络拓扑结构随时可能发生变化。具体的体现就是拓扑结构中节点的随机增加或消失，以及无线链路的随机增加或消失。网络拓扑的动态性使得 MANET 在体系结构、网络组织、协议设计等方面都与普通的蜂窝移动通信网络和固定通信网络有着显著的区别。

（4）多跳路由。由于单个节点的通信范围是有限的，当要与其覆盖范围之外的节点进行通信时，就需要中间节点的转发。这将形成从源节点到目的节点的一条多跳的路径。与其他网络不同的是，MANET 中的转发是由普通节点完成的，而不是由专用的路由设备如路由器完成的。MANET 中的每个节点都兼具主机和路由器两种功能，需要运行相应的路由协议，根据路由策略和路由信息参与网络中的分组转发和路由维护工作。

（5）主机资源受限。MANET 中的无线节点一般为便携设备，比如 PDA、智能手机或者笔记本计算机等。这些设备通常依靠电池提供电源，且运算和处理能力有限。因此，在设计 MANET 相关协议时，需充分考虑能量有效性和算法复杂度。

（6）安全性差。开放的无线信道环境、分布式网络控制以及有限的电源和计算能力，使得 MANET 更加容易受到攻击，比如被动窃听、主动入侵等。

（7）无线传输带宽受限。MANET 采用无线传输技术作为底层通信手段。由于无线信道本身的物理特性，它所能提供的网络带宽相对有线信道要低得多。此外，无线信道竞争共享产生的冲突、信号衰减、噪声和信道之间干扰等多种因素，使得移动终端得到的实际带宽远远小于理论上的最大带宽，并且会随时间动态地发生变化。

MANET 与传统网络的区别总结在表 9.1 中。

表 9.1 移动 Ad Hoc 网络与有基础设施无线网络的主要区别

对比项	有基础设施无线网络	移动 Ad Hoc 网络
有无基础设施	有	无
节点的能力	强	弱
网络抗毁性	低	高
配置速度	慢	快
网络的灵活性	差	好
控制方式	集中	分布
能源供应情况	充足	有限
安全程度	高	低
网络的生存周期	长期	短期
通信的可靠性	较好	没有保障
节点间的信任程度	可信的	可疑的
网络的拓扑结构	固定不变	动态变化
通信转发的方式	有中心，单跳	无中心，多跳
网络的带宽	网络宽带服务	带宽有限的服务

9.1.3 MANET 的应用

由于 MANET 网络的诸多特点，它的应用领域与普通的通信网络有着显著的区别。MANET 适合无法或不便于预先敷设网络基础设施或需要网络快速展开的场合。MANET 的自组织性提供了在这种特殊环境下实现网络部署并立即进行通信的可能；多跳和中间节点的转发特性既可以保持网络覆盖范围不发生变化，还可以减小每个终端的发射功率，从而使移动终端越来越小型化，从而可以在很大程度上实现节点的节能。结合当前的应用领域和未来的发展趋势，MANET 的应用场合可以概括为以下几个方面。

（1）军事通信领域。军事通信应用仍是 MANET 的主要应用领域。因其特有的无须架设网络设施、可快速展开、抗毁性强等特点，无线自组网是数字化战场通信的首选技术，并已成为战术互联网的核心技术。

（2）无线传感器网络。传感器网络是 MANET 技术的另一个应用领域。无线传感器网络是由一组集成有传感器、数据处理单元和通信模块的微型传感器以自组织方式构成的无线网络，广泛应用于工业监控、军事等领域中。对于很多应用场合来说，传感器网络只能使用无线通信技术，而且考虑体积和节能等因素，传感器网络的发射功率不可能很大，而 MANET 实现多跳通信是非常实用的解决方案。分散在各处的传感器组成 MANET，可以实现数据采集、节点信息共享以及与控制中心之间的通信，可以用来监测目标区域的环境变化、收集和处理相关的敏感信息等，MANET 在这些方面具有非常广阔的应用前景。有关无线传感器网络的相关内容，将在后续章节做详细介绍。

（3）个人通信。个人区域网是 MANET 的又一个重要应用领域。现在的传统无线网络需要大量的基站或交换机等设备进行支持，而 Ad Hoc 却可以免去这些基础设施建设，在大大降低成本的情况下还可以满足随时随地服务的要求，这在当今的个人通信领域很有价值。另外，考虑电磁波辐射对人的健康影响问题时，MANET 的多跳特点也再次展现出它的优势。

（4）紧急和临时场合。在发生了严重的自然灾害或遭受其他灾难性打击后，固定的通信网络设施可能因被摧毁而无法正常工作，这时救援人员可以通过 Ad Hoc 无线自组网来保障通信指挥的顺利进行；另外，处于边远或偏僻野外地区时，同样无法依赖固定或预设的网络设施进行通信，MANET 技术的独立组网能力和自组织特点，都是这些场合通信的最佳选择。类似地，对于临时场合的通信，例如大型会议、庆典、展览等场合，采用 MANET 网络技术可以免去布线和部署网络设备的烦琐工作。

9.1.4   MANET 的协议栈结构

MANET 的体系结构和设计方法需要充分考虑其网络的独特性。一般可以将 MANET 的体系结构划分为 5 层，自下而上依次为物理层、数据链路层、网络层、传输层和应用层。图 9.2 给出了 MANET 的体系结构及其与 ISO/OSI 模型之间的对应关系。

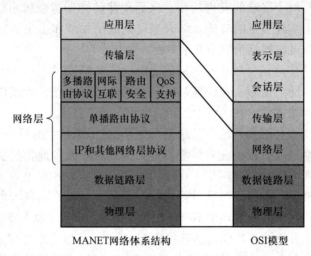

图 9.2   MANET 的体系结构及其与 OSI 模型的对应关系

在 MANET 的体系结构中，物理层通过无线通信的传输介质为无线传输访问控制提供底层的物理连接，完成对无线信号的编码、译码等，并执行信号的发送和接收。其主要功能包括信道的区分和选择，无线信号的监测、调制与解调等。由于多径传播带来的多径衰落、码间串扰，以及无线传输的空间广播特征带来的节点间的相互干扰，MANET 传输链路的带宽容量会有所降低。因此，物理层的设计目标在于如何以相对低的功能损耗，克服无线媒体的传输损耗，获得较大的链路容量。为达到该设计目标，常用的关键技术包括调制解调、信道编码、多天线、自适应功率控制、自适应速率控制等。

MANET 的数据链路层主要为网络层提供相邻节点间的可靠数据链路，它可以分为两个子层：逻辑链路控制（LLC）子层和介质访问控制（MAC）子层。其中，LLC 子层与介质无关，主要提供寻址、排序、差错控制和流量控制等功能；而 MAC 子层提供介质访问控制功能，高效的 MAC 协议是 MANET 的重要研究领域之一。

MANET 网络层的主要功能包括邻居发现、分组路由、拥塞控制和网际互联等。路由协议是 MANET 网络层最主要的组成部分，用以发现和维护去往目的节点的路由。其中，单播路由协议负责维护路由表，保持它与当前的拓扑结构相一致；多播路由协议则提供群组通信的底层支持。网际互联则可以使 MANET 与现有的网络实现互联，扩大现有的网络的覆盖范围和应用范围。

MANET 的传输层功能与 OSI 的传输层一致，主要是实现端到端的通信，实现上层应用与下三层相隔离，并根据网络层的特性来高效地利用网络资源。MANET 的传输层所包含的协议是由传统的 TCP 和 UDP 经过针对无线传播特性修正而来的。由于无线信道的衰落特性，丢包现象时有发生。而传统的 TCP 协议会将这些丢包归咎于网络拥塞，从而启动拥塞控制和避免算法，这样做不仅无法避免无线信道的丢包，相反还降低了无线网络端到端的吞吐量，严重情况下可使吞吐量降至零。因此，必须针对传统的 TCP 进行有针对性的修订。

MANET 应用层为各种业务提供访问 MANET 的接口与规则。

9.1.5 MANET 的拓扑结构

鉴于 MANET 的自组织性与对等性，其拓扑一般采用分布式结构，分为平面结构和分级结构。

1. 平面结构

图 9.3 所示为一个平面结构的 MANET。平面网络结构的特点是所有节点的角色相同，在网络控制、路由选择和流量管理上都是平等的，所以又称为对等式结构。

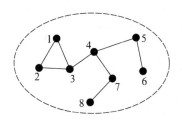

图 9.3 平面结构的 MANET 示意图

平面网络结构组成简单，所有节点地位平等，无须任何结构维护过程。源节点和目的节点之间通常存在多条路径，可以较好地实现负载均衡和选择最优化的路由进行数据传输，减小延时。平面结构中节点的覆盖范围较小，相互之间冲突小，各节点之间是平等的，没有上下级关系，相对比较安全。这种结构原则上不存在瓶颈，网络比较健壮，鲁棒性、抗毁性都比较强。

但是，在平面结构中，一个节点需要知道到达其他所有节点的路由，维护这些动态变化的路由信息需要大量的控制消息。当一个 MANET 中包含的节点数目较多，特别是节点动态性较强的情况下，控制开销就会很大，从而占用大量带宽。

因此平面结构的可扩充性较差，网络规模受限制，只适合中小规模的 MANET。

2. 分级结构

在分级结构中，一个 MANET 被划分为多个簇（cluster），每个簇由一个簇头（cluster header，CH）和多个簇成员（cluster member）组成。两个不同簇中的簇成员间通信需要经过各自的簇头进行转发。簇头不仅负责簇内成员的管理、簇内成员分组的转发，还需要进行簇间路由的维护，因此簇头节点需要有相对更高的性能。在各个簇网络之上，是由所有簇头构成的高一级网络。当然，对于规模非常大的网络，还可以对簇头构成的高一级网络再次进行分簇，形成更高一级的网络。

根据不同的硬件配置，分级结构又可以分为单频分级和多频分级两种结构。在单频分级网络中，所有节点的无线收发设备都使用相同的工作频率。为了实现簇头之间的通信，需要有网关节点的支持。簇头和网关共同构成了高一级的网络，又被称为虚拟骨干网络。单频分级结构如图 9.4 所示，而在多频率分级网络中，不同级的节点采用不同的工作频率。低级节点的通信范围较小，高级的节点具有较大的覆盖范围。每一个低级节点构成的簇都需要拥有一个高级节点，高级节点同时位于两个级中。作为簇头节点，高级节点既处于由所有簇头节点组成的高级网络中，又处于其所在簇的低级节点所组成的低级网络中。多频分级结构如图 9.5 所示。

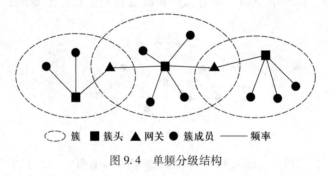

○ 簇   ■ 簇头   ▲ 网关   ● 簇成员   —— 频率

图 9.4   单频分级结构

分级结构通过分簇减少了网络规模扩大对路由开销增加的影响，通过增加簇的个数和级数可有效提高整个网络的容量，增强网络的可扩展性。在分级结构中，每个簇的规模相对较小，只有簇头节点才存储其他簇的路由信息，簇内成员的功能相对简单，只需要维护其到簇头的路由，大大减少了网络中的洪泛和路由开销。以两级的网络为例。假设共有 M 个簇，平均每个簇有 N 个节点，则网络中共有 NM 个节点。如果采用平面结构，则节点需要维护 $O(NM)$ 条路径。而采用两级分层结构，簇头节点仅需要维护 $O(M)$ 条路径，而簇成员节点只需要维护 $O(N)$ 条路径。

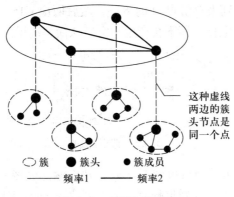

图 9.5　多频分级结构

　　然而分级结构也存在一些限制。首先，维护分级结构所需的分簇算法、簇头选择算法和簇维护算法通常较为复杂，增加了计算的复杂性；其次，簇内节点与簇外节点通信时必须经过簇头，而这样所得到的路由有时并不是最佳路由；最后，就节点负荷而言，簇头节点的负担较重，可能成为网络的瓶颈。

9.2　MANET 的介质访问控制技术

　　在有基础架构的无线网络中，基站能够对整个网络进行集中控制，保持全网同步，高效而公平地调度节点接入信道。这种网络一般采用非竞争的介质访问控制技术，比如 FDMA、TDMA 和 CDMA 等。而 MANET 是一种自组织网络，没有控制中心，网络的维护是分布式的，在介质访问控制上与有基础架构的无线网络有着本质的不同。MANET 一般采用基于竞争的介质访问控制技术。本节将在第 3 章的基础上，介绍典型的应用于 MANET 的介质访问控制协议。

9.2.1　MANET 中 MAC 协议设计所面临的问题

1. 隐藏终端和暴露终端

　　关于隐藏终端和暴露终端问题，第 3 章已经做了详细的说明。在单信道条件下，RTS/CTS 机制能够有效地消除隐藏发送终端问题，但解决不了隐藏接收终端、暴露发送终端和暴露接收终端问题。采用双信道的方法可以有效解决隐藏终端和暴露终端问题，即将信道分为数据信道和控制信道，利用数据信道收发数据，利用控制信道收发控制信号。

　　如图 9.6 所示，当节点 A 在数据信道上向节点 B 发送数据时，节点 C 可以从控制信道上收到来自节点 D 的 RTS,然后回应 CTS。节点 D 收到 CTS 后就可以向节点 C 发送数据,而不会产生冲突,从而解决了隐藏接收终端问题。

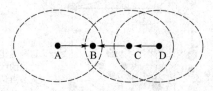

图 9.6　隐藏终端

同理,这种方法也可以解决暴露终端问题。如图 9.7 所示,当节点 B 在数据信道上向节点 A 发送数据帧时,节点 C 和节点 D 可以在控制信道上成功交互 RTS 和 CTS。从而节点 C 可以通过数据信道向节点 D 发送数据帧,而不会发生冲突,解决了暴露发送终端问题。

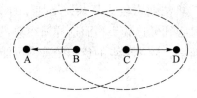

图 9.7　暴露终端

当节点 B 在数据信道上向节点 A 发送数据帧时,如果此时节点 C 在控制信道上收到来自节点 D 的 RTS 信号,节点 C 可以通过控制信道回送一个指示自己为暴露终端的控制消息。节点 D 在得知节点 C 是暴露终端之后,便不再重复发送 RTS,使得暴露接收终端问题得到很好的解决。

2. 信道访问的公平性

所谓信道访问的公平性,是指网络中的所有节点能够以均等的机会访问信道。MANET 不存在中心控制节点,各节点处于平等地位,通过 MAC 协议来控制各节点的信道接入。而 MAC 协议中的退避机制对于信道接入的公平性起着至关重要的作用。

退避机制在 MAC 协议中得到了广泛的应用。比如在 CSMA/CD 中,为了减小重发时再次发生冲突的可能性,当发生帧冲突时,发送节点要延迟一段随机时间后再重新发送。又如在 CSMA/CA 中,当一个节点需要发送数据时,如果信道忙,则等待信道空闲时间达到分配的帧间空隙以后,进入随机退避过程。节点实际的退避时间一般在 (0, CW) 之间随机取得,其中 CW 为退避窗口大小,即最大的退避时间。

退避窗口 CW 的大小直接反映了节点接入信道的能力,CW 越大,节点抢占信道的能力就越弱；反之，节点抢占信道的能力则越强。如果退避算法赋予各节点的退避时间相差悬殊，就可能引发公平性问题，严重的可能造成某些节点一直无法接入信道，即造成"饿死"现象。所以，要采用适当的退避算法，以便节点在退避一段时间后能成功地发送帧，以确保 MANET 访问的公平性。

3. 服务质量保障

随着网络技术的快速发展，人们对多媒体等实时性业务提出了更高的要求。为了支持实时业务，信道接入协议必须满足各类业务的特殊要求，折中考虑差错控制、时延、吞吐量和带宽分配。但在 MANET 中，提供服务质量保障存在相当大的难度。首先，MANET 动态变化的拓扑结构使得传统有线网络的服务质量机制无法直接应用到 MANET 中来。其次，由于 MANET 采用无线信道作为传输介质，每个节点在确保自身服务质量保障实现的同时，将不可避免地阻止其他节点访问同一共享介质以实现自身所需要的服务质量，因此服务质量介质访问控制机制一直是 MANET 的研究热点与难点。

9.2.2 典型的 MANET MAC 协议

第 3 章曾经介绍过一些常用的基于竞争的无线网络 MAC 协议，包括 ALOHA、CSMA 和 CSMA/CA 等，它们同样适合 MANET。本小节将进一步介绍应用于 MANET 的典型单信道 MAC 协议 MACA 与 MACAW，以及典型的多信道 MAC 协议 DBTMA。

1. MACA 协议和 MACAW 协议

MACA（multiple access with collision avoidance，带冲突避免的多路访问）由 Phil Kam 于 1990 年提出。MACA 源于 CSMA/CA，是 CSMA/CA 去掉载波监听功能之后的产物。之所以去掉载波监听，是因为在单信道环境下，载波监听经常失效。一方面，由于隐藏终端的存在，节点检测不到载波并不意味着信道空闲可以发送数据；另一方面，由于暴露终端的存在，节点检测到载波也并不意味着信道忙不能发送数据。也就是说，载波监听的结果不一定准确、有用。

由于上述问题，且为了简化硬件的设计、降低硬件实现的复杂度，MACA 建议不使用载波监听。MACA 的基本思想如下：发送者发送数据前先向接收者发送 RTS 控制帧；接收者收到 RTS 后回送 CTS 帧；发送者收到 CTS 后，开始发送数据；期间，听到 RTS 的节点在一段时间内不能发送任何消息，以允许接收者成功回送 CTS，听到 CTS 的节点在一段时间内不能发送任何消息，以允许接收者成功接收数据帧。为了确定一个节点在听到 RTS 或者 CTS 之后需要等待多长时间，MACA 的 RTS 和 CTS 分组都包含一个"持续时间"的字段。MACA 采用二进制指数后退（binary exponential back-off，BEB）算法来实现冲突避免。

MACA 引入 RTS/CTS，虽然缓解了隐藏终端和暴露终端问题，但也存在如下问题。

（1）共享信道中的 RTS/CTS 机制可能会降低网络的吞吐量，这一点已经在第 3 章有关 RTS/CTS 的部分做过详细分析。实际上，在单信道环境中，隐藏终端和暴露终端问题是很难从根本上解决的。

（2）由于没有采用链路层确认机制，当发生冲突时需要上层（通常是传输层）启动超时重发，而这会降低网络的吞吐量与传输效率。

（3）BEB 算法能够有效降低冲突发生的概率，但其公平性较差。这是因为随着节点数目的增多，发生冲突的概率仍将会增大。对于传输失败的节点，其竞争窗口会增大一倍，这将极大地降低该节点竞争到信道的概率，而对于成功传输的节点总有较大的概率再次竞争到信道，这种现象对于连续遭遇冲突的节点来讲是不公平的，系统的吞吐量和延迟性能都将会受到影响。

针对上述问题，后来提出的 MACAW（multiple access with collision avoidance for wireless）在 MACA 的基础上做了部分的优化与改进。除了使用 RTS/CTS 握手机制外，MACAW 还引入了 DS、ACK 和 RRTS 等其他控制信号。

MACAW 协议规定，发送节点和接收节点使用 RTS/CTS 握手成功后，发送节点将继续发送一个 DS 控制帧，然后才向接收节点发送数据分组。听到 DS 帧的节点知道自己是暴露终端，要延迟发送数据。如果这个暴露终端听到 RTS 帧而没有听到 DS 帧，则说明 RTS 或 CTS 帧发生了冲突，它就没有必要延迟发送，从而提高吞吐量。

新增的 ACK 分组用于接收节点向发送节点发送确认，从而节点在 MAC 层就能够快速重传因冲突丢失的分组，而不需要在传输层进行重传，提高了网络的性能。

RRTS（request for request-to-send）控制帧的引入则体现了接收方主动竞争信道的思想，如图 9.8 所示。假设节点对（C，D）首先获得了信道的占用权，节点 C 开始向节点 D 传输数据。如果此时节点 A 有数据要发给节点 B，则节点 A 将发送 RTS，但由于此时节点 C 正在发送数据分组，节点 B 作为暴露终端，无法对节点 A 做出响应。A 得不到 CTS 帧，就会反复重发 RTS 帧，而这对网络来说是不利的。解决的办法是节点 B 在检测到节点对（C，D）之间的传输结束后，向 A 发送一个 RRTS；A 收到 RRTS 后，立即用 RTS 进行响应，如果成功握手，A 到 B 的传输将获得信道的占用权。

为了进一步改善 MACA 中 BEB 机制的性能，MACAW 还引入一种新的退避机制——MILD（multiple increase linear decrease）算法，它能够提高信道接入的公平性。有关细节不在此详述，有兴趣的读者可查阅相关文献。

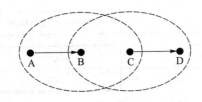

图 9.8　RRTS 控制帧的使用

需要指出的是，MACAW 对于 MACA 的改进是以增加协议控制开销为代价的。这些控制帧占用了大量的网络资源，如果考虑无线收发装置的转换时间，其效率并非十分理想。

2. DBTMA 协议

双忙音多址接入（dual busy tone multiple access，DBTMA）协议是典型的双信道 MAC 协议。DBTMA 除了使用 RTS/CTS 交互以外，还利用两个窄带信号指示节点的状态，并且将数据信道和控制信道分离开。这种机制能确保隐藏终端得以推迟发送，而不限制暴露终端的发送。分析表明，该协议性能优于其他单信道 MAC 协议。

DBTMA 协议将信道分为数据信道和控制信道两个子信道，数据报文在数据信道上传输，控制帧（如 RTS、CTS 等）在控制信道上传输。在控制信道上，DBTMA 增加了两个频带彼此分开的窄带忙音：接收忙音 BTr 和发送忙音 BTt，分别用来指示某节点正在数据信道上接收和发送数据，如图 9.9 所示。

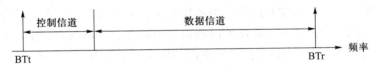

图 9.9　DBTMA 协议频带分配示意图

通过使用忙音，DBTMA 协议可以降低数据帧的冲突。若源节点发送一个 RTS 请求信道，而目的节点收到了这个 RTS，并且知道自己可以接收数据，就发送 CTS，并设置 BTr 信号。一旦源节点收到了 CTS 帧，就设置 BTt 信号，并开始发送数据帧。所有监听到 BTr 信号的节点推迟自己的发送。同样，所有监听到 BTt 的节点不能接收。图 9.10 给出了相关节点之间的定时关系。由于隐藏终端可以收到 BTr 信号从而解决了隐藏终端问题，而暴露终端听不到 BTr 信号，它仍可以发送数据，但不能接收数据。

与 MACA 和 MACAW 协议相比，DBTMA 的效率有较大的提高。DBTMA 通过这种双信道机制，可以确保没有数据分组冲突。因为 BTr 和 BTt 信号在数据通信期间一直有效，解决了 CTS 冲突带来的负面影响，因为节点数据发送的延迟

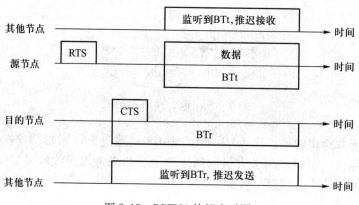

图 9.10   DBTMA 协议定时图

是根据是否检测到了 BTr 信号，而不是 CTS 信号。退避算法采用 MACAW 中的 MILD 算法，但不采用退避计数器复制和多计数器方法，因为复制会将局部的拥塞扩展到整个网络，并且带来不必要的计数器值波动。但是，DBT 协议需要增加额外的硬件设备来实现多信道传输。

9.3   MANET 的路由协议

MANET 中节点除了收发数据外，还需要具备路由器的功能。而由于节点的动态性，路由并不像有线网络中那样稳定。节点之间已有的路由会因为节点的移动而随时可能断开，而新的路由也可能因之会随时形成。节点及网络拓扑的动态性对 MANET 中路由提出了更高的要求。对于 MANET 而言，路由问题非常重要，路由方案将直接影响整个网络的性能。关于移动 Ad Hoc 网络路由的研究一直是无线通信的热点之一，对这种网络路由方法的讨论也越来越深入。本节对目前一些主流的移动 Ad Hoc 网路由协议的原理与思想进行介绍，同时简单地对各种路由协议的性能进行分析与比较。

9.3.1   MANET 路由协议的分类

根据路由的生成与维护机制，MANET 的路由协议可以分为表驱动路由（table-driven routing）和按需路由（on-demand routing）两大类。

在表驱动路由协议中，每个节点始终维护着一张包含到达其他节点的路由信息的路由表。当检测到网络拓扑结构发生变化时，节点在网络中广播路由更新消息，收到更新消息的节点将更新自己的路由表，以维护一致、及时和准确的路由信息。源节点一旦要发送分组，可以立即获得到达目的节点的路由。因此这种路由协议的时延较小，但是路由协议的开销较大。表驱动路由协议包括目的序列距离向量（destination sequenced distance vector，DSDV）路由协议、无线路由协议（wireless routing protocol，WRP）、簇头网关交换路由（cluster head gateway switch routing，CGSR）协议等。

在按需路由协议中，节点并不维护到达其他节点的路由表，而是在需要发送数据时才开始查找路由。与表驱动路由协议相比，按需路由协议的开销较小，但是数据分组传送的时延较大。常用的按需路由协议有自组织按需距离向量（Ad Hoc on-demand distance vector，AODV）路由协议、动态源路由（dynamic source routing，DSR）协议、基于簇的路由协议（cluster-based routing protocol，CRP）以及信号稳定性路由（signal stability routing，SSR）协议等。

为了结合表驱动路由协议和按需路由协议的优点，有些路由协议将两者进行了结合，其典型代表有区域路由协议（zone routing protocol，ZRP）和核心提取的分布式自组织路由（core-extraction distributed Ad Hoc routing，CEDAR）协议等。

9.3.2　DSDV 路由协议

DSDV 路由协议是一个基于经典贝尔曼-福特算法（Bellman-Ford's algorithm）的表驱动路由协议，其工作过程包括路由表的建立与更新。

1. 路由表的建立

在网络的初始阶段，或有新节点加入网络时，节点会通过广播来向其他节点宣告自己的存在，邻居节点收到这个广播分组后就将信息插入路由表，并立即发送新的路由表，这样，经过一段时间后，每个节点就可以建立一个完整的路由表，表中包括了到网络内部所有可能的目的节点的路由。

2. 路由表的更新

路由更新是通过在节点之间传播路由更新分组而实现的。每个节点周期性地在全网广播路由更新分组；同时，当网络结构发生变化时，检测到变化的节点也会立刻广播路由更新分组。路由更新分组包括目的地址、到达目的节点的跳数以及目的节点序列号。

其他节点收到新的路由更新分组时，按照以下两个原则来更新自己的路由表。

（1）比较该更新分组中携带的路由信息和节点保存的路由条目。如果节点收到的路由信息的序列号大于路由表中相应路由条目的序列号，该节点采用有更大序列号的路由而丢弃原先保存的旧序列号的路由。

（2）如果更新分组中路由的序列号与现存路由的序列号相同，而新路由有较好的量度，则选择新的路由，丢弃现存的路由或者将其存储为次选路由。

　　路由更新的策略有两种，一种是完全更新（full update），即更新整个路由表；另一种是增量更新（incremental update），即仅更新路由发生改变的信息。对于拓扑变化不快的网络，更多的是采用增量更新，因为这样能够节省带宽。

　　就性能而言，DSDV 即保持了距离向量的简单性，对拓扑变化反应快，又解决了传统距离向量算法中的循环和无限计数问题。但同时，由于每个节点都需要维护全网的路由信息，因此路由维护开销较大。特别是当网络规模很大的时候，DSDV 所维护的路由信息的利用率会很低（不是所有的路由信息都会被用到）。

9.3.3　DSR 路由协议

　　DSR 路由协议能够实现网络的动态多跳路由，其最重要的特点是利用了源路由。DSR 协议包含了路由发现和路由维护两个重要规程，另外还提供了路由缓存机制来提高协议的效率。

1. DSR 路由发现过程

　　当一个源节点想向某一目的节点发送分组，而又不存在已知路由时，就会启动路由发现过程来获取到目的节点的路由。源节点广播路由请求（route request，RREQ）分组来寻找路由。每个 RREQ 分组都由<源地址，请求 ID>来唯一标示，同时，请求分组中还包含一个源路由项字段，其中依次记录该请求分组所要经过的节点的地址。

　　任何一个接收 RREQ 的节点需要执行如下操作，如图 9.11 所示。

　　（1）如果此前已经收到过这个 RREQ，则丢弃该 RREQ，否则继续下一步。

　　（2）如果该 RREQ 的路由项中已经包含该节点，则丢弃该 RREQ，否则继续下一步。

　　（3）如果该节点刚好是 RREQ 的目的节点，则将 RREQ 中的路由项以路由应答（route reply，RREP）分组形式返回给源节点，并停止广播，否则继续下一步。

　　（4）记录该 RREQ，并将自己的地址加入 RREQ 的路由项中，然后继续广播该 RREQ。

　　图 9.12 给出了节点 S 到节点 D 的路由发现过程示例。节点 S 广播 RREQ，节点 B 与 F 都能够收到该 RREQ。由于节点 B 和 F 都不曾收到过这个 RREQ，且该 RREQ 的路由项中没有包含节点 B 或者 F，同时 B 和 F 都不是 RREQ 的目的节点，因此，它们将自己的地址加入 RREQ 的路由项中，然后继续广播该 RREQ。下一时刻，节点 B 会收到 F 转发的 RREQ。由于节点 B 此前已经收到过该 RREQ，因此，会将来自节点 F 的 RREQ 丢弃。这个过程一直持续到目的节点 D 收到

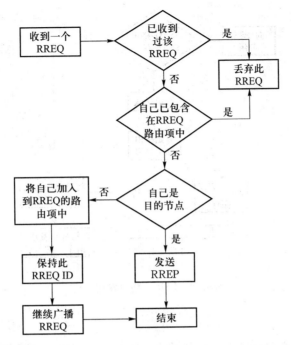

图 9.11　DSR 协议中，一个中间节点接收到 RREQ 后的工作流程

这个 RREQ，最终 D 将 RREQ 中的路由项通过 RREP 分组返回给源节点 S，并停止广播

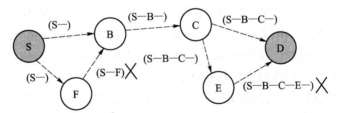

图 9.12　节点 S 到节点 D 的路由发现过程示意图

上述路由发现的完整过程可以用如图 9.13 所示的流程来描述。

在目的节点返回 RREP 的时候，如果目的节点的路由表里存有到最初发起路由请求的源节点的路由，那么这个应答分组就按照这个路由来传递。若没有，目的节点需要将路由请求分组中的路由信息反过来作为到源节点的路由。应该注意的是，利用反向路由信息时，需要保证这条路由上任意两个相邻节点之间的信道都是双向的。而实际情况有时候却不能满足这个条件。此时可使用捎带技术来解决这个问题。即目的节点可以在返回 RREP 时发起一次到源节点的路由请求，并将原来的 RREQ 中的路由信息作为捎带信息进行捎带。

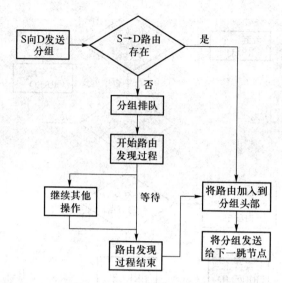

图 9.13　DSR 的路由发现过程

2. 路由缓存机制

为了提高路由发现过程的效率，DSR 采用了路由缓存机制。每个节点缓存它通过任何方式获得的新路由。

（1）转发 RREQ 时获得的新路由。获得从本节点到 RREQ 路由记录中所有节点的路由，例如，在图 9.12 中，节点 E 在转发 RREQ 时，可以从其中所包含的路由信息"S—B—C"中，获得自己到节点 S 的路由为"C—B—S"。

（2）转发 RREP 时获得的新路由。获得本节点到 RREP 路由纪录中所有节点的路由，例如，在图 9.12 中，节点 B 在转发包含路由信息"S—B—C—D"的 RREP 中，获得到节点 D 的路由为"C—D"。

（3）转发数据分组时获得的新路由。获得从本节点到数据分组节点列表中所有节点的路由，例如，在图 9.12 中，节点 E 在转发包含路由信息"S—B—C"的数据分组中获得到节点 S 的路由为"C—B—S"。

（4）侦听相邻节点发送的分组时获得的新路由，这些发送分组包括 RREQ、RREP 和数据分组等。

同样，利用以上方式获取新路由时，需要保证这条路由上任意两个相邻节点之间的信道都是双向的。

由于缓存机制能够暂时存储一些路由信息，因此，在路由发现过程中，中间节点就可以使用缓存的、到目的节点的路由来提前响应 RREQ，以缩短路由请求过程，减少这个 RREQ 所产生的广播量。此时，RREP 中的路由纪录为 RREQ 中的路由纪录加上缓存的、到目的节点的路由。如图 9.14 所示，B 缓存了到 D

的路由（B—C—D），此时如果 S 发起了到 D 的路由请求，且 B 首次收到了来自 S 的 RREQ，则 B 就会将缓存中到 D 的路由（B—C—D）跟在 RREQ 的路由信息（S）后面，形成完整的路由（S—B—C—D），通过 RREP 返回给 S，同时停止转发该 RREQ。

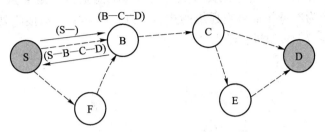

图 9.14　利用缓存路由来提前应答示意图

3. 路由维护过程

　　数据分组在传输的过程中，如果网络的拓扑结构发生变化而不能使用原先的路由转发数据分组，就需要启动路由维护规程。在路径的某一跳，如果数据分组被重发了最大次数仍然没有收到下一跳的确认，则该节点会向源节点发送路由错误消息，并且指明中断的链路。此时，源节点首先将该路由从路由缓存中删除，如果源节点路由缓存中存在另一条到目的节点的路由，则使用该路由重发分组，否则重新开始路由发现过程。

　　就协议性能而言，DSR 路由协议不使用周期性的路由广播消息，所有操作都是按需进行的，它仅在需要通信的节点间维护路由，减少了路由维护的代价，避免了大面积路由更新所带来的网络带宽开销和主机资源消耗；路由缓存技术可进一步减少路由发现的代价。但是，当一个节点发送数据分组至一个未知路由的节点的时候，由于需要实施路由发现过程，因此会引入较大的延迟。另外，由于采用源节点路由，每个数据分组的头部都要携带路由信息，因此又增加了分组长度与传输开销。

9.3.4　MANET 的组播

　　在 MANET 中，经常需要从一个源节点向多个目的节点发送同样的数据分组，这样的数据传输通常需要由组播协议来完成。然而，由于 MANET 中节点往往具有移动性，且能量和带宽都有限，再加上无线传输的高误比特率以及信道共享等问题，设计一个好的 MANET 组播协议是一件富有挑战的事情。目前已经提出了不少 MANET 组播协议。这些协议大致可以被分为两大类：基于树的组播协议（tree-based multicast）和基于网格的组播协议（mesh-based multicast）。

1. 基于树的组播路由协议

在基于树的组播路由中，参与组播的节点拓扑结构为树。固定网络中的组播路由协议大都属于这种类型，如图 9.15 所示。根据作用与类型的不同，节点分为根节点、组节点与无关节点。根节点为组播源，组节点为组播组的成员，无关节点为本身并不是组播组的成员节点，即其本身不接收处理组播分组，但会对组播数据分组进行转发。

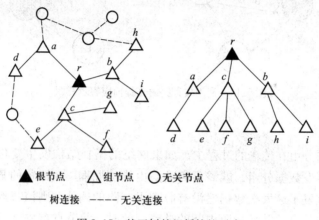

图 9.15   基于树的组播协议示意

基于树的组播可分成独立树组播和共享树组播两大类。独立树组播为各个组播发送者分别建立组播路由，相关节点也必须为每个组的不同组播发送者维护各自的组播表项；共享树组播路由则为所有组播发送者建立一个共享的路由树。

基于树的组播路由优点明显。首先，其有效性高，在组播路由树中，两个节点间提供一条路径，组播发送者能以最少的副本把分组分发到各个组接收者。对于包括 N 个节点的网络，只需要 N-1 条链路来传送相同的分组到所有的节点。其次是节点的路由决策简单，只需将分组转发到能到达的树接口上即可。

然而，正是由于沿用了固定网络的组播思想，而没有考虑无线网络固有的特性，基于树的组播路由有着鲁棒性差的致命弱点。组播树的任何一段链路若出现因节点移动或失效而引发的故障，都将导致路由树的重构，从而带来大量的控制开销。

常见的基于树的组播协议有 MAODV（multicast Ad Hoc on-demand vector）、AMRIS（Ad Hoc multicast routing protocol utilizing increasing id-numbers）以及 LGT（location guided tree construction algorithm）等。

2. 基于网格的组播路由协议

基于网格的组播路由中，参与组播的节点构成网状拓扑，如图 9.16 所示。

如前所述，基于树的组播路由源于固定网络的基于树的组播路由协议的改造和扩展，并不适合拓扑变化频繁的 MANET。而在基于网格的组播路由中，由于组播发送者与接收者间存在多重路径，可提供路径备份，从而某一链路的传输失败可能并不会影响当前的组播传送。

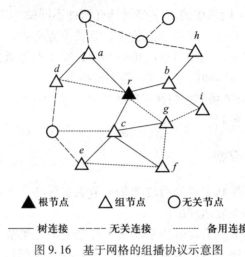

图 9.16 基于网格的组播协议示意图

基于网格结构的组播路由协议主要有 ODMRP（on-demand muticast routing protocol）、FGMP（forwarding group multicast protocol）、CAMP（core assisted mesh protocol）等。

3. 组播路由协议的比较

表 9.2 从鲁棒性、协议开销、错误恢复速度和能耗等方面对上述三种组播协议的性能进行了比较。

表 9.2 组播协议比较

比较项	独立树组播路由协议	共享树组播路由协议	基于网格的组播路由协议
鲁棒性	对于移动网络，较差	对于移动网络，较差	好，因为有冗余链路
协议开销	高，因为每个源节点都要生成一棵树	低，因为组播树结构被不同组播共享	中等，会建立冗余的链路
错误恢复	慢，因为要重新生成组播树	慢，因为要重新生成组播树	快，因为有冗余链路
能耗	低，因为传输的时候使用单播的形式	低，因为传输的时候使用单播的形式	高，因为传输的时候使用广播的形式

9.4 MANET 的功率控制

移动 Ad Hoc 网络中的功率控制具有两种不同的作用：一是通过功率控制，降低节点的发射功率，降低节点能耗，延长节点寿命；二是通过功率控制，降低节点的发射功率，减小节点的传输半径，减小对邻近区域内节点的干扰，降低冲突，提高信道空间的复用度，提高网络容量。

目前，MANET 功率控制技术的研究主要集中在两个方面，即网络层功率控制和链路层功率控制。

9.4.1 网络层的功率控制

网络层功率控制主要是通过调整的节点发射功率来改变网络的拓扑和路由选择，以使网络性能达到最优。

一般而言，节点的发射功率在很大程度上决定了节点的通信距离与覆盖范围。当发射功率较大时，覆盖范围内的节点数目即邻居节点的数量比较多，这能够减少分组平均转发的次数，降低分组的端到端延迟；同时，较大的发射功率能够增强邻居节点之间的关联强度，从而增加路由的稳定性；但是，较大的通信范围又会降低信道的空间复用度；而且，竞争的加剧也会导致冲突迅速地增加，降低整个网络的性能。但是，减小发射功率虽然能够节省能量、提高信道的空间复用度，但路由的平均跳数会增多。而如果发射功率过小，甚至可能导致覆盖范围内没有其他节点，从而影响网络的连通性。

目前，对于网络中的节点到底应该用多大功率来发送的问题仍然没有确定的答案。对于静态的 Ad Hoc 网络，理论分析得出最佳邻居节点个数为 6 时，网络性能最好。而当网络中节点的移动性增加时，则应该适当提高发射功率，以增大邻居节点数目，从而减少链路中断的次数，延长同一路由所能维持的时间，提高网络性能。目前研究认为，并不存在一个适合所有移动速率的最佳邻居数，但邻居节点的个数应该与节点的移动速率成正比。

9.4.2 链路层功率控制机制

在链路层进行功率控制的目的是在给定最大发送功率的条件下，尽量提高信道的空间复用度。因为在最大发射功率一定的情况下，就已经决定了分组从源节点到目的节点的平均跳数。这个最大发送功率值可由网络层的功率控制机制根据网络拓扑情况来动态调整，或固定为一个常数。

　　链路层的功率控制一般都通过 MAC 协议来完成。功率控制所需要的相关信息往往由发送数据帧之前的 RTS、CTS 等控制信息来提供。一般而言，发送节点会在 RTS 中捎带发射功率信息，接收节点根据 RTS 的接收强度及其所携带的发射功率信息，来决定本节点发送 CTS 时所应该使用的功率。在 CTS 中还可向对方提供本节点的信噪比信息，为对方发送数据帧时选择发送功率提供参考依据。这个功率值应该在空间复用度和帧正确接收概率之间进行折中，功率过大会降低信道的空间复用度，而功率过小会使帧到达对方时的差错概率增大，从而浪费带宽资源，而且帧重发也会消耗更多的能量。数据帧则根据 CTS 所携带的功率信息，在保证接收端信噪比的前提下，以最小必需功率发送。

　　如果 MANET 要在链路层采用功率控制，有两个前提条件：首先，一个节点能够选择以多大的功率来发射分组，这需要物理层来提供支持；其次，在接收到一个分组后，物理层能够向链路层报告该分组是以多大的功率被接收的。

思考题

1. 为什么要提出 MANET？它具有什么特点？适于哪些应用场合？

2. MANET 的拓扑结构可以分为平面结构和分级结构。相对于平面结构而言，分级结构有什么优势？请从能量角度出发，简要分析在建立与维护 MANET 分级结构的过程中，需要注意哪些问题。

3. MACA 协议为什么能够缓解隐藏/暴露终端问题？MACA 协议又为什么不能彻底解决隐藏/暴露终端问题？试给出一种能彻底解决隐藏/暴露终端问题的思路。

4. DSDV 能够解决 DV 算法中存在的无穷计数问题，请结合具体例子，说明其实现的原理。

5. DSR 协议的缓存机制能够提升协议性能，但是缓存机制也存在着一些问题。请列举 DSR 缓存机制的不足之处，并给出相应的解决方案。

6. 什么是 MANET 的功率控制？其作用是什么？如何实现？

在线测试 9

第 10 章　无线传感器网络

无线传感器网络是无线网络中一类非常特殊而又重要的网络。本章首先介绍无线传感器网络的基本概念，包括无线传感器网络的体系结构、特点和典型应用；然后讨论无线传感器网络的关键技术，包括介质访问控制技术、路由协议、拓扑控制、时间同步技术、定位技术以及数据融合技术。

10.1　无线传感器网络概述

无线传感器网络（wireless sensor network，WSN）是由各类集成化微型传感器以无线方式互联而成的网络，它可以协同完成对各种环境或检测对象信息的实时监测、感知、采集与传输。无线传感器网络实现了物理世界、计算世界以及人类社会这三元世界的联通，改变了人与机器、人与自然的交互方式，极大地扩展了人类认识世界的能力。

10.1.1　无线传感器网络的体系结构

1. 无线传感器网络的结构

一个典型的无线传感器的网络结构如图 10.1 所示。无线传感器网络系统通常包括无线传感器节点和汇聚节点。大量传感器节点被随机部署在监测区域内部或附近，相互之间通过自组织方式构成一个无线网络，并通过多跳转发的方式将监测数据传到汇聚节点。汇聚节点借助某种可用的网络接入方式，通过互联网或者其他网络将整个监测区域内的数据传送到远程的数据中心进行集中处理。

在无线传感器网络中，每个无线传感器节点既是传感器又是路由器，具有原始数据采集、本地信息处理、无线通信、路由转发以及与其他节点协同工作的能力，但其计算能力、存储能力、无线通信能力和电源供应是有限的。汇聚节点（sink node），也称网关节点，是无线传感器网络中一类特殊的节点。面向无线传感器网络内部，它作为集中的接收者和控制者，被授权监听和处理网络的事件消息和数据，向网络发布查询请求或派发任务。面向无线传感器网络外部，它可作为中继和网关，通过 Internet 或者卫星链路连接远端网络中的控制中心和用户。汇聚节点的处理能力、存储能力和通信能力相对于一般的无线传感器节点更强，但其数量通常很少。

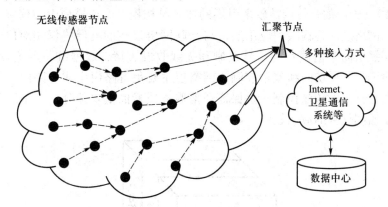

图 10.1 无线传感器网络的结构

2. 传感器节点的结构

面向不同的应用，传感器节点的设计会有所不同，但是它们的基本结构是一样的。传感器节点的典型结构如图 10.2 所示，包括传感器模块、处理器模块与无线通信模块。

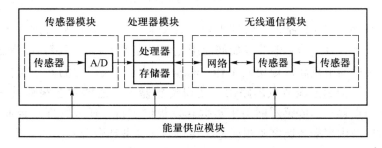

图 10.2 传感器节点的结构

传感器模块负责信号的采集与转换，在完成原始信号的采集之后，将原始的模拟信号转换成数字信号，以供后续模块使用。处理器模块又分为处理器和存储器两部分，它们分别负责处理节点的控制和数据存储。无线通信模块负责节点之间的相互通信。能量供应模块为传感器节点提供能量，一般都是采用电池供电。

3. 无线传感器网络的体系结构

与其他网络类似，协议对于无线传感器网络至关重要。随着传感器网络的发展，大量针对无线传感器网络特点的协议被开发出来，这些协议通常围绕某个特定的目标与功能，如用于节点之间的时间同步、用于链路管理或用于路由等。但是，关于无线传感器网络的体系结构至今尚没有一个统一的标准。图 10.3 给出的是目前被较多引用的体系结构模型。该模型中物理层、数据链路层、网络层、传输层和应用层，与互联网协议栈的五层协议相对应。其中，物理层提供简单但健壮的信号调制和无线收发支持；数据链路层负责数据成帧、帧检测、介质访问和差错控制；网络层主要负责路由生成与路由选择；传输层负责数据流的传输控制，是保证通信服务质量的重要部分；应用层包括一系列基于监测任务的应用软件。

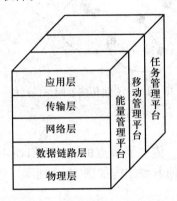

图 10.3　传感器网络体系结构

另外，它还包括能量管理平台、移动管理平台和任务管理平台。其中，能量管理平台管理传感器节点如何使用能源，在各个协议层都需要考虑节省能量，以使传感器节点高效地协同工作。移动管理平台通过检测并注册传感器节点的移动，维护到汇聚节点的路由，使得传感器节点能够动态跟踪其邻居的位置，以对节点移动的传感器网络中数据转发提供支持。任务管理平台通过在一个给定的区域内平衡和调度监测任务，提供对多任务和资源共享的支持。

10.1.2　无线传感器网络的特点

从网络形态上看，无线传感器网络属于一种特殊的 Ad Hoc 网络，具有很多与 Ad Hoc 网络类似的特点。

（1）自组织性。在无线传感器网络应用环境中，传感器节点通常被部署在没有基础设施的地方。节点的位置不能预先精确设定，或者节点的位置不固定，是可移动的；节点之间的邻居关系也不能预知，甚至是随时变化的。这样就要求传感器节点具有自组织能力，能够自动进行配置和管理，通过拓扑控制机制和网络协议自动形成转发监测数据的多跳无线网络系统。

（2）多跳路由。无线传感器网络中节点的通信距离有限，一般在几十到几百米范围内，节点只能与射频覆盖范围内的节点直接通信。如果希望与其射频覆盖范围之外的节点进行通信，则需要通过中间节点进行路由。对一个节点而言，它的数据可能要经过多跳中间节点的转发才能到达汇聚节点。在这种网络中，每个节点既可以是数据的发送者，也可以是数据的转发者。

（3）网络动态性。在无线传感器网络中，有多种因素导致了网络的不确定性，例如，节点的移动；节点因为电池能量耗尽或其他故障，退出网络运行；一个新的节点由于工作的需要而被添加到网络中等。

但是，在技术和应用层面，无线传感器网络与 Ad Hoc 网络相比仍然有着明显的不同。

（1）面向应用。无线传感器网络是与应用领域密切相关的网络，它是针对某个或某些应用而专门设计的。客观世界的物理量多种多样，不可穷尽。不同的传感器应用关系不同的物理量，因此对传感器的应用系统也有多种多样的要求。这就造成不同应用领域的无线传感器网络对数据采集、处理和传输的要求有很大差异，从而在硬件平台、软件系统和通信协议上会有很大差异。因此，无线传感器网络不能像 Internet 那样有统一的通信协议平台，只有针对每一个具体的应用开展设计工作，才能实现高效、可靠的系统目标，这也是无线传感器网络设计不同于传统互联网的显著特征。

（2）以数据为中心。由于无线传感器网络拓扑的动态特性和节点放置的随机性，节点并不需要也不可能以全局唯一的 IP 地址来标识，只需使用局部可以区分的标号标识即可。用户对所需数据的收集，是以数据为中心进行，并不依靠节点的标号。对于观察者来说，传感器网络的核心是感知数据，而不是节点本身。例如，在应用于目标跟踪的传感器网络中，跟踪目标可能出现在任何地方，对目标感兴趣的用户只关心目标出现的位置和时间，并不关心是哪个节点监测到目标。

（3）节点密度高。为尽可能实时地获取精确、完整、有效的信息，传感器节点通常被密集地部署于监测区域，节点的数量和密度较普通的无线自组织网络呈"数量级"提高态势。无线传感器网络并非依靠单个节点能力的提升而是通过大量冗余节点的协同工作来提高网络系统工作质量的。

（4）节点的资源受限。受体积和成本的限制，传感器节点在能量、计算、存储和通信资源等方面都受到较大的限制。能量受限是无线传感器网络的基本特征，网络节点只能携带有限的电池能量，且在应用过程中很难或不可能更换电池，尤其是在恶劣环境中运行，而数据采集、处理、传输及路由计算等都会消耗大量能量。

10.1.3   无线传感器网络的应用

无线传感器网络具有十分广阔的应用前景，在军事国防、工农业、城市管理、生物医疗、环境监测、抢险救灾、防恐反恐、危险区域远程控制等众多重要领域都具有很大的实用价值，被认为是对 21 世纪产生巨大影响力的技术之一，引起了许多国家学术界和工业界的高度关注和重视。

1. 军事领域的应用

无线传感器网络具有可快速部署、可自组织、隐蔽性强和高容错性的特点。因此非常适合应用于军事领域，包括兵力监控和装备部署、战场的实时监视、地形侦察和布防、战场评估等。

典型的军用无线传感器网络通常由密集型、低成本、随机分布的节点组成的。大量的传感器节点可通过飞行器撒播、人工埋设和火箭弹射等方式实现快速部署，节点强大的自组织和容错能力使其不会因为某些节点在恶意攻击中的损坏而导致整个系统的崩溃，这一点是传统的传感器技术所无法比拟的，它使得无线传感器网络非常适用于恶劣的战场环境。在现代高技术信息国防与高技术信息战争中，无线传感器网络作为"网络中心战"不可或缺的组成部分，为组建传感器信息栅格、构建数据链，建设集命令、控制、通信、计算、智能、监视、侦察和定位于一体的战场指挥系统，实现战场无人值守、数字化边防等提供了有力的支撑。

2. 环境监测领域的应用

无线传感器网络可以实现对复杂环境的长期与实时监测，其应用涉及环境保护、精细农业、防灾减灾、行星探测、气象与地理研究以及生态与生物研究等。

对水、土和空气的有关参数，如水的酸碱度与溶解氧，土壤的酸碱度与水分含量，空气中的 CO 与 CO_2 含量等参数的实时监测，可为环境保护提供重要依据。传统的环境监测一般采取定点、定时、人工测量的方法，数据不及时、不全面。而如果配合采用合适的传感器件，无线传感器网络则能够持续实施实时环境监测。无线传感器网络无线的特征，更使得其部署不受限于地理环境和基础设施建设。

精细农业是一种现代化农业理念，是一种可持续发展的理念，是一种全新的农业种植管理方式。农田里田间土壤、作物的特性不是均一的，而是随着时间、空间变化的。精细农业能够根据田间变异来确定最合适的管理决策，目标是在降低消耗、保护环境的前提下，获得最佳的收成。精细农业的实施需要能够实时、持续地获得田间数据，并根据收集的数据做出作业决策，决定施肥量、时间、地点。而将无线传感器网络用于农作物生产，施行精细农业，已经是一种非常成熟的应用。2002 年，Intel 公司率先在美国俄勒冈州建立了世界上第一个无线葡萄园。传感器节点被分布在葡萄园的每个角落，每隔一分钟检测一次土壤温度、湿度或该区域有害物的数量，以确保葡萄可以健康生长。研究人员发现，葡萄园气候的细微变化会极大影响葡萄酒的质量。通过长年的数据记录以及相关分析，可以精确地掌握葡萄酒的质地与葡萄生长过程中的日照、温度、湿度的确切关系。

在防灾减灾方面，无线传感器网络有着很大的应用价值。以森林环境防火为例，传感器节点被随机密布在森林之中，平常状态下定期报告森林环境数据，当发生火灾时，这些传感器节点通过协同合作能在很短的时间内将火源的具体地点、火势的大小等信息传送给相关部门。

在生物与生态领域，可以通过无线传感器网络动态跟踪鸟类、小型动物和昆虫的栖息与迁徙，实施种群复杂度和生态多样性的研究和描述。例如，美国加州大学伯克利分校 Intel 实验室和大西洋学院联合在大鸭岛上部署了一个多层次的无线传感器网络系统，用来监测岛上海燕的生活习性。

3. 医疗与卫生领域的应用

无线传感器网络在医疗系统和健康护理方面的应用包括监测人体的各种生理数据，跟踪和监控医院内医生和患者的行动，以及进行医院的药物管理等。例如，若在住院病患身上安装特殊用途的传感器节点，如心率和血压监测设备，医生利用无线传感器网络就可以随时了解被监护病患的病情，发现异常能够迅速抢救。将传感器节点按药品种类分别放置，计算机系统即可帮助辨认所开的药品，从而减少病人用错药的可能性。还可以利用无线传感器网络长时间地收集人体的生理数据，这些数据对了解人体活动机理和研制新药品都是非常有用的。

SSIM（Smart Sensors and Integrated Microsystems）计划是涉及人工视网膜的一项生物医学应用项目。替代视网膜的芯片由 100 个微型传感器组成，并置入人眼，传感器的无线通信满足反馈控制的需要，帮助失明者或者视力极差者实现图像的识别和确认，使得视力能够恢复到一个可以接受的水平。

4. 建筑与家居领域的应用

我国正处在基础设施建设的高峰期，各类大型工程的安全施工及监控是建筑设计单位和安监部门长期关注的问题。采用无线传感器网络，利用适当的传感器，可以实时监控大楼、桥梁和其他建筑物的状况，从而可以让管理部门按照优先级进行定期维修工作，可以有效地构建一个三维立体的防护检测网络。

无线传感器网络还可用于构建智能楼宇和智能家居系统。以基于无线传感器网络的智能家居系统为例，通过在家电和家具中嵌入传感器节点，可以提供智能的照明控制、集中抄表、门禁、火灾与盗窃等意外事件的警报以及家电控制等功能与服务，该系统的各个部分可相互通信，并可通过一台集中控制的 PC 机与 Internet 连接在一起，从而可经互联网将信息发布在网络上，主人可以随时通过任何互联网终端检测家庭情况，将为人们提供更加舒适、方便和更具人性化的智能家居环境。

5. 其他领域的应用

无线传感器网络的应用可以扩大至很多领域，包括先进制造、智能交通、仓储物流、空间和海洋探索等。可以说，配合合适的传感器，无线传感器网络的应用可以延伸至极其广阔的领域，给经济、社会和人类生活带来的重要改变与影响。

10.1.4　无线传感器网络的关键技术

作为一种典型的低能耗自组织网络，网络协议、网络安全、拓扑控制、时钟同步、定位技术、数据管理、运行与开发环境，以及应用相关算法都是支撑传感器网络的关键技术。而且由于无线传感器网络的一些独特性，使得一些在其他无线网络中较为成熟的协议或技术并不能直接用于无线传感器网络中。

1. 网络协议

由于传感器节点计算能力、存储能力、通信能力和能量供应都十分有限，再加上传感器网络的应用相关性，使得无线传感器网络的网络协议设计具有很大的挑战性。首先，不能太复杂；其次，需要充分考虑能耗的问题。这里的能耗问题，不仅仅是单个节点的能耗，还包括整个网络能量消耗的均衡性问题。因为在一个多跳的网络中，如果某个节点由于能量耗尽而"死亡"，则很有可能会影响很多节点之间的数据传输，甚至有可能导致网络分裂。因此，在涉及无线传感器网络协议设计的时候，需要充分考虑能耗均衡，以延长整个网络的生存周期。目前，无线传感器网络协议的研究重点是数据链路层和网络层协议。

2. 网络安全

在无线传感器网络中，如何保证任务执行的机密性、数据产生的可靠性、数据融合的高效性、数据传输的安全性，都成为无线传感器网络安全问题需要全面考虑的内容。无线传感器网络中的安全机制包括信息加密机制和密钥管理、点到点的消息认证、完整性鉴别、信息实时性保障、认证广播和安全管理。无线传感器网络的 SPINS（security privacy in sensor network）安全框架对上述的机制提供了相应的支持。

3. 拓扑控制

无线传感器网络的拓扑控制是无线传感器网络研究的关键技术之一,它主要关注如何在满足网络的联通性和覆盖度的前提下,通过功率控制、骨干节点选择和睡眠调度,生成一个高效的网络结构。通过拓扑控制生成良好的网络拓扑结构,能够提高路由协议和 MAC 协议的效率,有利于节省节点的能量,延长网络的时间。

4. 时钟同步

时钟同步是协调传感器网络节点的一个关键机制,在 MAC 协议或者目标监测类的应用中都需要有时钟同步机制。传统的时钟同步技术有网络时间协议(network time protocol,NTP)协议和 GPS 同步。NTP 是目前 Internet 上采用的时间同步协议标准,虽然精度高,但该协议的前提是网络中的链路十分可靠,网络拓扑结构稳定,而且该协议的功耗大,显然不适合功耗、成本受限、结构不稳定的无线传感网络。而 GPS 系统也可以提供高精度的时间同步,但它的信号穿透性差,GPS 天线必须安装在空旷的地方,且其功耗较大、成本高,也不适合无线传感网络。在传感器网络中已经提出了一些同步机制,如基于接收者-接收者的参考广播同步(reference broadcast synchronization,RBS)协议;基于发送者-接收者的传感器网络时间同步协议(timing-sync protocol for sensor network,TPSN),以及基于发送者-接收者的洪泛时间同步协议(flooding time synchronization protocol,FTSP)等。

5. 定位技术

传感器网络中的定位,即确定事件发生的位置,是传感器网络最基本的功能之一,也是最重要的功能之一。比如在森林火灾监控的应用中,网络及时、准确的定位报警节点位置是至关重要的。传统的方法是使用 GPS 系统实现定位。但是 GPS 系统对于环境要求较高,其在室内或者地下环境中都不适用,且价格较高,能耗较大,并不适合大规模部署且能量受限的无线传感器网络。因此,需要针对传感器节点的自身特性和无线传感器网络的应用特性,设计合适的定位算法。一般而言,为了使随机部署的传感器节点能够确定自身的位置,网络中需要部署少量位置已知的特殊节点,这些节点被称为信标节点。普通节点通过各种方式,获得自己与信标节点之间的某些位置关系,比如距离、角度、跳数等,并采用各种定位方法来估计自己的位置。

6. 数据管理

从数据存储的角度考虑,无线传感器网络可被看成一个分布式的数据库。采用数据库中的方法在无线传感器网络中进行数据管理,可以将存储在网络中的数据逻辑视图与网络中的实现进行分离，使得传感器网络的用户只需要关心数据查询的逻辑结构，而不需要关心实现细节。无线传感器网络的数据管理和传统的分布式数据库有很大的差别，传感器节点产生的数据是无限的数据流，并且针对传感器网络的查询是连续查询和随机抽样查询，这使得传统的分布式数据库的数据管理不适于传感器网络。因而，需要结合无线传感器网络的数据特点，研究与开发相应的数据管理技术。

7. 数据融合

在一个无线传感器网络应用系统中，当大量节点对同一区域或对象进行监测时，经常会出现数据的冗余。为此，传感器节点可利用本地计算和存储能力对所收到的数据进行数据融合，去除其中的冗余信息，以减少数据传输量，达到节约能量与带宽的目的。数据融合可以在传感器网络的多个协议层次进行，如在应用层实现数据筛选，在网络层实现路由数据融合，或在 MAC 层减少发送冲突和开销。数据融合技术在动态目标跟踪和自动目标识别等领域有着广泛的应用。

10.2　无线传感器网络 MAC 协议

与其他共享式网络的 MAC 层类似，无线传感器网络的 MAC 协议主要用于解决无线传感器网络中不同传感器节点对共享无线信道的使用问题。MAC 协议决定了无线信道的使用方式，作为传感器网络协议的底层部分，对传感器性能有较大影响，是保证无线传感器网络高效通信的关键协议之一。

10.2.1　无线传感器网络 MAC 协议的分类

目前，针对传感器网络的不同应用，已经出现了很多的 MAC 协议。这些MAC 协议，按照控制方式分类，可以分为分布式 MAC 协议和集中控制 MAC 协议；按照信道数量分类，可分为单信道 MAC 协议和多信道 MAC 协议；按照信道分配方式分类，可分为基于竞争的 MAC 协议和非竞争的 MAC 协议。其中，较常用的是第三种分类方法。

非竞争的 MAC 协议，又称为基于预分配的 MAC 协议，它包括频分多址接入（FDMA）和时分多址接入（TDMA）两种形式。FDMA 是将整个频带分成多个互不重叠的子信道，不同节点可以同时使用不同的信道。而 TDMA 则是将整个频带的时间分成一个个互不重叠的时隙，每个节点使用一个或多个时隙。相对于 FDMA，TDMA 需要进行全网时间同步，来统一每个节点所确定的时隙起止时间，这意味着增加了很多控制开销。

对于无线传感器网络，由于其分布式的特点，更多的是采用基于竞争的 MAC 协议。所谓"竞争"，是指需要接入信道的节点遵循某种规则来竞争信道，得到使用权的节点可以进行通信。一般而言，这些基于竞争的无线传感器网络 MAC 协议基本上都以带冲突避免的载波监听多路访问（CSMA/CA）为基础，它们的区别主要在于握手机制、节点状态调度策略或功率控制策略的不同。

10.2.2　无线传感器网络 MAC 协议的评价指标

评价一个无线传感器网络 MAC 协议的性能，主要从能量有效性、可扩展性以及网络效率三方面考量，而且这三方面评价指标的重要性被普遍认为是依次递减的。

1. 能量有效性

能量有效性（energy efficiency）是指传感器网络在有限能源条件下能够处理的请求数量。它是传感器网络性能指标中最重要的一项指标。传感器节点往往由电池供电，因而能量供应非常有限，而且节点多数工作在很恶劣的环境或人无法进入的地域，在许多情况下给节点更换电池能量或充电是不现实的，所以在实际设计传感器网络时，会尽量减少节点的成本，将节点的一次性使用作为设计目标。因此，尽量降低能耗，以延长网络节点生存周期是在设计无线传感器网络时需要考虑的一个重要问题。在节点的硬件结构中，射频收发器消耗的能源占节点消耗能源的绝大部分，MAC 协议直接控制射频收发器的行为，可直接控制其消耗的能源，因此，MAC 层的能源有效性直接影响网络节点的生存周期，进而影响网络的寿命。

在无线传感器网络中，除了正常的数据收发所消耗的能量外，MAC 层上的能量损耗主要来自以下几个方面。

（1）空闲监听（idle listening）。网络中的节点不知道邻居节点何时向自己发送数据，其射频模块需要一直处于活动状态，来监听是否有数据到达，这就是所谓的空闲监听。由于典型的射频收发器处于接收模式时消耗的能量与发送时的能耗相当，大约比其处于待命模式时多两个数量级，因此，空闲监听将消耗大量的能源。特别是在没有或者很少有数据产生的网络应用中，空闲监听的代价非常大。空闲监听是无线传感器节点最主要的能耗源之一。

（2）冲突（collision）。在基于竞争的 MAC 协议中，冲突是不可避免的。冲突会造成信号间相互干扰，导致数据帧被破坏。接收节点收到的信息都是没用的，应丢弃，而相应的源节点又需要重新发送。发送和接收这些错误数据，不仅会产生无谓的额外能耗，还会增加消息延迟。

（3）串听（overhearing）。无线网络是一个广播式网络。发送节点有效覆盖范围内的每个节点都能够接收到它所发送的数据帧，无论这个节点是否为目的节点。这种由于链路的广播效应，非目的节点接收到发往其他节点的数据的现象被称为串听。串听会在非目的节点上产生无效功耗。当节点密度很大或者需要传输的数据很多时，串听消耗的能量也是很可观的。为尽量避免这种情况，节点应该在无数据收发时关闭其接收器。

（4）控制信息开销（control overhead）。大多数的 MAC 层协议需要在节点之间交换控制信息，如 RTS、CTS、ACK 以及用于同步的信标帧等，这些信息的交换也将损耗一定的能量。这些 MAC 控制帧不传送有效数据，消耗的能量对用户来说是无效的。尤其是传送的数据帧长度很小时，协议控制帧所造成的能耗在整体能耗中所占的比例将会很大。

2. 可扩展性

可扩展性（scalability）是指一个 MAC 协议对网络大小、网络拓扑结构和网络节点密度变化的适应性。传感器网络是一个动态的网络，节点可以随处移动；一个节点可能因为电池能量耗尽或其他原因退出网络；一个节点也可能由于需要而加入网络中。一个好的 MAC 协议应该很好地适应这些变化，以保证网络应用可以持续进行。

3. 网络效率

网络效率包括网络吞吐量、延迟、信道利用率、网络公平性等。而对于 MAC 协议，主要是指网络吞吐量和延迟。

所谓吞吐量，是指在给定的时间内，发送端成功发送给接收端的数据量。许多因素能够影响网络的吞吐量，比如冲突避免机制的有效性、信道利用率、延迟和控制开销等。

对 MAC 协议而言，延迟是指数据帧一次转发所需要的时间。注意不是数据帧端到端的延迟，端到端延迟是路由协议需要考虑的问题。影响 MAC 协议的延迟的主要因素包括握手机制、退避机制、节点的工作/睡眠调度机制、网络负载等。

10.2.3 无线传感器网络周期性工作/睡眠调度机制

周期性工作/睡眠调度机制是减少冗余监听最有效的方法。周期性工作/睡眠调度机制，又称为占空比机制，通过让传感器节点在工作与睡眠两种状态之间周期性地切换，以减少冗余监听，达到节能的目的。节点只能在工作状态才能与其他节点进行通信，而处于睡眠状态时，节点将关闭无线收发机，处于低能耗状态。由于数据的传输需要收发双方同时处于工作状态，因此，周期性工作/睡眠调度机制最关键的任务就是协调收发双方的状态,在数据能够顺利传输的前提下,尽量减少空闲监听。

目前为止,已经提出了很多工作/睡眠调度机制。这些机制可以分为两大类:同步机制与异步机制。

为了能顺利地进行数据传输,同步机制要求通信双方节点的睡眠和工作周期严格保持一致,这对各个节点间时钟同步的要求非常高。这些机制需要大量的控制帧来建立与维持这种节点之间精确的同步关系,占用了大量资源。特别是对于大规模的无线传感器网络,实现精确的同步是非常困难的。基于同步机制的典型的 MAC 协议有 S-MAC(sensor-MAC)、T-MAC(timeout-MAC)和 DW-MAC(demand-wakeup MAC)等。

而异步机制则允许节点独立地制定自己工作与休眠的时序。这些异步协议通常采用低功耗监听技术(low power listening,LPL),即在发送数据之前,发送方需要持续地发送一段前导。当接收方从休眠状态醒来并检测到这个前导之后,就保持工作状态并开始接收数据。基于 LPL 的异步调度机制具有很高的能量有效性,并避免了因为同步而产生的大量控制开销。但是由于发送前导需要长时间占用信道,当网络负载较大时,这些调度机制的性能就会大幅降低。基于异步机制的典型 MAC 协议有 B-MAC(berkeley-MAC)、X-MAC、WiseMAC 和 RI-MAC(receiver-initiated MAC)等。

应该指出,尽管周期性工作/睡眠调度能够大幅降低节点的能耗,却引入了额外的端到端延迟。例如,当一个节点处于睡眠状态时应用层产生了一个数据,并需要发送;或者,在一个数据帧的传递过程中,某一跳的目的节点恰好处于睡眠状态。这时候,源节点只能暂时缓存该数据帧,并一直等到下一个工作周期开始的时候才能将它发送出去。

10.2.4 典型无线传感器网络 MAC 协议

本小节将简要介绍两种影响力较大的无线传感器网络 MAC 协议:S-MAC 和 B-MAC。其中,S-MAC 是一种基于竞争的协议,并在其中引入了同步周期性工作/睡眠调度机制;而 B-MAC 同样是一种基于竞争的协议,其工作/睡眠调度机制是异步的。

1. S-MAC

S-MAC 是由 Ye Wei 及其合作者于 2002 年提出的。作为一种基于同步 MAC 协议,该协议给出了一种同步周期性工作/睡眠调度机制以及局部同步分簇算法。

S-MAC 将一个完整的帧划分为两个部分：监听周期以及睡眠周期。监听周期的长度与整个帧的长度之比被称为占空比。监听周期的长度是固定的，而睡眠周期是根据监听周期的长度和占空比的具体设定而得到的，如图 10.4 所示。每个节点都周期性地睡眠一段时间，然后醒来进行监听，看是否有数据需要发送或者有其他节点需要发送数据给它，如果没有通信或者在通信结束后节点将重新回到睡眠状态。

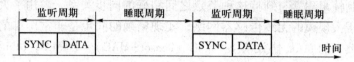

图 10.4   S-MAC 的监听周期和睡眠周期

如前所述，应用工作/睡眠机制时，需要在收发节点之间进行状态同步。为此，S-MAC 采用了局部同步机制。S-MAC 增加了用于周期性向邻居节点广播包含自己调度信息的控制帧（即 SYNC 帧），在该帧中，包含了自己下一时刻何时进入监听周期的信息。在刚刚启动时，节点先会监听一段时间，如果没有收到来自其他节点的 SYNC 帧，就自行产生自己的工作/睡眠调度信息，并通过 SYNC 帧向邻居广播。如果节点收到来自邻居的 SYNC 帧，并且自己尚未确定监听周期，就将该 SYNC 帧所包含的监听周期作为自己的监听周期，并将在下一个周期的监听周期开始后广播自己的 SYNC 帧。如果节点在广播自己的 SYNC 帧后收到来自其他节点的 SYNC 帧，并且没有发现其他邻居，就将收到的 SYNC 帧所指示的监听周期作为自己的监听周期；若有其他邻居，就同时使用两个监听周期。这个过程如图 10.5 所示。通过局部调度同步算法，确保邻居节点在单跳内实现同步，避免了碰撞和串听的发生。为了防止 SYNC 帧与数据帧的冲突，监听时间又被进一步分为 SYNC 周期和 DATA 周期。节点在 SYNC 周期广播 SYNC 帧，而数据传输则发生在 DATA 周期。如图 10.4 所示。

每个节点调度醒来之后，进入监听周期，并广播自己的 SYNC。如果此时节点有数据要发送，且接收方也具有相同的调度信息，则在 DATA 周期（也即接收节点的 DATA 周期）开始之后发起数据传输；而如果两者采用了不同的调度信息，则发送节点应该在接收节点的 DATA 周期被唤醒，并发起数据传输。单播数据采用了类似 IEEE 802.11 规定的 RTS/CTS 二次握手机制。S-MAC 的基本工作机制可如图 10.6 所示的流程图来描述。其中，节点 A 要发送数据给节点 B，而节点 C 是节点 A 的另外一个邻居。

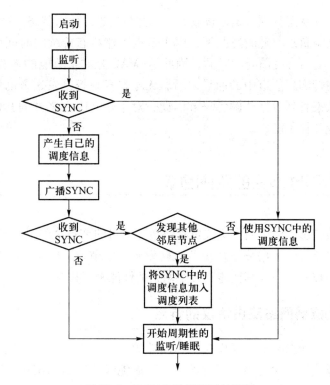

图 10.5 S-MAC 的局部同步机制

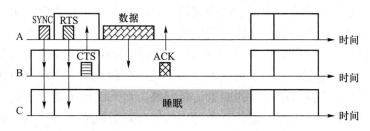

图 10.6 S-MAC 的工作过程

值得注意的是，S-MAC 利用周期性工作/睡眠调度机制降低了能耗的同时，却牺牲了数据传输的实时性。另外，局部同步机制也产生了较大的控制开销。

2. B-MAC

B-MAC 协议使用扩展前导和 LPL 技术实现低功耗通信。发送方在发送数据帧之前先要发送一段持续时间不少于接收方睡眠周期的前导。当接收方按照自己的调度信息从休眠状态进入工作状态之后，就会对无线信道进行探测，以确定是否存在前导。由于前导的持续时间不少于接收方睡眠周期，因此能保证接收方在前导持续时间内至少能够醒来一次。接收方在探测到信道中存在前导后，将保持活动状态直到数据帧接收完毕，并重新进入休眠状态。

在网络负载较轻的情况下，由于节点工作状态持续的时间仅仅是极短的探测信道中是否存在前导的时间，因此 B-MAC 是非常节能的。然而，B-MAC 中的节点在探测到信道中的前导之后，无论自身是否是发送方的目的地，都会保持工作状态直到数据传输完毕。因此，对于除接收方之外的其他节点而言，还是无谓地消耗了能量。

10.3　无线传感器网络的路由协议

无线传感器网络路由协议负责将在源和目的节点之间进行最优路径的寻找，以通过该路径将数据分组从源节点转发到目的节点。路由协议是无线传感器网络的核心技术之一，其性能和整个网络的性能密切相关。

10.3.1　无线传感器网络路由协议的特点

传统无线网络重点考虑公平、高效的利用网络带宽，并提供服务质量保证机制，能量不是这类网络考虑的重点。而无线传感器网络中，由于节点能量有限且一般没有能量补充，因此需要路由协议能够高效地利用能量。另外，由于无线传感器网络节点众多、网络规模大、拓扑易变化、数据冗余度高以及应用相关等特性，决定了在设计无线传感器网络的路由协议时，需考虑的问题将不同于已有的无线通信和 Ad Hoc 路由。无线传感器网络路由协议具有以下特点。

(1) 能量优先。由于传统网络有充足的电源供应，因此路由协议在选择最优路径时，很少考虑节点的能量消耗问题。而无线传感器中节点的能量有限且一般难以补充，因此，延长整个网络的生存周期就成为设计的首要目标。在网络初始能量一定的条件下，如何提高网络能量效率和数据传输的可靠性是无线传感器网络路由技术的研究重点。

(2) 多对一通信。从无线传感器网络体系结构可以看出，分布在监测区域中的传感器节点采集数据后都要传送给汇聚节点，再由汇聚节点将这些数据通过互联网或卫星网络传送给数据中心。因此无线传感器网络路由一般是多对一的。

(3) 以数据为中心。与传统网络以地址为中心的通信方式不同，无线传感器网络关注的是某个监测区域的感知数据，而不是具体哪个节点获取的信息，不依赖全网唯一的标志。传感器网络通常包含多个传感器节点到少数汇聚节点的数据流，按照对感知数据的需求、数据通信模式和流向等，它关注如何以数据为中心形成消息的转发路径。

（4）数据冗余量大。无线传感器网络节点数量庞大、密集部署。某一事件发生可能会导致多个传感器节点同时采集到大量相似的数据，因此无线传感器网络冗余数据大。因此，无线传感器网络路由协议还需要考虑如何在中间节点对冗余的数据进行融合、压缩，以减少由于传输冗余数据所引起的能耗。

（5）应用相关。传统的网络一般是通用的信息平台，可以满足大量的应用需求。而在无线传感器网络中，应用环境千差万别，数据通信模式不同，没有一个路由协议适合所有的应用，这只是传感器网络应用相关性的一个体现。设计者需要针对具体应用的需求，设计与之适应的特定路由协议。

10.3.2　无线传感器网络路由协议的评价指标

在研究无线传感器网络路由协议时，首先要确定如何评价无线传感器网络路由算法的优劣。根据无线传感器网络路由协议特点，评价路由协议的性能，主要从以下几个方面进行考量。

（1）能量高效。这是无线传感器网络路由协议设计的重要目标。由于无线传感器网络节点体积小、价格低，大多采用电池供电，且一般分布在偏远地区或人类无法到达的环境，这意味着一旦电池能量耗尽，节点将永久失效，并因此影响整个网络的生存周期。因此，需要路由协议在实现路由功能的同时能够尽可能地减少节点能耗，并均衡网络中各节点的能量消耗，并寻找能耗最优路径。

（2）时延性。许多应用都要求无线传感器网络能够快速地报告事件的发生，以便用户能够及时地对这些事件进行处理。而路由协议的性能是影响网络延时的一个主要因素。性能较好的路由协议应该能够及时地修复失效路径，并能够自动避开拥塞路径而选择其他路径进行数据转发。

（3）可扩展性。根据应用需求的不同，无线传感器网络的规模会有所不同；节点通常是以随机的方式进行部署，又使得网络中的节点密度分布存在差异；节点的失效、移动或加入，会使得网络拓扑动态发生变化。可扩展性是指路由协议能够较好地适应不同规模或节点密度的网络，能够较好地适应网络结构的变化。

（4）容错性。有大量的因素会导致无线传感器网络的错误与故障，如节点失效或被盗、链路故障、外部干扰等。路由协议的容错性可以避免或减少因为错误或故障对系统全局运行的影响。

（5）安全性。安全性也是路由协议评估的重要指标。为了防止监测数据被盗取或监测信息被伪造，路由协议应具有良好的安全性能，以降低遭受攻击的可能性。在一些敏感或关键业务相关的应用中，尤其要考虑安全机制。

在设计无线传感器网络路由协议时，应该综合考虑以上几个方面，因为它们之间相互关联，甚至有些是此消彼长的。如果只考虑单一目标进行优化，就有可能从反面影响其他目标，这样也就不可能达到最佳效果。

10.3.3   无线传感器网络路由协议的分类

与传统互联网相比，无线传感器网络路由协议可谓是数量众多，这是因为无线传感器网络与应用高度相关，单一的路由协议不能满足各种应用需求。根据不同应用对传感器网络各种特性的敏感或关注度不同，路由协议有多种不同的分类方法。目前主要有以下几种分类。

1. 能量感知的路由协议

能量高效是传感器网络路由协议的一个重要特征。为了强调高效利用能量的重要性，专门设计了能量感知路由协议。这类路由协议从数据传输中的能量消耗出发，考虑最优能耗路径和最长网络生存周期等问题。

2. 基于查询的路由协议

在环境监测和战场态势感知类应用中，需要不断查询传感器节点采集的数据。汇聚节点发出查询命令，传感器节点向汇聚节点报告采集的数据。基于查询的路由协议主要解决查询命令如何能够高效地到达潜在的传感器节点，且采集的数据如何高效地到达汇聚节点。由于潜在的传感器节点可能不止一个，而这些节点所采集的数据一般都具有很高的相关性，因此，在传输路径上通常要进行数据融合，通过减少通信流量进而节省能量。这类协议主要有 DD（direct diffusion）、谣传路由（rumor routing）等。

3. 基于地理位置的路由协议

根据是否以地理位置来标识目的地、路由计算中是否利用地理位置信息，无线传感器网络协议可分为基于位置的路由协议和非基于位置的路由协议。非基于位置的路由协议不需要知道节点的位置信息。很多常用的路由协议都属于非基于位置的路由协议，如动态源路由（DSR）协议、目的序列距离向量（DSDV）路由协议。基于位置的路由协议假设节点知道自己的位置信息，也知道目的节点和目的监测区域的地理位置。以这些位置信息作为路由选择的依据，按照一定策略转发数据到目标区域。基于位置的路由协议能够实现信息的定向传输，避免信息在整个网络的洪泛，减少路由协议的控制开销，优化路径选择，通过利用节点位置信息构建网络拓扑图，易于进行网络管理，实现网络的全局优化。此类协议主要有 GEAR（geographical and energy aware routing）、GEM（graph embedding）等。

4. 可靠路由协议

某些应用对于服务质量有关明确的要求，若路由选择中考虑服务质量的约束，就是可靠路由协议。这类协议在路由时需要考虑数据吞吐量、时延、丢包率等质量因素。典型的协议有 SPEED、ReInForM（reliable information forwarding using multiple paths）等。

10.3.4 典型的无线传感器网络路由协议

本小节选取三种典型的路由协议，对其核心路由机制的特点和节能性进行介绍与分析。

1. 泛洪协议

泛洪（flooding）协议是一种最为经典的广播式路由协议。它不需要维护网络的拓扑结构和路由计算，其工作过程可以简单地描述为：源节点希望发送数据给目的节点时，将分组广播给它的每个邻居节点，每个邻居节点又会将其广播给各自的所有邻居节点，除了那些刚刚给其发送了分组副本的节点外。如此继续下去，直到将分组传输到目的节点为止，或者到为该分组所设定的生存周期变为零为止，或者到所有节点拥有此分组副本为止。

泛洪协议具有它自身的优点，如路由实现简单，不需要为保持网络拓扑信息和实现复杂的路由发现算法而消耗计算资源，且适合对健壮性要求高的场合。但其缺陷也是明显的，包括：① 网络内所有节点都参与数据分组转发容易引起内爆，即一个节几乎同时从多个邻节点收到多份相同的数据；② 产生数据的交叠，即一个节点先后收到监控同一区域的多个节点发送的几乎相同的数据；③ 资源利用盲目，节点不考虑自身资源限制，在任何情况下都转发数据。

2. 定向扩散协议

定向扩散（direct diffusion，DD）协议是一种基于查询的路由机制，是以数据为中心的路由协议的一个重要里程碑。它的突出特点是传感器节点使用特定的属性值来标志其生成的数据，同时引入了梯度（gradient）的概念，来描述网络中间节点对该方向继续搜索以获得匹配数据的可能性。

在该协议中，为建立路由，汇聚节点通过兴趣消息（interest message）发出查询任务，采用泛洪方式把兴趣消息传播到整个区域或部分区域内的所有传感器节点。兴趣消息用来表示查询的任务，描述网络用户对监测区域内感兴趣的信息，例如监测区域内的温度、湿度或光照等环境信息。在兴趣消息的传播过程中，协议会逐跳地在每个传感器节点上建立反向的、从数据源到汇聚节点的数据传输梯度。传感器节点将采集到的数据沿着所建立的梯度方向传送到汇聚节点。

定向扩散协议具有很好的节能性和可扩展性。它可以实现良好的多径传输，而且由于这个协议是面向任务的协议，通过选择最优路径可以节约不少能量。但这也会导致整个网络的节点能耗不均衡，使得最优路径上的节点过早死亡。而且此协议是查询驱动的路由协议，所以不适合周期性或连续性监测的网络应用。

3. LEACH 协议

LEACH（low energy adaptive clustering hierarchy，低能耗自适应集簇分层）协议是无线传感器网络中最早提出的分簇路由协议。其后的分簇路由协议，如 TEEN（threshold sensitive energy-efficient sensor network protoeol）、PEGASIS（power-efficient gathering in sensor information systems）等都在其基础上发展而来的。

LEACH 协议将网络中的节点分为若干个"簇"，每个簇都包含一个簇头节点。协议的执行过程是周期性的，使用了"轮"的概念。每一轮的循环主要分为簇的建立阶段和稳定的通信阶段。

在"簇"建立阶段，通过运行簇头选举算法产生簇头，以在相邻节点间动态形成簇。簇头的选举过程如下：传感器节点产生一个 $0 \sim 1$ 之间的随机数，如果这个数小于阈值 $T(n)$，则该节点就成为簇头。$T(n)$ 由下式确定：

$$T(n)=\begin{cases}\dfrac{p}{1-p(r \bmod (1/p))}, & n \in G \\ 0, & n \notin G\end{cases} \tag{10.1}$$

其中，n 为当前传感器网络中的节点，p 是簇头在所有节点中的百分比，r 是当前的轮数，G 是在最后一轮中未成为簇头节点的传感器节点的集合。随着 r 值的增加，$T(n)$ 的值也越来越大，即意味着未担任过簇头节点的节点在下一轮中成为簇头的概率更大。一旦节点被选定为簇头，它就会向其他节点广播一个广播分组，非簇头节点根据自己收到的来自不同簇头的广播分组信号强度来决定自己加入哪个簇，并且告知相应的簇头。

在簇形成以后，簇头节点采用 TDMA 策略分配时隙给簇内的节点，簇内节点收到消息后就会在各自的时隙内发送数据，否则节点处于睡眠状态，以减少能耗。簇头依次接收来自簇内成员节点所采集和传输的数据，这些数据在簇头节点处进行数据融合；在各个簇之间，各簇头节点采用 CSMA 的方式来竞争信道，并将融合后的数据发送到汇聚节点。

LEACH 协议有很多优点。首先，通过分簇机制，LEACH 协议有效地减少了参与路由计算的节点数目，减小了路由表尺寸。其次，LEACH 的簇头选举能够将能耗平均地分配到网络的所有节点上，从而延长网络生存周期。最后，LEACH 协议中簇的组织形式使网络具有很好的扩展性。但是，LEACH 协议的簇头选取算法需要广播大量的消息，代价较大；在选取簇头时，LEACH 协议没有考虑节点剩余能量的问题，就可能使得剩余能量较低的节点当选为簇头，加速其死亡。目前，已经提出了很多针对 LEACH 协议的改进方案，此处不再赘述。

10.4 无线传感器网络的拓扑控制

无线传感器网络拓扑控制研究的主要内容是在满足网络覆盖率和连通度的前提下，通过功率控制和节点选择，动态剔除传感器节点间冗余的通信链路，形成数据转发的优化网络结构。拓扑控制技术作为无线传感器网络核心技术之一，对于以节约节点能量、延长网络生存周期为首要设计目标的无线传感器网络而言具有重要的意义。通过各类拓扑控制算法生成良好的网络拓扑结构，能够提高网络层路由协议和链路层 MAC 协议的效率，同时为数据融合、时间同步和目标定位等技术提供支撑。

10.4.1 拓扑控制的设计目标

拓扑控制在保证一定的网络连通质量和覆盖质量的前提下，以延长网络的生存周期为主要目标，兼顾通信干扰、网络延迟、负载均衡、简单性、可靠性、可扩展性等功能。无线传感器网络是应用相关性网络，不同的应用对底层网络的拓扑控制设计目标的要求不尽相同。下面就无线传感器网络拓扑控制通常的设计目标做简要介绍。

1. 网络连通性

在无线传感器网络中，传感器节点感知到的数据一般以多跳方式到达汇聚节点，因此要求拓扑控制必须保证网络的连通性。如果至少要去掉 k 个传感器节点才能使网络不连通，则称网络是 k-连通的，或称网络的连通度为 k。拓扑控制一定要保证网络至少是 1-连通的，某些应用可能要求网络被配置到指定的连通度。

2. 网络覆盖性

覆盖可以看成是对无线传感器网络服务质量的度量。在覆盖问题上，最重要的因素是网络对物理世界的感知能力。覆盖问题可以分为区域覆盖、点覆盖和栅栏覆盖（barrier coverage）。区域覆盖是最为常见的一种覆盖问题。理想情况下，区域覆盖要求目标区域内的每个目标至少被一个传感器节点所覆盖。点覆盖要求目标区域内的每个目标在任意时刻至少被一个传感器节点所覆盖。而栅栏覆盖则主要研究运动物体穿越网络部署区域被发现的概率问题。目前，对区域覆盖的研究较多。如果监测区域内的任一点均被 k 个传感器节点监测，就称网络是 k-覆盖。一般要求目标区域的每一个点至少被一个节点监测，即 1-覆盖。覆盖控制是拓扑控制的基本问题。

3. 网络生存周期

网络生存周期通常被定义为网络从构建到死亡节点的百分比低于某个阈值时的网络持续时间。也可通过对网络服务质量的度量来定义网络的生存周期。网络服务质量可以由网络覆盖质量、连通质量或其他服务质量指标或参数来定义。延长网络的生存周期，是拓扑控制研究的主要目标。

4. 可移动的鲁棒性

当无线传感器网络局部区域的拓扑结构因为节点的运动、无线信道特性发生变化或者感知对象的运动而发生变化时，要求网络能够只做少量的调整就可以正常通信，而不会产生网络的重新组织以及由此而造成网络的波动。也就是说，要求无线传感器网络拓扑结构具有较强的鲁棒性。

5. 拓扑控制的开销

无线传感器网络属于资源贫乏的网络，因此要求拓扑控制算法的开销应尽量小，这样不但可以减小网络复杂度，同时还可以减少节点成本。

6. 网络能量消耗的平衡

节点能量过早耗尽，不仅影响节点对监测区域的覆盖，而且对网络的连通性和网络通信有可能产生深远的影响。当节点位于网络拓扑结构的某些关键位置时，如果能量过早耗尽，有可能导致部分节点离开网络而变成孤立的局部网络。所以强调平衡网络能耗具有很实际的应用意义。

除了上述性质外，在设计无线传感器网络拓扑控制方案时，对称性、平面性、稀疏性、节点度的有界性、有限伸展性、负载均衡、简单性、可靠性、可扩展性等都是需要考虑的。总之，无线传感器网络拓扑控制的设计目标之间有着复杂的关系，如何明确这些目标的设计优先次序，关键取决于实际应用的需求。有兴趣的读者可以自行查阅相关的文献资料。

10.4.2 无线传感器网络的拓扑结构

按照节点功能及结构层次，无线传感器网络的拓扑结构可分为平面网络结构和层次网络结构。

1）平面网络结构

平面网络内的每一个节点具有完全一致的功能，所有节点为对等结构。这种网络拓扑结构简单，易维护，具有较好的鲁棒性，但是由于没有中心管理节点，采用自组网协同算法形成网络，组网算法比较复杂。平面网络结构如图 10.7 所示。

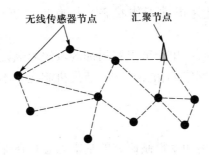

图 10.7　平面网络结构

2）层次网络结构

在层次网络结构中，一个无线传感器网络可以划分成为多个簇，每个簇由一个簇头节点和多个簇成员组成。当两个不同簇中的簇成员需要通信时，通常都需要经过源和目标簇的簇头进行转发。簇头不仅负责簇内成员的管理，转发簇内成员的分组，还需要维护簇间的路由信息。因此，簇头节点的能耗要明显高于簇成员。簇头之间构成高一级的网络。当然，在高一级网络中，还可以再次进行分簇，形成更高一级的网络。层次结构的网络冗余性较好，能够提高网络可靠性和可扩展性。层次网络结构示意图见图 10.8。

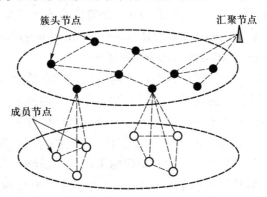

图 10.8　层次网络结构

10.4.3　无线传感器网络的拓扑控制分类

无线传感器网络的拓扑控制按照实现方式的不同可以分为功率控制、层次型拓扑控制和启发机制三类。功率控制通过调节节点的发射功率，在保证网络连通性的前提下，均衡各节点的单跳可达邻居数量。层次型拓扑控制利用分簇机制选择一些节点作为簇头节点，由簇头节点构成一个处理并转发数据的网络。启发机制使节点在没有事件发生时设置通信模块为睡眠模式，一旦有事件发生，则及时恢复为正常工作状态，并唤醒邻节点，形成数据转发的拓扑结构。

功率控制主要关注单个节点在局部区域的影响，层次型拓扑控制主要从整个网络的角度考虑网络的拓扑结构，启发机制通常不单独使用，而是与前两种控制机制配合使用。

1. 功率控制

无线传感器网络功率控制研究的基本思想是在保证网络覆盖率和连通度的前提下，通过调节节点无线通信模块的发射功率，使得网络中的节点能耗最小，均衡网络能耗。功率控制是一个十分复杂的问题，希腊佩特雷大学的 Kirousis 等人将其简化为发射范围分配问题，简称 RA（range assignment）问题，并详细讨论了该问题的计算复杂性。功率控制算法分为基于节点度、基于路由、基于方向以及基于邻近图的功率控制算法。

1）基于节点度的功率控制算法

节点度是指节点一跳可达的邻居节点数量。基于节点度的功率控制算法主要通过调节节点发射功率来控制节点度大小，即控制节点一跳到达的邻居节点数来优化节点的发射功率，减小网络能耗。这种控制方法具有一定的可扩展性和冗余度。典型的基于节点度的功率控制算法有本地平均算法（local mean algorithm，LMA）和本地邻居平均算法（local mean of neighbors algorithm，LMN）。

2）与路由协议相结合的功率控制算法

这类算法的基本思想是节点以不同的发射功率建立相应的路由表，然后按照某种规则选择合适的功率，并以该功率作为最终的发射功率。这类算法的典型代表有 COMPOW、CLUSTERPOW。以 COMPOW 为例。在网络的初始化阶段，COMPOW 将传感器节点的功率分为若干个不同的等级。节点分别使用不同的功率等级对网络进行探测，并建立相应的路由表。最终，考察与以最大发射功率形成的路由表相同的路由表，选择其中最小的发射功率作为全网统一的发射功率。

3）基于方向的功率控制算法

基于方向的功率控制算法的典型算法是由微软亚洲研究院 Wattenhofer 和康奈尔大学 Li 等人提出的一种能够保证网络连通性的 CBTC（cone-based distributed topology control）算法。在 CBTC 算法中，传感器节点的发射功率被分为若干个不同的等级。在网络初始化阶段，节点以最低功率发送邻居探测消息

（Hello 消息），并等待其他传感器节点的回复消息。根据收到的回复消息来确定邻居节点的数量，并判断在所有锥角 α 内是否至少存在一个邻居节点。如果满足条件，则结束探测，并将当前功率作为最终发射功率；而如果不满足条件，则增大发射功率至下一等级，继续探测邻居数量，直至满足所有锥角 α 内至少存在一个邻居节点。基于方向的功率控制算法需要可靠的方向信息，以解决到达角度问题，节点需要配备多个有向天线，对传感器节点配置要求较高。

4）基于邻近图的功率控制算法

基于邻近图的功率控制基于如下的算法思想：设所有节点都使用最大发射功率发射时形成拓扑图 G，按照一定的邻居判别条件 q，求得该图的邻近图 G'，G' 中的每个节点以自己所邻近的最远通信节点来确定发射功率。这类算法的典型代表有 RNG（relative neighborhood graph）、GG（Gabriel graph）、MST（minimum spanning tree）、YG（Yao graph）等。基于邻近图的功率控制算法的作用是使节点确定自己的邻居集合，调整适当的发射功率，从而在构建一个连通网络的同时使得能耗最低。但是这类算法通常需要知道精确的位置信息，要求节点能够从软硬件系统中获得这方面的信息。

功率控制机制能够在很大程度上通过优化节点发射功率来减小能耗，但是当网络规模较大时，网络内各个节点的路由信息随着节点数的增加变得十分庞大，节点为了维护各种路由信息，必须具备较强的计算能力和存储能力，而且网络数据量过大也不利于减少节点能耗和整个网络的能耗。单独使用基于功率控制的拓扑控制算法构建网络拓扑结构对网络规模具有严格的限制。

2. 层次型拓扑控制

如前所述，传感器节点由无线通信模块、感知模块、处理器模块以及能量供应模块组成，节点的能耗主要由无线通信模块、感知模块以及处理器模块产生。无线通信模块的能耗主要由发送数据、接收数据以及空闲监听产生，并且远大于感知模块和处理器模块的能量消耗，且传感器节点在空闲监听时的能量消耗仅次于发送数据以及接收数据的能量消耗。

无线传感器网络是由大量的传感器节点组成的，分布密集，在同一时刻有很多节点都处于空闲监听状态。为了减少大规模无线传感器网络中节点的空闲监听，研究者们提出了层次型（分簇）拓扑控制算法。层次型拓扑控制算法就是在保证网络连通情况下，将网络中的传感器节点根据一定的机制分为一个个簇，在每个簇内选择一个节点作为簇头节点，打开其通信模块，由这些簇头节点组成连通的网络负责数据信息的路由转发，而其他节点就可以在更多的时间中处于睡眠状态以节省能量。

层次型拓扑结构控制的关键技术是分簇。在簇的形成过程中，需要通过一定的簇头选择算法来选择簇头。由于簇头节点需要协调簇内节点的工作，负责数据的融合和转发，能量消耗较大，所以现有的分簇算法通常采用周期性选择簇头节点的方法来均衡网络中的节点能耗，这样可以使能耗均匀分布在每个节点上，从而在总体上延长网络的生存周期。

层次型拓扑结构具有很多的优点，例如，由簇头节点承担数据融合任务，减少了数据通信量，同时周期性的簇头选择有利于网络能耗均衡；分簇式的拓扑结构有利于分布式算法的应用，适合大规模部署的网络；由于大部分节点在相当长的时间内关闭无线通信模块或者使无线通信模块进入睡眠状态，减少了节点能耗，从而可以有效延长整个网络的生存周期；采用分簇机制后，网络是由众多的区域互联而成，减少了簇间通信干扰等。

目前，典型的层次型拓扑结构控制算法有 LEACH 算法、TopDisc（topology discovery）成簇算法、GAF（geographical adaptive fidelity）算法，以及它们的各种改进算法等。

3. 启发机制

无线传感器网络是面向应用的事件驱动的网络，传感器节点在没有检测到事件时不必一直处于活动状态。在启发机制中，节点在没有事件发生时将通信模块设置为睡眠状态，一旦事件发生则及时恢复正常运作，并唤醒邻节点，形成数据转发的拓扑结构。引入这种机制，可以使节点无线通信模块大部分时间处于关闭状态，而只有传感器模块处于工作状态，这就可以在很大程度上节省节点的能量。这种机制重点解决节点在睡眠状态和活动状态之间的转换问题，不能够独立作为一种拓扑控制机制，需与其他拓扑控制算法结合使用。目前，这类机制的算法有 STEM（sparse topology and energy management）算法、ASCENT（adaptive self-configuring sensor networks topologies）算法等。

从上述分析可以发现，在无线传感器网络中，纯粹使用一种拓扑控制机制是不合理的，因为节点是网络中的节点，网络是节点的网络，网络与节点的关系是一为二、二为一的关系，脱离其中一方研究无线传感器网络的拓扑控制是不可行的。所以，现在对无线传感器网络拓扑控制研究的主要趋势是采用混合的拓扑控制机制，只有合理调节各种拓扑控制机制在混合拓扑控制机制里的作用，才能真正获得最优的拓扑结构。

10.5 无线传感器网络的时间同步技术

10.5.1 无线传感器网络时间同步技术概述

1. 时间同步的基本概念

时间同步就是指物理上彼此独立的节点为了保持相互间时间的一致性而通过某种协议将所有节点的本地时间调整到一个统一时间参考点的过程。

在分布式系统中，每个节点都有自己的本地时钟。节点的时钟，本质上就是一个能够通过记录晶体振荡器（crystal oscillator）的振荡次数来反映时间信息的设备。由于制造工艺限制等因素，不同节点的晶体振荡器频率与标称频率会存在差异，同时，由于温度变化和电磁波干扰等外界环境因素的影响，使得不同节点的时钟总是存在或多或少的偏差。即使在某个时刻所有节点都达到时间同步，随着时间的推移，它们的时间也逐渐会再次出现偏差。而时间同步的目的就是使网络中所有或部分节点拥有相同的时间基准，即不同节点保持相同的时钟，或是可以彼此将对方的时钟转换为本地时钟。

时间同步是无线传感器网络基础框架的一个关键机制。在无线传感器网络中，各个传感器节点监测一个很小的区域，节点所监测的这些数据最终要传送到数据中心进行处理，数据中心必须辨别这些不同事件的时间信息或事件发生的先后关系，以加强数据的可分析性与可用性。因此，节点在协作过程中能够保持时间同步显得尤为重要。

时间同步也是传感器节点减少能量消耗的一个非常关键的技术。在第 10.2 节中提到过同步的周期性工作/睡眠机制要求节点之间能准确协调休眠和唤醒的时间，这就需要保持精确的时间同步。无线通信是节点工作时能量消耗的最大部分，对节点采集的相同数据进行融合可以减少信息量的发送，实现数据融合的一个重要依据就是时间信息，因此，也需要保证比较精确的时间同步。

传感器网络的时间同步可以采用两种方法，一是给每个节点配备 GPS 模块以得到精确的时间，这样节点就可以和标准时间一致，实现同步；二是利用网络通信来交换时间信息，使全网保持统一的时间，以达到同步。由于 GPS 设备成本高、能耗大，因此为每个节点配备 GPS 模块是不合适的。通常，只能有少量节点配备 GPS 模块，其他节点则只能根据时间同步机制交换时间同步消息来与网络中的其他节点保持时间同步。

2. 无线传感器网络时间同步所面临的挑战

　　无线传感器网络的独特性和限制，使得其时间同步协议的设计面临诸多挑战，需要考虑的因素包括以下几方面。

　　（1）能量受限。传感器节点往往由电池供电，且不容易更换电池，电量非常有限。传感器节点中消耗能量的模块包括传感器模块、处理器模块和无线通信模块，其中，绝大部分能量消耗在通信模块上。而时间同步算法往往需要在不同节点之间交换时间信息来实现同步。因此，为了尽可能地延长传感器网络的使用时间，必须尽量减少参与时间同步过程交换的消息数量，协议计算不应过于复杂。

　　（2）通信能力有限。一方面，为了减少无线通信的能量消耗，网络中采用多跳的方式，且在满足连通度的情况下应尽量减小单跳通信的距离。另一方面，节点的通信带宽有限，一般只有几百千位每秒，同时受到节点能量的变化、高山、树木、风雨雷电等自然环境与外部干扰的影响，通信性能经常发生变化，并会出现中断、链路丢失等。时间同步算法要充分考虑这些问题，具有较好的鲁棒性。

　　（3）计算和存储能力有限。很多传统的时间同步算法在对时钟偏差和频偏的估计时，要求存储一部分历史数据，并且进行一些复杂的运算，而这不适合计算和存储能力有限的传感器节点。

　　（4）可扩展性。在传感器网络撒播并稳定后有可能有新的节点加入，也有可能因为能量耗尽或环境因素等原因而失效。时间同步协议应能够在不影响现有时间同步结构的前提下，使新加入节点快速达到同步。

　　（5）面向应用。由于无线传感器网络是面向应用的，针对不同的应用传感器节点可能具有不同的软硬件组成，从而影响时间同步协议的设计与选择。时间同步算法应能够适应各种应用场景。

10.5.2　传感器节点的时钟模型

1. 传感器节点的本地时钟

　　在每个传感器节点上，都有一个特定频率的晶体振荡器和一个计数寄存器，晶体振荡器每出现一个振荡脉冲，计数寄存器中的数值就增加 1，只要访问寄存器读取其中的计数值，该数值就是传感器节点的时间。由本地晶体振荡器直接反映出来的时钟，称为本地时钟或硬件时钟。

　　晶体振荡器的频率一般不是恒定不变的，由于本身生产工艺和外界因素的影响，实际频率与标称频率之间会存在不同程度的偏差。一般来说会有以下三个原因会导致传感器节点的时钟出现不一致的现象。

（1）所有节点时钟都是在不同时刻开启的，就是说时钟开启时刻是随机的，因此它们的初始时间不相同。

（2）每个节点的石英晶体振荡器的频率不同，随着时间的推移，会引起时钟值的偏离，这被称为时钟偏移（clock skew）。

（3）振荡器的频率也是变化的。有短期变化的，如因温度、电压、空气压力等变化引起的；还有长期变化的，如由振荡器老化引起的。由晶振固有频率导致每秒产生的时间差异称为时钟漂移（clock drift）。

在无线传感器网络中，时钟偏移和时钟漂移是反映时间度量性能的两个主要参数。

2. 传感器节点的逻辑时钟

为了保持本地时间的连续性，在时间同步的过程中，往往并不直接修改节点的本地时钟，而是根据应用的需要改变节点的逻辑时钟来实现同步。逻辑时钟又称为软件时钟。可以根据节点的硬件时钟构造出本地的逻辑时钟。无线传感器网络中标识为 i 的节点的逻辑时钟表示如下：

$$L_i(t) = \theta_i H_i(t) + \varphi_i \tag{10.2}$$

其中，$L_i(t)$ 是节点 i 构造的逻辑时钟，$H_i(t)$ 是节点 i 在 t 时刻的本地时钟，θ_i 是漂移率，φ_i 是偏移量。改变节点的逻辑时钟，实际上就是通过改变 θ_i 和 φ_i，影响逻辑意义上的寄存器读数，从而达到时钟校准的目的。

因此，时间同步的基本原理就是，被同步的时钟选择一个可以参考的时钟，然后彼此交换时间信息，传递各种有关参数，通过一定的运算，使得被参考时钟的时钟漂移和时钟偏移得到修正，从而使二者达到同步。两个节点的逻辑时钟存在下列关系：

$$L_i(t) = \theta_{ji} L_j(t) + \varphi_{ji} \tag{10.3}$$

其中，θ_{ji} 是节点 i、j 之间的相对漂移率，φ_i 是节点 i、j 之间的相对偏移量。由此可以得到两种不同的时间同步原理，分别是时钟偏移补偿和时钟漂移补偿。

时钟偏移补偿是指通过一定的算法求出两个节点之间的相对偏移量，就可实现时钟同步。这种方法没有考虑时钟漂移对精度的影响，即假设每个节点具有相同的时钟漂移率，因此它们之间的时间偏差是线性递增的，同步的间隔越大，两者之间的误差就越大。为了提高精度，就必须增加同步频率，缩短同步间隔，但同时也引入了更多的开销。

时钟漂移补偿是指通过一定的算法估计出本地时钟与被参考时钟的相对漂移率，在构造本地的逻辑时钟时，就不再单纯依赖本地时钟速率的变化，而是可以接近被参考时钟的变化，弥补时钟漂移的影响。如果对相对漂移率的估计较为准确，那么在相对较长的时间间隔上就不会产生太大的误差，所需的时间同步周期也可以延长，同步频率可以降低。

3. 分组传递中的时间延迟构成

目前对于时钟偏差的估计，主要是通过在节点间交换分组的方式得到。由于种种原因，分组在通过无线链路传输时，总会有一些确定或不确定的延迟。如图10.9所示，一般可将分组在两个节点之间的收发延迟分解为以下几部分。

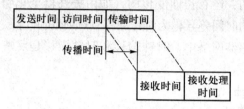

图10.9 无线传感器网络分组传递的时间构成

（1）发送时间（send time）。从发送节点构造一个分组到发布发送请求到MAC层所需时间，包括内核协议处理、上下文切换时间、中断处理时间和缓冲时间等，它取决于系统调用开销和处理器的当前负载。

（2）访问时间（access time）。分组等待传输信道空闲所需时间，即从等待信道空闲到分组发送开始时的延迟。它是分组传递中最不确定的部分，与MAC层协议和当前网络负载状况密切相关。

（3）传输时间（transmission time）。发送节点在物理层按位发射分组所需时间，该时间比较确定，取决于分组的大小和无线模块的发射速率。

（4）传播时间（propagation time）。消息在发送节点到接收节点的传输介质中的传播时间，该时间仅取决于节点间的距离，与其他时延相比可以忽略。

（5）接收时间（reception time）。接收节点按位接收消息并传递给MAC层的时间，它和传输时间相对应。

（6）接收处理时间（receive time）。接收节点重新组装分组并传递给上层应用所需的时间，包括系统调用、上下文切换等时间，与发送时间类似。

10.5.3 典型的时间同步方法

根据同步节点间信息的不同交互方式，有三种典型的时间同步方法：基于接收者-接收者的时间同步方法、基于发送者-接收者的双向时间同步方法以及基于发送者-接收者的单向时间同步方法。

1. 基于接收者-接收者的时间同步方法

这种机制利用无线数据链路层的广播信道特性，引入第三方节点广播一个参考分组。在第三方节点无线传输范围内的一组节点可以认为是几乎同时接收到该参考分组。广播域内的一组节点在收到参考分组后，通过交换比较各自接收到消息的本地时间，来实现它们之间的时间同步。参考分组本身并不包含时间信息，也不参与时间同步过程。代表性的算法是参考广播同步协议。

2. 基于发送者-接收者的双向时间同步方法

这类算法与传统网络的 NTP 协议类似，采用了客户-服务器模式。首先，待同步的节点向参考节点发送同步请求包，参考节点收到请求分组后，将包含当前时间信息的同步包回应给待同步的节点；同步节点收到回应包后，计算偏差并校准自己的本地时钟。

如图 10.10 所示，发送者（节点 A）向接收者（节点 B）发送同步请求并记录此时的本地时间 T_1，接收者（节点 B）收到该包后记录本地时间 T_2，经过一段时间后，于 T_3 时刻发送响应分组，并附带此时的时间 T_2 以及 T_3，A 收到后记录本地时间 T_4，则往返时延 d 和时间偏差 σ 为

$$d = \frac{(T_2 - T_1) + (T_4 - T_3)}{2} \tag{10.4}$$

$$\sigma = \frac{(T_2 - T_1) - (T_4 - T_3)}{2} \tag{10.5}$$

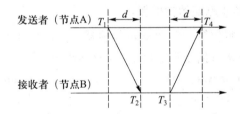

图 10.10 基于发送者和接收者的双向机制的原理

这类算法中代表性的算法包括传感器网络时间同步协议（TPSN）和 LTS（lightweight time synchronization for sensor network）协议等。

3. 基于发送者-接收者的单向机制

在这类算法中，时间同步包只进行单向传输。首先，参考节点广播含有节点时间信息的分组，待同步节点收到这些分组后，就计算测量分组的传输延迟，并且将自己的本地时间设置为接收到的分组中包含的时间加上分组传输延迟，这样所有广播范围内的节点都同步到参考节点。代表性的算法有洪泛时间同步协议（flooding time synchronization protocol，FTSP）和延迟测量时间同步（delay measurement time synchronization，DMTS）协议等。

10.6 无线传感器网络的定位技术

对于众多上下文相关的传感器网络应用而言，位置信息是至关重要的。没有位置信息的监测或感知往往是没有意义的。因此，确定事件的发生位置或确定节点的位置是传感器网络的最基本功能之一。另外，位置信息也是实现基于地理位置路由的基本前提。

无线传感器网络的定位技术就是位置未知节点依靠有限数量的参考节点，通过测量未知节点与参考节点或参考节点与参考节点的距离、角度或跳数等来确定自身的位置，进而在传感器节点之间建立起一定的空间关系。

10.6.1 无线传感器网络定位算法的分类

GPS 定位是目前比较成熟的定位技术。但出于成本和能耗方面的考虑，基于 GPS 的定位技术并不适合无线传感器网络。为此，研究与开发了多种无须 GPS 信号而对传感器节点进行定位的技术。

根据不同的分类方法，这些定位算法通常被分为以下五类。

1. 基于测距的定位算法和非测距的定位算法

基于测距的定位算法需要测量传感器节点间的距离或角度信息。距离或角度信息可通过对接收信号强度指示（received signal strength indicator，RSSI）、到达时间（time of arrival，TOA）、到达时间差（time difference of arrival，TDOA）和到达角度（angle of arrival，AOA）等参量的测量来获得，然后使用特定的算法，如三边计算法或三角计算法，得出自身的位置。这类算法具有较高的定位精度，但对硬件的要求也高，要求节点加载专门的硬件测距设备或具有测距功能，这也将提高整个网络的部署成本。

非测距的定位算法依靠节点间的通信来获取网络连通性等少量信息，便可实现定位。由于无须测量节点间的距离或角度等方位信息，降低了对节点的硬件要求，且受环境因素的影响小，能耗低，更适合能量受限的无线传感器网络。虽然定位的精度不如基于测距的算法，但足以满足大多数应用的需要。此类算法依赖于高效的路由算法，且受到网络结构和参考节点位置的制约。在不规则的网络环境中，可能会出现大多数节点定位的结果向网络中心偏移，或有可能出现无法定位的情形。

2. 绝对定位与相对定位

绝对定位（absolute positioning）给出的定位结果是一个标准化的坐标位置，

如经纬度等,而相对定位(relative positioning)则通常以网络中部分节点为参考
(如信标节点),建立整个网络的相对坐标系统。绝对定位可为网络提供唯一的
命名空间,受节点的移动性影响小,有更广泛的应用领域。但研究表明,相对
定位已经能够实现部分路由协议,尤其是基于地理位置的路由。大多数定位系
统和算法都可以通过对相对定位附加一些条件实现绝对定位功能。

3. 递增式定位和并发式定位

根据节点定位的先后次序不同,可把定位算法分为递增式定位算法和并发
式定位算法。递增式的定位算法通常是从信标节点开始,从信标节点附近的节
点首先开始定位,逐步向外延伸,各节点依次进行定位。递增式定位算法的主
要缺点是定位过程中累积和传播测量误差,而并发式定位算法中所有的节点会
同时进行位置计算。

4. 集中式计算与分布式计算

集中式计算(centralized computing)是指把所需要的信息集中传送到某个中
心点(如基站等),并在那里进行节点定位计算。分布式计算(distributed com-
puting)是指通过节点间的信息交换和协调,由节点自行计算进行定位。集中式
计算的优点在于从全局角度统筹规划,计算量和存储量几乎没有限制,可以获
得相对精度的位置估算,它的缺点是与中心节点位置较近的节点会因为通信开
销过大而过早地消耗完电池的能量,致使整个网络与中心节点信息交互的中断。
集中式定位算法包括凸规划等。

5. 基于信标节点的定位算法和无信标节点的定位算法

信标节点是指位置已知的一类特殊的节点。信标节点能够向网络中的其他
节点提供自己的位置信息。根据定位过程中是否使用信标节点,把定位算法分
为基于信标节点的定位算法和无信标节点的定位算法。

在基于信标节点的定位过程中,以信标节点作为定位过程中的参考节点,
各节点定位后会产生一个绝对坐标系统。无信标节点的定位算法只关心节点间
的相对位置,在定位过程中无须信标节点,各节点可以先把自身设为参考点,
将邻近的节点纳入自己所属的坐标系中,相邻的坐标系统依次转换合并,最后
产生整个网络相对的坐标系统。

10.6.2　无线传感器网络定位技术的评价标准

传感器网络节点定位算法的性能直接影响其可用性,因此如何客观地评价
它们就显得非常重要。通常关注以下几个指标。

1. 定位精度

定位精度是首要关注的指标。定位精度一般用误差值与节点无线射程的

比值来表示。也有一些定位系统将二维网络部署区域划分成为网格，并以网格面积大小的比值来定义定位精度。不同类型的定位算法可满足不同应用的精度要求。通常基于信标和测距的定位方法具有较高的定位精度，但其节点的体积较大，需要的耗能更多，成本也更高。一般而言，定位方法的选择需要综合考虑精度、成本、体积和能量等多方面的因素，并折中选择。

2. 信标节点的密度

信标节点的密度会影响定位的精度和定位速度。信标节点通常依赖人工部署或基于 GPS 实现。人工部署信标节点，不仅受网络部署环境的限制，而且这种方式还严重制约了网络的拓扑和应用的可扩展性。而使用具有 GPS 定位功能的信标节点，节点的成本会比普通节点高两个数量级，过多的信标节点将极大提高整个网络的成本。因此，信标节点的密度比也是评价定位系统和算法性能的重要指标之一。

3. 鲁棒性和容错性

通常，定位系统和定位算法都需要比较理想的无线通信环境和可靠的网络连接设备。但在真实应用环境中常会有诸如以下的问题：因外界自然因素的影响和节点自身硬件精度的限制造成测点间测量的距离或角度误差增大；外界环境中存在严重的多径传播、信号衰减、网络空洞和通信盲点等。由于环境、能耗和其他问题的存在，人工维护和替换传感器节点使用其他高精度测量的手段往往是十分困难的。因此，定位系统的算法和软硬件必须具有很强的容错性和自适应性，能够通过自动调整或重构的方法来纠正错误、适应环境、减小各种误差的影响，提高定位精度。

4. 能量消耗

功耗也是衡量无线传感器网络定位算法性能的指标之一。由于传感器节点电池通常使用电池供电，能量有限，因此在保证定位精度的前提下，与功耗密切相关的节点计算量、通信开销、存储开销和时间复杂性、系统的附加设备能耗都是关键性的指标。

5. 代价

定位系统或算法的代价指标可从几个不同方面来进行评价：① 时间代价，包括一个系统的安装时间、配置时间、定位所需时间；② 空间代价，指一个定位系统或算法所需的基础设施，包括网络节点的数量、硬件尺寸等；③ 资金代价，指实现一种定位系统或算法所需的基础设施及劳动力的费用。

上述几个性能指标，不仅是评价传感器网络自身定位系统和算法的指标，也是设计、实现和优化指标。这些性能指标是相互关联的整体，必须根据现实的应用需求做出权衡，以选择和设计合适的定位技术。为了在整体上提高网络定位技术或算法的性能，还需要进行大量的研究工作。

10.6.3 基于测距的定位方法

1. 测距方法

基于测距的定位方法需要预先知道待定位节点与信标节点或位置已知节点之间的距离或角度信息。因此测距是此类定位算法运行的前提。常用的测距方法有以下几种。

1）基于接收信号强度指示

若待定位节点能够获得接收信号强度指示（RSSI），则可利用无线信号的传播模型，将其转化为距离信息。但是由于无线信号传播环境的随机性、复杂性和易变性，RSSI 测距的精度相当低，仅仅能够反映距离的远近。但目前为止，RSSI 仍是适合无线传感器网络的测距技术之一。

2）基于到达时间

基于到达时间的测距方法的前提是已知信号的传播速度，根据信号的传播时间计算节点间的距离。发送节点在发送声波信号的同时，无线传输模块发送同步消息通知接收节点信号的发送时间，当接收节点接收到信号后，根据声波信号的传播时间和速度来计算节点的距离。基于到达时间的测距采用声波信号进行到达时间的测量，定位精度高，但其要求相关节点保持精确的时间同步，因此对传感器节点的硬件和功耗提出了较高要求。

3）基于到达时间差

基于到达时间差的测距机制中，发送节点同时发送两种不同传播速度的无线信号，接收节点根据两种信号到达的时间差值以及这两种信号的传播速度，计算两个节点之间的距离。

4）基于到达角度

基于到达角度的测距方法通过配备特殊天线来估计节点发射信号的到达角度。接收节点通过天线阵列或多个超声波接收机，感知信号的到达方向，计算接收节点和发射节点之间的相对方位和角度。

2. 定位算法

在基于测距的定位算法中，位置未知节点在获知自身到信标节点或参考节点的距离或角度的信息后，可采用三角测量法、三边测量法、最大似然估计法或者最小二乘法来计算节点自身的位置。这里简要介绍三角测量法和三边测量法，其余方法，请读者参考相关文献。

1）三角测量法

三角测量法的原理是：未知节点通过接收器天线或天线阵列测出参考节点

发射电波的入射角，以此构成了一条从未知节点到参考节点的径向连线，即方位线。在二维平面上，利用得到的两个或者更多的参考节点的到达角度测量值，再按照到达角度定位算法确定多条方位线的交点，便可计算出未知节点的估计位置。

以二维平面内的节点定位为例，如图 10.11 所示，设信标节点 A 和 B 的坐标分别为 (x_A, y_A)、(x_B, y_B)，位置未知节点 p 的坐标为 (x, y)，且未知节点 p 到信标节点 A 和 B 的角度分别为 α 和 β，则有关系式

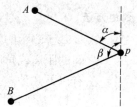

$$\begin{cases} \dfrac{y-y_A}{x-x_A} = \tan \alpha \\ \dfrac{y-y_B}{x-x_B} = \tan \beta \end{cases} \tag{10.6}$$

图 10.11   三角测量法示意图

通过式（10.6）就可求得未知节点 p 的坐标。对于该定位方法来说，在二维情况下，至少需要两个信标节点参与定位过程。

2）三边测量法

在定位算法中，三边测量法是计算节点位置坐标的基本途径。定位原理如图 10.12 所示。节点 A、B、C 为信标或参考节点，其已知坐标分别为 (x_A, y_A)、(x_B, y_B) 和 (x_C, y_C)，设未知节点 p 的坐标为 (x, y)，且已知 A、B、C 到未知节点 p 的距离分别为 d_A、d_B、d_C，则有下列等式成立：

$$\begin{cases} (x-x_A)^2 + (y-y_A)^2 = d_A^2 \\ (x-x_B)^2 + (y-y_B)^2 = d_B^2 \\ (x-x_C)^2 + (y-y_C)^2 = d_C^2 \end{cases} \tag{10.7}$$

由式（10.7）可以直接求得未知节点 p 的坐标。

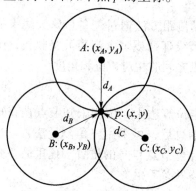

图 10.12   三边测量法示意图

　　三边测量法的缺点是，如果在测距过程中存在误差，那么所求得的 d_A、d_B、d_C 的值也存在误差，则上述三个圆将可能无法交于一点。此时用 d_A、d_B、d_C 去求解上述方程组时就无法得到正确解。所以，在实际计算坐标时，通常并不采用上述解方程的方法求解，而是采用最大似然估计法或者其他数值解法。

10.6.4 典型非测距的定位方法

　　非测距的定位机制主要有质心算法、DV-Hop 算法、Amorphous 算法和 APIT 算法等。由于非测量节点间是绝对距离或方位，因而降低了对节点硬件的要求，从而更适合大规模传感器网络。距离无关的定位方法其定位性能受环境因素的影响小，虽然定位的误差相应有所增加，但定位精度能够满足多数传感器网络应用研究的要求，是目前普遍关注的定位机制。本小节简要介绍质心算法和 DV-Hop 算法，有关其他算法，请读者参考相关文献。

1. 质心算法

　　在质心算法中，信标节点周期性地向邻近节点广播信标分组，分组中包含信标节点的位置信息。当位置未知节点 p 接收到来自不同信标节点的信标分组数量超过某一个门限 k 或接收一定时间后，就确定自身位置为这些信标节点所组成的多边形的质心。图 10.13 给出了该算法的基本思想图示。

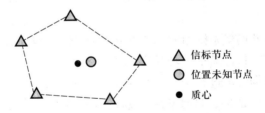

　　图 10.13　质心定位算法示意图

△ 信标节点
〇 位置未知节点
● 质心

　　假设未知节点 p 的坐标为 (x,y)，而 k 个信标节点的坐标为 (x_i,y_i)（$i=1,2,\cdots,k$），则 p 的坐标可以表示为

$$x = \frac{1}{k}\sum_{i=1}^{k}x_i, \quad y = \frac{1}{k}\sum_{i=1}^{k}y_i \tag{10.8}$$

　　质心算法简单并且易于实现，它完全基于网络连通性，无须信标节点和未知节点之间的协调就能够完成定位。但其定位精度不高，信标节点的密度越大、分布越均匀，该算法的定位精度就越高。

2. DV-Hop 算法

　　DV-Hop 定位算法的核心思想是：用平均每跳距离与位置未知节点到信标节点跳数的乘积，表示位置未知节点到信标节点的距离。该算法可分为计算跳数、估计单跳距离、定位三个阶段。

第一阶段，网络中所有的信标节点，使用距离向量交换协议，将信标节点的位置信息和跳数信息广播到整个网络中，使网络中所有信标节点能够获取到达其他信标节点的跳数。

第二阶段，每个信标节点根据第一阶段中记录的其他信标节点的位置信息和相对跳数，估算每跳的平均实际距离。然后信标节点将此平均每跳距离广播至网络中。未知节点利用所接收到的跳数信息和平均每跳距离值计算与信标节点的距离。

第三阶段，当未知节点获得三个或更多信标节点的信息后，利用三边测量发或最大似然估计法进行定位。

质心算法的精度依赖于信标节点分布的密度和分布情况。虽然增加信标节点数可以改进定位精度，但需要更多的节点间通信，并会极大地增加节点能量的消耗。此外，若在未知节点周围，用于定位的信标节点以未知节点为中心分布得很均匀，定位精度会得到提高；若信标节点分布不均，将直接导致定位精度的下降。

10.7　无线传感器网络的数据融合

无线传感器网络系统通常由大量的传感器节点构成，通过节点之间的协同完成信息收集、目标监视和环境感知等任务。由于受网络的通信带宽和能量资源限制，在数据传送过程中，若采用由各个节点单独将数据传输至汇聚节点的方法显然是不合适的，这会影响信息的收集效率和信息采集的及时性。为此，人们提出了数据融合（data fusion）技术。

10.7.1　数据融合概述

1. 定义

数据融合比较通用的定义可以概括为：为完成决策和估计任务，利用计算机技术对按时序取得的若干信源的观测信息在一定准则下加以自动分析与综合的处理过程。

无线传感器网络的基本功能是收集传感器节点在其监测区域内所采集的信息。由于不同传感器节点的监测区域或多或少存在着重叠，且同一个监测区域的相关测量信息在一段时间也或多或少存在着相关性，因此，不同传感器节点的监测数据存在冗余。而无线传感器网络是一个资源受限的系统，如果在收集信息的过程中采用各个节点独立传送数据到汇聚节点的方法，因此会因为大量冗余的数据而浪费通信带宽和能量，降低信息收集的效率。通过数据融合，可以有效地消除数据冗余，从而减少能耗，延长网络寿命。

数据融合技术广泛应用于无线传感器网络信息获取的各层应用中，比如，在数据获取阶段，对各个节点采集到的目标特征数据进行融合处理以准确地判断目标的类型；在数据通信阶段，数据融合可以集成于路由协议中，这样的协议称为以数据为中心的路由协议。

2. 数据融合的作用

在无线传感器网络中，数据融合起着十分重要的作用，主要表现在节省网络的能量、增强所收集数据的准确性以及提高收集数据的效率这三个方面。

1）节省能量

无线传感器网络由大量传感器节点组成，收集的信息量大，存在冗余数据。数据融合对冗余数据进行融合与压缩处理，在满足应用需求的前提下，减少需要传输的数据量，从而降低能耗。

2）获得更准确的信息

受到成本和体积的限制，传感器节点所装配的传感器件的探测精度一般较低。同时，长期工作于无维护状态的传感器节点，其功能部件容易受损，传感器件可能会产生错误的输出。所以，仅仅独立地收集传感器节点的数据，较难确保信息的正确性。而数据融合技术能够对监测同一对象的多个传感器所采集的数据进行对比分析，可以有效地提高所获得信息的精度和可信度。

3）提高数据收集效率

在无线传感器网络内进行数据融合，可以在一定程度上提高网络收集数据的整体效率。因为数据融合减少了所需要传输的数据量，这样可以减轻网络的传输拥塞，减小数据的传输延迟。即使有效数据量并未减少，但通过合并多个数据分组减少了数据分组个数，同样也减少传输中的冲突碰撞现象，提高无线信道的利用率。

3. 数据融合的分类

无线传感器网络中的数据融合技术可以从不同的角度进行分类，常见的三种分类如下。

1）根据融合前后数据的信息含量分类

根据数据进行融合前后的信息含量，可以将数据融合分为无损失数据融合和有损失数据融合两类。

所谓无损失数据融合，是在不改变各分组所携带数据内容前提下，将多个数据分组打包成一个数据组的数据融合方法。其常见做法是在保留细节信息的同时去除信息中的冗余部分。

有损失数据融合,就是通过省略一些细节信息或降低数据的质量,来达到减少存储或传输的数据量、节省存储资源或能量资源的目的。但这种省略或损失的上限是必须保留应用所需要的全部信息量。

2)根据数据融合与应用层关系分类

数据融合技术可以在传感器网络协议栈的多个层次中实现,既可以在 MAC 协议中实现,也可以路由协议或应用层协议中实现。根据数据融合是否基于应用数据的语义,可将数据融合技术分为三类:依赖于应用的数据融合,独立于应用的数据融合,以及结合这两种技术的数据融合。

通常数据融合都是对应用层数据进行的,需要了解应用层数据的语义。依据应用的数据融合可以对数据进行一定的压缩;而独立于应用的数据融合直接对数据链路层的分组进行融合然后转发,不需要了解应用层数据的语义,保持了网络协议层的独立性,不对应用层数据进行处理,不会造成信息丢失,但是,其融合效率会相应地低很多。结合以上两种技术的数据融合结合了上面两种技术的优点,同时保留独立于应用的数据融合层次和其他协议层内的数据融合技术,可以综合使用多种机制,得到更符合需求的融合效果。

3)根据融合操作的级别分类

根据对传感器数据的操作级别,可将数据融合技术分为数据级融合、特征级融合以及决策级融合三类。

数据级融合是最底层的融合,操作对象直接是数据,因此是面向数据的融合。由于是直接对现场的数据进行融合,所以,数据级融合具有失真度小、信息损失量小以及信息全面等特点。

特征级融合通过一些特征提取手段将数据表示为一系列用户感兴趣的特征向量,用以反映事务的属性,是面向监测对象特征的融合。这种融合方式保留了足够的重要信息,在对信息进行压缩的情况下减少了干扰数据,有利于数据的及时处理,具有较高的精确度。

决策级融合根据应用需求进行较高级的决策,是最高级的融合,一般在汇聚节点或者基站进行。这种方式要处理的信息量相对而言较少,有很好的实时性和很强的容错能力。

10.7.2　数据融合的主要方法

由于监测数据的特性及其表达形式、网络拓扑结构以及具体应用等都是影响数据总量的因素,因此研究者把应用层与网络层作为重点研究对象。在应用层利用分布式数据库技术,实现无线传感器网络的数据汇集,开发了面向应用的数据融合接口；在网络层很多路由协议均结合了数据融合技术；在现有的协议层之外，研究者又提出了独立于其他协议层的数据融合协议层，形成了在网络层与数据链路层之间的数据融合层。

1. 应用层中的数据融合

目前关于应用层数据融合技术大多是基于查询模式下的数据融合技术，其主要思想是将整个无线传感器网络视为一个分布式数据库，采用分布式数据库技术来收集数据。在分布式数据库的数据收集过程中，用户使用描述性语言向网络发送查询请求，查询请求在网络中以分布式的方式进行处理，查询结果通过多跳路由返回给用户。处理查询请求和返回查询结果的过程实质上就是进行数据融合的过程。

TAG（tiny aggregation）是一种典型的应用层数据融合方案。TAG 是在无线传感器网络数据库系统 TinyDB 的基础上实现的。TinyDB 由加州大学伯克利分校设计，是最具代表性的、用于无线传感器网络的通用数据融合接口，能够支持基于查询的数据融合。TinyDB 将整个无线传感器网络看成是一个分布式的数据库，每个传感器节点中保存了各自采集的各种类型的数据。汇聚节点或控制台节点可以向所有传感器节点或部分传感器节点发出数据库查询请求，而传感器节点则利用通用数据融合接口对查询结果进行数据融合，并只将结果发送给汇聚节点或控制台节点。

在应用层中，数据融合与应用数据之间没有语义间隔，数据融合技术实现起来比较容易，并可以达到较高的融合度，但同时也会损失一定的数据收集率。由于数据收集的过程采用的是分布式数据库技术，而传感器节点的计算能力和存储能力均十分有限，如何控制本地计算的复杂度也给传感器网络实现增加了难度。

2. 网络层中的数据融合

网络层的数据融合关键在于数据融合技术和路由技术的相结合。目前，网络层数据融合的主要方法是采用以数据为中心的路由（data-centric routing），简称 DC 路由。DC 路由的基本思想就是在数据的转发过程中，由中间节点查看分组的内容，并按照一定的算法，将接收的多个具有相关性的分组融合成数目更少的分组，并转发给下一跳。DC 路由不仅考虑路径的最优，同时还考虑数据融合。网络层数据融合的优点在于能够将数据融合技术在路由过程中实现，这可以有效地减少需要传输的数据量，节省能量，降低传输时延。但网络层中的数据融合需要跨协议层理解应用层数据的含义，这在一定程度上增加了融合的计算量。

3. 独立的数据融合

数据融合技术无论与应用层结合还是网络层相结合都有一定的缺陷，包括：① 如果网络内部融合度高，感测信息就会丢失过多，有时甚至会丢失一些有用的信息；② 协议层之间独立性被破坏，上下层协议之间不能完全透明；③ 跨层融合利用的命名机制会丢失同一传感器的不同类型的数据等。为此，T. He 等人提出了独立于应用的数据融合机制。

独立于应用的数据融合的基本思想为：发送节点将下一跳地址相同的多个数据单元合并成一个数据分组进行发送，而接收节点则将 MAC 层送上来的融合数据分组拆散为原来的网络层分组单元并转送给网络层。

独立于应用的数据融合的一个明显优势是可以增强数据融合对网络负载的适应性。也就是说，当负载较高或 MAC 层存在较大的冲突时，可以实施的数据融合程度较高；而当负载较轻时，可以选择实施程度较低的数据融合或者是不进行数据融合。

10.8　无线传感器网络应用系统的设计与部署

从系统功能的角度，一个无线传感器网络应用系统的设计涉及数据采集、数据传输、数据处理和数据应用；从系统组成的角度，一个无线传感器网络应用系统的设计涉及硬件平台、软件平台和网络平台。无线传感器网络是面向应用的，面向不同应用的无线传感器网络在硬件平台、软件平台和网络平台等方面都会存在较大的差异。

10.8.1　硬件平台

硬件平台的设计主要需要考虑包括微处理器以及通信芯片、传感器件、供电装置和节点封装。

1. 微处理器以及通信芯片

微处理器是无线传感器节点的核心芯片，负责各种运算与处理工作。在系统设计过程中，需要考虑微处理器的功耗特性、运算速度、存储器规模以及唤醒时间等因素。目前常见的处理器有 TI 的 MSP430 系列、Atmel 的 Atmega 系列等。通信芯片是无线传感器节点另一个关键部分，它负责无线数据传输。通信芯片最主要的选择指标芯片工作功耗和传输距离，而影响这两个指标的主要因素在于发射功率与接收灵敏度。另外，唤醒时间也是选择通信芯片时需要考虑的一个指标。目前最主流的通信芯片主要是 Chipcon 的 CC2420、CC2430 和

CC2520 等。

2. 传感器件

　　传感器件是无线传感器网络的数据来源。设计者需要根据具体的应用来选择传感器件。例如，对于面向森林防火的应用，通常会加载温度传感器、湿度传感器以及烟传感器等；对于一个水质监测系统，可能需要氧饱和度传感器、余氯传感器等；而对于一个桥梁健康监测系统，则需要压力传感器。

3. 供电装置

　　一般而言，无线传感器节点由电池供电，这能够有效减小节点尺寸，使节点更容易部署；同时也能有效控制节点成本。对于大规模网络更是如此，比如一个大区域的空气质量监测系统。而如果网络规模较小，且节点成本较高（比如集成了昂贵的传感器），为了延长节点使用寿命，其蓄电池配合使用各种可再生能源，如太阳能、风能等。需要指出的是，对于一些没有基础电力设施供应的应用场景，由于汇聚节点需要大量能源，可再生能源装置往往是不可或缺的。

4. 节点封装

　　很多应用的传感器节点都是部署在露天或者野外的环境中，因此，节点必须具备一定的防水能力。为此，需要在节点外面增加封装外壳。一般而言，封装外壳需要有一定的硬度，且需要预留传感器探测口。另外，还必须考虑其他一些自然因素，比如早晚温差会在外壳内部形成凝露，如果不能及时排出，也会影响节点的工作。

10.8.2　软件平台

　　软件平台包括操作系统、网络协议、应用程序和数据库系统等部分。数据库需求和应用程序需求请参考软件工程相关文献，此处不再赘述。

1. 操作系统

　　操作系统是传感器节点软件平台的核心，主要为上层应用程序提供硬件驱动、资源管理、任务调度以及编程接口等。由于传感器节点的计算能力、处理能力和存储资源十分有限，运行在其上的操作系统将明显区别于传统计算机的操作系统。目前最为广泛使用的、适合传感器节点的嵌入式操作系统是由加州大学伯克利分校开发的专为嵌入式无线传感网络设计的 TinyOS。

2. 网络协议

　　无线传感器网络的网络协议非常丰富。针对不同的应用、不同的性能指标、不同的网络拓扑，会有不同的协议栈组合。而且，新的协议仍然在不断出现。以介质访问控制协议为例，设计者需要考虑网络应该采用基于竞争的或是非竞争的协议；如果采用基于竞争的协议，则还需进一步考虑是采用同步的或是异步的协议。这些问题的答案与诸多因素有关，包括网络规模、供电机制、节点运算处理能力等。比如，对于大规模野外随机部署的网络，考虑网络寿命、网络控制开销以及节点成本，采用基于竞争的异步的介质访问控制技术就是一个比较明智的选择。

3. 应用程序

无线传感器网络的应用程序包含两部分：集成于节点的嵌入式应用程序，以及面向用户的应用程序。嵌入式应用程序主要负责采集和处理数据，此类应用程序一般是面向数据的，并最终将数据从网络迁移至数据库。而面向用户的应用程序主要负责数据的后续分析与显示，此类应用程序一般由高级语言实现，运行于功能强大的计算机，并从数据库加载数据。

4. 数据库系统

基于无线传感器网络的应用系统涉及两类数据库系统：分布于无线传感网的分布式网络数据库系统，以及由运算处理能力极强、存储容量巨大的服务器为依托的传统数据库系统。前者的典型代表是同样由加州大学伯克利分校开发的 TinyDB 系统。TinyDB 是从无线传感器网络上提取信息的查询处理系统，对无线传感器网络进行了封装，将之抽象为一个数据库系统。TinyDB 屏蔽了无线传感器网络的细节，呈现给用户的就是一个数据库系统，用户只需要使用类 SQL 进行数据查询检索即可。TinyDB 特别适合基于查询的无线传感器网络应用。而对于那些需要定时连续采集数据的应用，则并不需要在网络中集成 TinyDB。

10.8.3　网络平台

在网络平台的设计过程中，需要根据监测范围的具体情况，确定网络规模、网络结构、节点部署方案等。

1. 网络规模的确定

网络规模由监测区域范围以及监测密度决定。监测区域范围越大，监测密度越高，则网络规模越大。而网络中节点的数量不仅取决于监测区域范围和监测密度，还与节点的通信距离有关。同一个节点在不同环境下的传输距离是不同的，平坦空旷环境下的传输距离要远大于繁华的城区或者茂密的树林。因此，在确定网络规模之前，需要先确定节点在特定环境下的通信距离，才能结合监测区域和监测密度做出决定。

2. 网络结构

在确定网络规模后，需要确定是采用平面网络结构，还是层次网络结构。

10.4.2 小节已经对这两种网络结构做了详细的介绍，此处不再赘述。

汇聚节点的数量同样是需要考虑的问题。对于规模不大的网络，单个汇聚节点是能够满足需求的。但对于大规模无线传感器网络，单汇聚的网络结构就会暴露出较严重的问题。原因如下。

（1）由于大规模无线传感网的覆盖面积很大，如果采用单汇聚节点，则边缘节点到汇聚节点的路径（跳数）将会很长，这将大大增加传输分组的能量成本，并带来严重的端到端延迟。

（2）大规模网络节点众多，产生的数据量比较大。如果仍然采用单汇聚节点，所有的数据都将沿着到该汇聚节点的路径进行多跳传送，这样必然造成汇聚节点附近的节点能量消耗过快，严重影响传感器网络的使用寿命。同时，也会使得汇聚节点周边的数据密度过大，从而增加分组发生冲突的概率，造成无谓数据重发，增加能量损耗。

（3）在单汇聚无线传感器网络中，汇聚节点或其邻居节点的失效都可能会令整个网络瘫痪。

因此，在构建大规模无线传感器网络时，采用多汇聚节点的架构将具有更大的优势。

3. 节点部署方案

无线传感器网络的节点部署方案的目标是：在实现对监测区域完全覆盖并满足监测密度的前提下，以尽量少的节点来保证整个网络的连通性。同时，还应该在网络中保持一定的冗余，使得当网络中有少量节点失效时，不会出现覆盖盲区，或者网络出现分割。

对于静止的节点，节点部署可以实施定点部署，也可以采用随机部署，或者两者相结合，即先在关键区域定点部署，而其他节点进行随机部署。定点部署一般适于规模较小、环境状况良好、人工可以到达的区域。而当监测区域环境恶劣或存在危险时，定点部署节点是很难或者根本无法实现的。或者，当网络规模很大、节点数量众多时，采用人工定点部署也是不切实际的。此时，通常采用随机部署的方式，即通过飞机、炮弹等载体把节点随机地抛撒在监测区域内。但是，随机部署自主形成的网络往往不能满足应用的需求，有的地方有较高的感知密度，有的地方感知密度低，甚至出现覆盖漏洞或者部分网络部连通。此时就需要通过定点部署来修正这些问题。

而对于移动节点，也有很多相应的部署方法，例如增量式节点部署算法、基于网格划分的方法、基于人工势场（或虚拟力）的算法等。有兴趣的读者可以参阅相应的文献，此处不再赘述。

思考题

1. 与无线局域网、无线城域网及无线广域网相比，无线传感器网络的主要特点有哪些？为什么说它是一类面向应用的网络？

2. 在无线传感器网络中，除了正常的数据收发所消耗的能量外，MAC 层上的能量损耗主要来自哪几个方面？请至少列举三种降低无线传感器网络能耗的方法。

3. 深入研究 LEACH 协议，分析其不足之处；并阅读其他相关文献，介绍一种 LEACH 的改进方案。

4. 课外阅读 COMPOW 相关文档，总结 COMPOW 的工作原理，并分析其优缺点。

5. 无线传感器网络为什么需要进行时间同步？无线传感器网络分组在通过无线链路传输时，总会有一些确定或不确定的延迟。请分析这些延迟的构成。

6. 质心算法是一种简单的非测距定位算法。请分析质心算法的不足之处；并阅读其他相关文献，给出一种质心算法的改进方案。

7. 就基于信标节点的定位算法而言，当网络规模增大时，所需要的信标节点数量通常也会随之增加。那么，是否有什么方法可以降低对信标节点数量的要求？

8. 数据融合对于无线传感器网络而言，有什么意义？数据融合主要有哪些方法？

9. 设计与部署一个实际应用的无线传感器网络时，需要考虑哪些关键问题或提供哪些关键设计？请设想一个无线传感器网络的应用，在描述其应用背景的同时，给出相应的系统设计框架。

在线测试 10

第 11 章　移动 IP 技术

随着互联网中用户移动性的增加，如何基于 IP 为跨越异构网络的用户提供移动漫游支持成为一种新的挑战。移动 IP 以基本 IP 技术为基础，提供了对这种需求的支持。本章首先介绍移动 IP 技术的基本概念，然后分别介绍移动 IPv4 和移动 IPv6 的基本原理与关键技术，最后介绍移动 IP 组播技术。

11.1　移动 IP 概述

11.1.1　移动 IP 的需求背景

互联网发展到今天，除了网络传输速率及带宽越来越高，网络互联的程度与范围越来越广，网络不断走向融合，实现数据、语音与视频的三网合一，网络应用及应用终端的多样化，以及网络管理日益智能化等特征外，用户的移动性也成为一个显著的特点。随着笔记本计算机、个人数字助理、手机等移动或手持终端设备的不断增加和移动应用的日益丰富，如何在现有的 IP 网络架构上为用户跨越异构网络的移动漫游提供支持成为一种新的挑战。

就传统的 IP 网络而言，其可扩展性依赖于网络前缀路由，它基于前缀路由实现从源到目标的 IP 分组转发，要求位于在同一网络链路上的节点其 IP 地址具有相同的网络前缀。然而，当节点在 IP 网络中移动时，经常发生从一个 IP 网段切换到另一个 IP 网段的情况，这时就会出现原有的 IP 地址网络前缀与新网段的 IP 网络前缀不一致的问题，导致无法采用网络前缀路由技术将发往该节点的报文送到该节点当前所处的新位置上。对这个问题的一般解决方法是采用特定主机路由或改变节点的 IP 地址。特定主机路由技术是对单个主机地址指定一条特别的路径，但在可扩展性、可靠性和安全性等方面存在严重的技术缺陷；而采用移动时改变节点 IP 地址的方法又使得在网段或链路切换时无法保持现有通信。为了满足移动用户对 IP 网络的无缝漫游访问，移动 IP 技术应运而生。

11. 1. 2   移动 IP 的基本概念

移动 IP 是指移动用户离开原网络，在基于 IP 的不同网络链路中自由移动和漫游时，不需要修改移动设备原有的 IP 地址，仍能继续享有其在原网络中一切权限和服务的技术。它在基本 IP 基础上加入了新的特性，所提供的特殊 IP 路由机制可以使移动节点以一个固定的 IP 地址连接到任何链路上而保持其可寻址性。也就是说，移动 IP 可以将报文路由选择到那些可能一直在移动或改变位置但却使用同一固定 IP 地址的移动节点上。即使移动节点漫游到外地的网络链路上，运行在移动设备上的网络应用程序也不会因为链路的改变而中断。移动节点在不同网段间的切换对于上层应用是透明的，当移动节点改变其在互联网上的链路层接入点时，仍然可以保持所有正在进行的通信，实现移动用户在各种异构的底层网络中自由漫游的效果。

为实现上述功能或设计思想，移动 IP 技术需要解决以下四方面的关键问题。

（1）如何确保移动节点在改变数据链路层的接入点后仍能与网络上的其他节点通信。

（2）如何保证移动节点在不同链路间移动时，仍然能够使用原来的 IP 地址进行通信。

（3）如何解决移动节点与非移动节点之间的通信问题。

（4）如何使移动节点不会比互联网上其他节点面临更多的安全威胁。

以上四个关键问题中，第一个问题涉及如何使移动节点可以在任意链路上通信；第二个问题中，隐含排除了那些在移动节点移动时改变 IP 地址的方案；第三个问题则要求移动 IP 不改变现有的固定主机和路由器上的协议，其新增的功能只需在移动节点和少数提供特殊服务的节点上实现；第四个问题涉及移动 IP 如何去面对那些因为节点移动而可能带来的安全威胁。

需要指出的是，移动 IP 技术只是将报文路由选择到移动节点的网络层解决方案，关于移动应用中对 TCP 或应用程序等其他方面的改进不属于移动 IP 技术的范畴。

11. 1. 3   移动 IP 的设计目标

移动 IP 的设计基于两个基本假设：一是点到点通信的报文在路由选择时与源 IP 地址无关，路由选择机制只依据目的地址来选取路由；二是支持移动 IP 的网络是一个连通网络，网络上的任何两个节点之间都能够互相通信，并假设由路由器和链路构成的通信网络能够将报文送到移动节点的家乡链路（home link）和其他任意可能到达的网络位置。在满足上述假设的 IP 网络中，移动 IP 的设计目标应包括以下三点。

（1）尽量减少路由更新消息的数量和频率。路由协议要求在网络的各种节点间传递路由更新消息，为了使移动 IP 能够在多种无线链路上工作，应该使这些路由更新消息的数量和频率尽量减少。

（2）尽量简化移动节点处理移动 IP 的复杂度，这样可以增加使用移动 IP 的终端类型，特别是那些内存和处理能力受到限制的蜂窝电话、笔记本计算机及其他便携式终端。

（3）尽量节省地址占用空间。避免移动 IP 使用多个 IP 地址或要求为移动节点准备一个大的地址池，造成地址空间的浪费。

满足上述设计目标的移动 IP 技术将具有三个优点，一是协议本身比较简单，可扩展性好；二是可以和多种链路层技术集成，提供较强的移动支持能力；三是与传统 IP 协议之间具有良好的兼容性。

11.1.4　移动 IP 的发展与演变

为实现对移动 IP 的支持，Charles Perkins、Andrew Myles 与 David B. Johnson 于 1994 年设计了互联网移动主机协议（internet mobile host protocol，IMHP）。该协议综合考虑了此前的三种移动主机协议的优缺点，它们分别是哥伦比亚大学 John Ioannidis 设计的移动 IP 协议、Sony 公司 Fumio Terqoka 设计的虚拟 IP 协议，以及 IBM 公司 C. Perking 和 Y. Reckter 根据松散源路由设计的移动主机协议。

为了满足不断增长的移动互联网接入的需求，IETF（因特网工程任务组）在 IMHP 的基础上制定了移动 IP 协议。1999 年 10 月，IETF 公布了第一个移动 IPv4 草案 draft-ietf-mobileip-rfc2002-bis-00，目前 IETF 最新的移动 IPv4 技术规范是在 2010 年 11 月提出的 RFC 5944，它取代了之前的规范 RFC 3344、RFC 3220 和 RFC 2002。

随着 IPv6 协议的制定和推广，移动 IP 的发展也进入到移动 IPv6 的阶段。移动 IPv6 技术虽然是在移动 IPv4 技术的基础上发展而成的，但也有较大的进步和变化。它充分利用了 IPv6 内在的移动支持能力并结合 IPv6 的优点，简化和解决了移动 IPv4 中的众多问题。2002 年 4 月 IETF 公布了第一个移动 IPv6 草案 draft-ietf-mobileip-ipv6-00，目前 IETF 最新的移动 IPv6 技术规范是在 2011 年 7 月提出的 RFC 6275，它取代了之前的规范 RFC 3775。

尽管移动 IPv6 技术相对于移动 IPv4 技术更具有优势，但由于目前 IPv6 尚未进入普遍部署阶段，所以目前得到广泛使用的仍然是移动 IPv4 技术。

11.1.5　移动 IP 的特点

相对于固定的 IP 通信技术，移动 IP 的主要特点如下。

（1）强大的漫游功能。移动用户可以在各子网间、Internet 与企业网络之间自由漫游，方便使用原有企业网中的资源。

（2）双向通信。移动节点在位置变化时，仍然可以方便地与其他节点进行通信，其他节点也仍然可以通过该节点原来的 IP 地址与该用户通信，不受地理位置对网络通信的限制，实现真正的双向通信。

（3）链路无关性。移动 IP 技术与底层链路无关，可以同时支持无线和有线网络环境。

（4）网络透明性。移动用户在进行漫游时，不需要对计算机原有网络设置做任何改动，也无须改动所接入的外地网络和家乡网络设置。

（5）应用透明性。移动用户在进行漫游时，无须对个人计算机和网络主机上的基于 IP 的应用进行任何改动，无须增加额外的用户管理和权限管理。

（6）良好的安全性。采用隧道技术进行加密传输和身份认证，不会给移动用户带来新的安全隐患。

11.2　移动 IPv4 技术原理

移动 IPv4 是在 TCP/IPv4 的网络层为移动设备及应用提供网络互联支持的一整套解决方案，它定义了节点移动过程中保持网络可寻址性的机制，并提供了与节点移动相关的移动检测、位置管理以及安全防护等诸多网络层问题的解决方案。

11.2.1　移动 IPv4 的相关术语与功能实体

在对移动 IPv4 进行研究和分析时，经常会涉及一些功能实体和专有术语。

1. 相关术语

移动 IPv4 中基本的功能实体与术语如下。

（1）移动节点（mobile node，MN）：指从一个网络或子网链路上切换到另一个网络或子网的移动设备。移动节点可以改变其网络接入点，但不需要改变其 IPv4 地址，它可以使用一个固定 IPv4 地址在移动过程中保持与其他节点的通信。

（2）对端节点（correspondent node）：也称通信节点，是与移动节点进行通信的对等体。

（3）家乡地址（home address，HA）：分配给移动节点的一个"长期有效"的固定 IPv4 地址。它属于移动节点的家乡链路，不随移动节点位置的变化而变化。它可以由移动节点静态指定，或者由家乡代理动态分配给移动节点。

（4）家乡网络（home network，HN）：移动节点的家乡地址所在的网络。

（5）外地网络（foreign network）：除移动节点的家乡网络外的任何其他网络。

（6）转交地址（care-of address，CoA）：也称关照地址，是当移动节点不在家乡网络时，移动节点被赋予的、用以反映移动节点当前所在链路位置的临时IP 地址。转交地址具有以下特征：转交地址与移动节点当前所在链路相关；当移动节点切换链路时，转交地址也随之改变；送往转交地址的报文可以通过正常路由机制到达移动节点；当移动节点与其对端节点通信时，转交地址一般不作为报文的源 IP 地址使用。移动 IPv4 协议可以使用两种不同类型的转交地址，分别是外地代理转交地址和配置转交地址。

（7）外地代理转交地址（foreign agent care-of address）：移动节点所注册的外地代理的地址，这个外地代理必须至少有一个端口连接移动节点所在的外地链路。外地代理转交地址可以是外地代理的任意一个 IPv4 地址，只要通过这个地址可以正常与家乡代理通信即可。因此，外地代理转交地址的网络前缀并不一定与外地链路的网络前缀相同，多个移动节点可以共用一个外地代理转交地址。

（8）配置转交地址（co-located care-of address）：移动节点从外地链路获得的当地地址，移动节点将之与自己的一个物理网络接口建立关联。配置转交地址的网络前缀必须与移动节点当前所在的外地链路的网络前缀相同。当外地链路上没有外地代理时，移动节点通常采用这种转交地址，一个配置转交地址同时只能被一个移动节点使用。

（9）移动绑定（mobile binding）：指由家乡代理负责管理的移动节点家乡地址和转交地址的关联，还包括关联的生存周期等其他信息。

2. 功能实体

除移动节点和对端节点外，移动 IPv4 还定义了两种特定的功能实体：家乡代理和外地代理。四个功能实体之间的相互关系如图 11.1 所示。

（1）家乡代理（home agent，HA）：指位于移动节点家乡链路上的路由器。当移动节点离开家乡网络时，家乡代理负责截获所有发往移动节点家乡地址的报文，并通过隧道将它们转发给移动节点，并且维护移动节点当前位置的信息。

（2）外地代理（foreign agent，FA）：也称外部代理，指位于移动节点所访问的外地网络或链路上的路由器。外地代理为注册的移动节点提供路由服务，它接收移动节点的家乡代理通过隧道发来的报文，进行拆封后发给移动节点。对于移动节点发出的报文，外地代理提供普通路由器的服务。

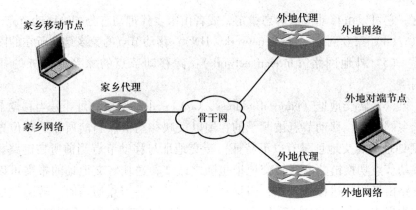

图 11.1　移动 IPv4 的功能实体

具有家乡代理或外地代理功能，或者兼有二者功能的主机称为"移动代理"（mobile agent），通常是由路由器充当的。如果一个网络上具有移动代理，则称这个网络是"支持移动的"。

11.2.2　移动 IPv4 的工作原理

移动 IPv4 必须确保在对当前的路由协议体系完全透明的前提下实现移动 IPv4 的漫游服务功能。移动 IPv4 的工作过程涉及代理发现、注册、建立隧道以及分组路由等关键环节，具体细节如下。

（1）家乡代理和外地代理周期性地组播或广播一条被称为代理通告（agent advertisement）的消息来宣告自己的存在。

（2）移动节点周期性地接收到代理通告消息，检查其中的内容以确定自己是连在家乡链路还是外地链路上。当它连接在家乡链路上时，移动节点就可以像固定节点一样工作，不再利用移动 IPv4 的功能；如果移动节点发现它连接在外地链路上，则启用移动 IPv4 的功能。

（3）连接在外地链路上的移动节点需要一个代表它当前所在位置的转交地址，这个地址可以是外地代理转交地址或者配置转交地址中的任意一种。通常，移动节点可以从外地代理所广播的代理通告消息中得到外地代理转交地址。如果收不到外地代理的通告消息，移动节点就使用配置转交地址。配置转交地址可以通过一个常规的 IPv4 地址配置过程得到，比如用 DHCP 动态配置或者手工静态配置来完成。

（4）移动节点向家乡代理注册自己已经获得的转交地址，在注册过程中，如果链路上有外地代理，移动节点就向外地代理请求服务，外地代理再将注册包中继给家乡代理。为保障网络通信的安全性，注册消息需要进行认证处理。

（5）如果注册成功，将建立一条用于转交报文的隧道，该隧道的入口是移动节点的家乡代理，出口是移动节点的转交地址。

（6）对端节点发给移动节点家乡地址的报文被家乡代理通过地址解析协议（ARP）代理得到，并根据移动节点注册到家乡代理上的转交地址，通过隧道将这些报文传送给移动节点。

（7）移动节点发给对端节点的报文，采用家乡地址作为源地址，使用外地网络上的路由器作为默认的路由器直接发送到对端节点。

以上步骤简明地阐述了移动节点如何获得透明位置服务的完整过程。在这个过程当中，家乡代理和外地代理实现了相当关键的代理转发功能。事实上，在处理过程中，还有一些问题是值得讨论。

11.2.3 移动 IPv4 的代理发现

代理发现机制对于移动 IPv4 的功能实现至关重要，移动节点利用代理发现机制主要完成三个功能：一是判断自己当前连在家乡链路上还是外地链路上；二是检测自身是否切换了链路；三是当连在外地链路上时，得到一个转交地址。代理发现的基本过程如图 11.2 所示，移动节点通过被动获取或者主动请求来得到移动代理通告的代理通告信息，实现移动检测和转交地址的获取。

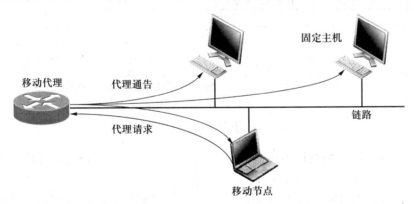

图 11.2　移动 IPv4 的代理发现过程

1. 代理发现报文

代理发现过程需要在移动节点和移动代理之间交换代理来发现报文，报文由两种消息类型构成。第一种消息是由移动代理周期性地向外广播的代理通告消息，用来告知自己的存在。当一个节点在一条链路上被配置成家乡代理或外地代理时，它就在该链路上广播或组播代理通告消息，任意连到该链路上的移动节点可以由此判断该链路上是否有代理存在。第二种消息是由移动节点向外广播的代理请求（agent solicitation）消息，用来主动发现移动代理。这个消息的唯一目的就是当家乡代理或外地代理接收到这条消息时，必须立刻响应一条代理通告消息。在移动节点快速切换链路时，移动代理发送代理通告消息的频率相比链路的切换速度而言就显得太慢，这时主动发现机制就非常有用了。

代理通告和代理请求的报文格式与 ICMP 报文中的路由器发现（router discovery）消息及路由器请求（router solicitation）消息非常相似。事实上，移动 IP 就是利用了这两个消息的格式，但对它们进行了一定的扩展。

代理请求消息的格式如图 11.3 所示，其中省略了 IP 报文的头部字段。为与别的 ICMP 消息相区分，代理请求消息的类型域取值为 10，编码域取值为 0。

类型	编码	校验和
保留		

图 11.3　代理请求消息的格式

代理通告消息的格式如图 11.4 所示。其中各主要域的定义如下。

类型	编码	校验和
地址数目	地址表项大小	生存周期
路由器地址		
优先级		
...		
类型	长度	序列号
注册生存周期	R B H F M G r T　保留	
0或多个转交地址		

图 11.4　代理通告消息的格式

（1）IP 头部被移动节点用来判定它是连接在家乡链路还是外地链路上。

（2）类型域取值为 9。

（3）编码域取值为 16 或 0。当家乡代理或外地代理将编码域的值设为 16 时，表示移动代理不处理普通路由，这时要求移动代理必须能将移动节点发送的数据转发给一台默认普通路由器。当编码域的值设为 0 时，表示移动代理可以处理普通路由，即允许链路上的其他节点将它们作为路由器，移动代理通常把编码域的值设为 0。

（4）校验和域用来检测接收到的报文是否有错。

（5）生存周期域表明代理发送广播的频率，RFC 3344 建议以生存周期的 1/3 为周期发送代理通告消息，这个值主要用于移动检测过程。

（6）地址数目域和地址表项大小域分别表明列出的路由器地址/优先级

（router address/preference level）对的数目，以及每对包含多少字节。对于 IP 地址，地址宽度等于 8，其中地址占 4 B 优先级占 4 B。

如果该报文的总长度比根据地址数和地址宽度计算出的值要大，那么接收到的报文的其他部分就被认为是扩展部分。如果其中有一个扩展部分为移动代理通告扩展，那么接收到的这个报文就是代理通告消息，否则接收的报文就是普通的 ICMP 路由器通告消息。

地址数、地址宽度、路由器地址和优先级等都与路由紧密相关。代理通告消息中可以包含移动代理和其他更多路由器的地址。外地代理为了减少自己的负担或不愿意充当移动节点发送数据时的默认路由器，可能将自己地址的优先级设得比别的地址优先级低，减少充当默认路由器的可能。

如图 11.4 所示，在移动代理通告扩展部分，各个主要域的定义与功能如下。

（1）类型域值为 16。

（2）长度域给出该扩展域的字节数，不包括类型域和长度域本身。

（3）序列号域在代理重启时被复位成 0，之后每发送一个代理通告消息序列号加 1。

（4）注册生存周期域表示每个注册请求的有效时间段，以秒为单位。

（5）强制注册标志位 R 置位时强制移动节点必须向该代理注册。

（6）代理忙标志位 B 置位时表示该代理不能接受新节点的注册请求。对家乡代理而言，它应始终准备为新移动节点服务。而外地代理则可能因负担太重而无法为新节点服务，但它必须继续发送代理通告消息，表示自己工作正常，并给出网络前缀信息。

（7）家乡代理标志位 H 置位时表示该代理在发送此通告的链路上充当家乡代理。

（8）外地代理标志位 F 置位时表示该代理在发送此通告的链路上充当外地代理。

（9）最小封装标志位 M 置位时表示代理进行隧道封装时采用最小封装技术。

（10）GRE 封装标志位 G 置位时表示代理进行隧道封装时采用通用路由封装技术。

（11）转交地址域列出外地代理的一个或多个转交地址。如果 F 置位，则此域必须包含至少一个转交地址。

此外，在移动代理通告扩展后面可以添加前缀长度扩展域，这个域是可选的。前缀长度扩展部分指出该代理通告中路由器地址部分所列出的各个路由器地址的网络前缀长度，但它不暗示转交地址的网络前缀长度。因为外地代理只需要有一个端口连在移动节点所在外地链路上，因此，外地代理转交地址的网络前缀与移动节点所在链路的网络前缀不一定一致。

2. 代理发现的实现

移动节点时刻被动监听或主动请求链路上的代理通告消息，以此获得自己的位置。假设移动节点所在链路上存在至少一个代理，那么移动节点可以通过两种方法进行移动检测，一种利用代理通告消息中的生存周期域进行检测，一种利用代理通告消息的网络前缀进行检测。

移动检测的第一种方法利用代理通告消息中 ICMP 路由器广播部分的生存周期域，该域告诉移动节点，每过多长时间它就可以从同一个代理那里收到一个广播。由于通告消息有可能丢失，特别是在较容易出错的无线链路上，因此家乡代理和外地代理发送广播的时间间隔不能设置得过长，一般需要比生存周期域中标示的快三倍。如果一个移动节点注册到一个外地代理上了，但在生存周期域规定的时间内却没有收到来自那个代理的广播，那么移动节点就可以认为它已移动到另一链路上了，或原来的移动代理出现了故障。这时，移动节点必须向下一个发来代理通告消息的外地代理注册。如果没有收到任何广播，它就必须及时发送一个代理请求消息来主动获得该链路上移动代理的信息。

移动检测的第二种方法是利用代理通告消息中的网络前缀长度扩展。假设移动节点已在某条链路上的一个外地代理注册，并记录了该外地代理所发出的代理通告消息。此时，移动节点又收到了来自另一个外地代理的代理通告消息，即来自另一个源 IP 地址的代理通告消息。由于在同一条链路上可能有多个外地代理，移动节点必须通过比较两个通告消息的网络前缀来判定它们是否来自同一条链路。如果是，就不必再向新的外地代理注册了；如果不是，移动节点就肯定改变了位置，因此需要向在新链路上的外地代理进行注册。

11.2.4　移动 IPv4 的注册

注册是指移动节点在代理发现过程之后通知其家乡代理它当前的移动绑定，并要求家乡代理将发送到其家乡地址上的报文转发给它。移动 IPv4 的注册具有非常重要的作用，主要实现五大功能：一是移动节点可以通过注册得到外地链路上的外地代理的路由服务；二是移动节点可以通知家乡代理它的转交地址；三是可以使一个要过期的注册重新生效；四是移动节点回到家乡链路上时需注销；五是当移动节点没有配置静态家乡地址时，可以由家乡代理动态分配一个家乡地址给移动节点。

1. 注册报文

注册需要通过在移动节点和家乡代理之间交换相应的注册报文来实现。移动 IPv4 的注册报文由注册请求和注册应答两种消息组成，注册报文被封装在用户数据报协议（UDP）的净荷中进行传送，它由一个短的定长部分加上一个或多个变长的扩展部分构成。

封装一个注册请求消息时，对 IP 头部的主要操作就是填写正确的源 IP 地址和目标 IP 地址。如果通过外地代理进行注册，目标 IP 地址填写外地代理的 IP 地址；如果直接向家乡代理进行注册，目标 IP 地址填写家乡代理的地址。由于移动节点可能拥有多个网络接口，注册请求中的源 IP 地址为移动节点发送该消息的网络接口的 IP 地址，这可能是一个可用的家乡地址或者一个配置转交地址。

注册请求消息的格式如图 11.5 所示，其中省略了 IP 头部和 UDP 头部字段。其中各主要域的定义如下。

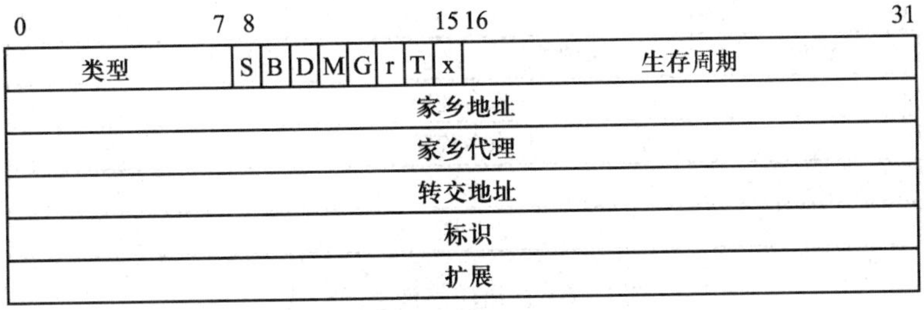

0	7 8	15 16	31
类型	S B D M G r T x	生存周期	
家乡地址			
家乡代理			
转交地址			
标识			
扩展			

图 11.5　注册请求消息的格式

（1）类型域取值为 1，表示为注册请求消息。

（2）标志位 G、M 位的意义与代理通告消息中的 G、M 位相同。

（3）标志位 S 置位时表示移动节点希望家乡代理在接受此注册绑定的同时，保留原有绑定。

（4）标志位 B 置位时表示移动节点希望家乡代理为它转发所有家乡链路上的通告消息。

（5）标志位 D 置位时表示移动节点将自己解封从隧道中出来的 IP 分组，这时移动节点使用的是配置转交地址。

（6）生存周期域表示移动节点希望它的一次成功注册能保证家乡代理中的绑定表项存在多长时间（以秒计）。如果移动节点用外地代理转交地址进行注册，其生存周期应与外地代理通告消息中的注册生存周期一致。当生存周期的值为 0 时，表示移动节点希望注销一个转交地址，而生存周期为 0xFFFF 表示希望此转交地址的绑定永远有效。

（7）转交地址域表示移动节点需要对哪个转交地址进行注册或注销。当移动节点回到家乡链路，想注销绑定表项中的所有转交地址时，需要发送注册请求消息来完成注销，该消息中转交地址域的值是移动节点的家乡地址，相应的生存周期域置为 0。

（8）标识域有两个目的。第一个目的是使移动节点可以将注册应答和相应的注册请求对应起来，使移动节点可以判断所有注册请求中的哪一个被接受了或被拒绝了。第二个目的是防止有人将移动节点的某个注册请求消息存下来，之后又送回一个伪造的注册应答。标识域的唯一性以及移动家乡认证扩展域共同确保了注册的安全性。

此外，移动IP允许定义任何有用的扩展，并将它们包含在注册请求和注册应答消息中。

注册应答消息的格式如图11.6所示。各主要域中与注册请求消息定义不同的部分如下。

0   7 8   15 16   31
类型	编码	生存周期
家乡地址
家乡代理
标识
扩展

图 11.6 注册应答消息的格式

（1）类型域取值为3，表示为注册应答消息。

（2）编码域告诉移动节点它的注册是被接受了还是被拒绝了，并且表明被拒绝的原因。最常见的注册失败原因有未通过家乡代理认证、家乡代理并不支持注册请求消息的格式或者不支持移动节点所要求的移动服务功能等。

（3）生存周期域通知移动节点它的注册在失效前到底能生存多少时间。移动节点需要在失效前重新发送注册请求消息，以维持家乡代理上的绑定表项。

移动IPv4定义了三种认证扩展，格式均如图11.7所示，区别在于类型域取值不同。在任何注册请求和应答消息中都必须包含一个移动节点家乡代理认证扩展，用来保证注册报文的可靠性，使得注册报文不会在传输过程中被篡改，其类型域取值为32。如果移动节点和外地代理之间存在一个移动性安全关联，则在注册报文中还应包含一个移动节点外地代理认证扩展，类型域取值为33。如果外地代理和家乡代理之间存在移动性安全关联，则在注册报文中还应包含一个外地代理家乡代理认证扩展，类型域取值为34。

0   7 8   15 16   31
类型	长度	SPI
SPI	认证值

图 11.7 移动IPv4认证扩展格式

移动 IPv4 要求移动节点、外地代理和家乡代理必须支持移动 IPv4 实体间的移动性安全关联，该关联由实体的安全参数索引（SPI）和 IP 地址进行索引。其中，移动节点的 IP 地址必须是其家乡地址，SPI 表明了认证使用的算法和模式，默认的认证加密算法是 MD5。注册报文中所要保护的数据域，依次为注册报文的定长部分、认证扩展前的其他扩展部分以及认证扩展中的类型、长度、安全参数索引域。

2. 注册的实现

注册过程包括移动节点和家乡代理之间注册请求和注册应答消息的交互，可能还会涉及一个外地代理。移动节点在外地链路上时，可以直接向家乡代理发送注册请求。如果外地链路存在外地代理，那么移动节点也可以选择通过外地代理完成注册过程。这时，移动节点发送注册请求到外地代理，外地代理处理注册请求，然后把它转发给家乡代理。家乡代理发送注册应答到外地代理，同意或拒绝这个请求。外地代理处理注册应答，并把处理的结果告诉移动节点。

完整的注册过程涉及各功能实体对注册报文的处理，包括移动节点及家乡代理对 ARP 包的处理、外地代理对注册请求的处理、家乡代理对注册请求的处理、外地代理对注册应答的处理、移动节点对注册应答的处理这五个部分。

1）移动节点及家乡代理对 ARP 包的处理

在家乡链路上时，移动节点像固定节点一样工作。在外地链路上时，移动节点得到转交地址，然后向家乡代理进行注册。在注册成功后，移动节点必须禁止处理任何有关它的家乡地址的 ARP 请求，而家乡代理将在其所连接的所有链路上以移动节点的身份广播主动 ARP，并为移动节点的家乡地址进行 ARP 代理操作，在 ARP 包中给出的数据链路层地址是家乡代理自己的数据链路层地址。这样，家乡代理就能截获所有发往移动节点家乡地址的 IP 分组，然后通过隧道把这些分组转交给移动节点。当移动节点从外地链路返回家乡链路后，在向家乡代理注销前，移动节点将重新启动自己的 ARP 功能，广播主动 ARP 并进行 ARP 应答。注销成功后，家乡代理将不再为移动节点提供 ARP 代理服务。

2）外地代理对注册请求的处理

外地代理接收到注册请求后，要对它进行一系列有效性检查。如果其中有一项检查失败，外地代理就向移动节点发送一条注册应答报文，拒绝这次注册请求，注册应答的代码域给出了拒绝的原因。如果外地代理同意接受移动节点的注册请求，它就更新来访移动节点列表，并将该报文转发给移动节点的家乡代理。外地代理要将注册请求报文的 IP 头和 UDP 头完全剥去，再加上新的 IP、UDP 头后才送给家乡代理。新报文的目标 IP 地址从注册请求报文的家乡代理域中得到，源 IP 地址则为外地代理上发送这个分组的端口的 IP 地址。在中继注册请求报文前,外地代理要记录下一些信息,用于向移动节点发送注册应答,以及在注册成功后为移动节点路由 IP 分组。外地代理要记录的信息包括源数据链路层地址、源 IP 地址、源 UDP 端口号、家乡代理地址、标识域以及注册请求的生存周期等。

3) 家乡代理对注册请求的处理

家乡代理收到注册请求后,也会做一系列和外地代理相似的有效性检查。如果注册请求是无效的,家乡代理会向移动节点发送一条注册应答报文,其中代码域将注明注册失败的原因。在这种情况下,家乡代理并不会更新已存在的绑定表项。如果注册请求是有效的,且绑定表中没有此移动节点的绑定表项,表明这是移动节点发送的第一条注册请求报文,那么家乡代理将为该移动节点创建一条新的绑定表项,并插入到绑定表中。如果绑定表中已存在此移动节点的信息,家乡代理将根据转交地址、移动节点的家乡地址、生存周期值和 S 位等信息对移动节点的绑定表项进行更新。随后家乡代理将根据注册请求包的类型,新建、重建或撤销到移动节点转交地址的隧道。另外,家乡代理还将为该移动节点提供 ARP 代理服务。最后,家乡代理向移动节点发送注册应答,告知注册成功。注册应答消息中的源 IP 地址、目标 IP 地址、源 UDP 和目标 UDP 端口号只是将注册请求消息中的相应域按源和目标交换即可。

4) 外地代理对注册应答的处理

外地代理接收到注册应答后,将对消息进行一系列有效性检查。外地代理一旦发现应答是无效的,将产生一个包含适当代码域的注册应答,并发送给移动节点。无效的应答可能是消息格式不对,包含了未定义的扩展部分或家乡代理与外地代理认证失败。外地代理不可简单地将无效的应答中继给移动节点,其中有许多原因,最主要的原因是家乡代理应答包的代码域可能让移动节点引起误解或出错。如果外地代理接收到一条格式有错或包含未定义的扩展的应答消息,移动节点最终接收到的应答消息中的代码域应能反映这些问题。如果注册应答消息是有效的,外地代理就更新来访移动节点的列表,并将应答消息中继给移动节点。从这时开始,外地代理对通过隧道发往移动节点的包进行拆封,并对移动节点发过来的包执行默认路由器的功能。

5) 移动节点对注册应答的处理

在移动节点接收到注册应答后,移动节点就开始对应答报文进行有效性检查。如果这条应答报文是有效的,那么移动节点就检查代码域,判断这次注册被家乡代理或外地代理接受还是拒绝。如果代码域表示的是拒绝,移动节点就可以设法修正引起拒绝的错误,并重新尝试一次注册。如果代码域表示注册请求已被接受,那么移动节点就可以调整它的路由表,比如增加用于隧道虚拟接口的表项,然后就可以开始通信或继续先前的通信了。如果移动节点在规定的时间内没有收到注册应答，它就重发注册请求。根据协议的设计原则，移动节点后一次重发的时间间隔要比前一次重发时间间隔长约两倍，直到重发时间间隔达到预先设定的最大值，或者重发次数超过了预先设定的最大值为止。

11. 2. 5　移动 IPv4 中的分组路由

注册过程完成了移动节点与移动代理之间的移动绑定，接下来要解决的问题就是移动节点与对端节点之间报文的转发，即分组路由问题。根据移动节点所处位置的不同，报文转发有两种路由方式，分别是在家乡链路上的路由方式和在外地链路上的路由方式。移动 IPv4 的关键是要解决移动节点在外地链路时的分组路由问题，包括分组的接收与发送。

1. 接收分组的路由处理

就分组的接收而言，当移动节点离开家乡链路后，它的家乡代理把发往移动节点的所有分组转发到移动节点的当前位置。这种情况下要在通信节点与移动节点之间建立直接的 IP 路由存在很多困难，分组的收发一般需要通过隧道机制来实现。家乡代理可以使用代理 ARP 或其他有效方法截获发往移动节点的 IP 分组。对于每个截获的分组，家乡代理使用隧道技术把它们发送到移动节点的当前转交地址。

通常有三种隧道技术可供选择，分别是 IPIP 封装（IP encapsulation within IP）、最小封装（minimal encapsulation within IP）和通用路由封装（generic route encapsulation，GRE）。移动 IPv4 的实现必须支持 IPIP 封装，另两项隧道技术可选。一般来说，GRE 在无线网络中使用较多，比如 WiMAX 网络通常使用 GRE 隧道，而最小封装在实际应用中使用较少。

IPIP 封装是将一个 IP 分组放在一个新 IP 分组的净荷中，从而构成一个 IPIP 隧道分组。在新的 IP 包头中需要设置版本号、源、目标地址、报头长度、校验和、标识、生存周期、协议类型等信息。外层 IP 头的源地址和目标地址就是隧道的入口点和出口点，协议类型域设为 4，表示净荷本身也是 IP 包。外层包的生存周期需要设置得足够长，以便 IPIP 包能穿过隧道。如果 IP 包是被转发过来的，那么隧道入口主机应将内层包头的生存周期域减 1。相似地，在隧道出口被拆封后，如果内部封装的 IP 包还要进行转发，那么它的生存周期也要减 1。因此，采用 IPIP 封装的隧道对穿过它的报文来说就像一条虚拟链路，穿过这条链路，原报文头的生存周期通常会被减 2。

最小封装技术在 RFC 2004 中定义，它的目的是减少实现隧道所需的额外字节数，可通过将 IPIP 封装中内层 IP 包头和外层 IP 包头的冗余部分去掉来完成。最小封装与 IPIP 封装相比可以节省一些字节（一般为 8 B），但它不能处理经过分片的报文。另外，在隧道内的每一台路由器上，原始包的生存周期的值都会减少，这使得家乡代理在采用最小封装时，移动节点不可到达的概率增大。以上技术缺陷使得移动IPv4通常不使用这项技术，如果想减少整个报文的长度，可以用专门的包压缩技术来实现。通用路由封装这项技术允许采用一种协议的报文封装在采用另一种协议的报文的净荷中，这与IPIP封装和最小封装不同，它们都要求采用IP协议。

2. 发送分组的路由处理

就分组的发送而言，当移动节点在外地链路上时，它必须依赖某种方法来确定报文转发出去的路由器。如果移动节点是通过外地代理注册，代理通告消息里的相关信息为移动节点提供了两种选择路由器的方法。第一种方法是选择外地代理作为默认路由器，它由代理周期发送的代理通告消息中的源IP地址指明。它要求外地代理必须有能力为移动节点产生的报文提供路由服务。第二种方法是选择在代理通告中，路由器地址域中出现的任何路由器。

当移动节点在外地链路注册了一个配置转交地址，并无须向外地代理注册时，它也有两种方法选择缺省路由器。如果链路上有一台路由器发送了ICMP路由器通告消息，那么移动节点就可以将通告消息中路由器地址域所列出的任何地址作为路由器的地址。如果没有路由器通告消息，那么移动节点依靠它得到配置转交地址的方法来获得路由器的地址，比如通过DHCP应答包得到的默认路由器地址。

11.3　移动IPv4切换技术

在移动IPv4中，切换是指移动节点与通信节点之间的通信链路从当前接入点转移到新的接入点的过程。切换过程完成之前移动节点与对端节点之间的通信将会被短暂中断，因此尽可能地降低切换过程带来的延迟和丢包率对移动IPv4而言至关重要。

11.3.1　移动IPv4切换概述

依据切换发生的情境，移动IPv4切换可以分为二层切换与三层切换。

1. 二层切换

当移动节点由一个网络接入点改接到另一个网络接入点（可能同属一个子网，也可能分属不同子网）时，首先需要进行数据链路层的切换。这一层的切换过程是由各个子网所使用的底层通信技术决定的。当移动节点离开旧的二层接入点或移动到新的二层接入点时，发生链路层切换。在此过程中，各功能实体通过发送信号来通知一些二层事件，这被称为二层切换触发，二层触发用于在二层切换前后通知第三层特定的事件。

2. 三层切换

当移动节点判断出自己已经移动到新的外地子网时，首先从外地子网获得转交地址，并发送注册请求向家乡代理注册新的转交地址。家乡代理收到注册请求后给移动节点发送注册应答，这样就完成了一次新的注册过程。之后，家乡代理开始将目的地址为移动节点的 IP 分组通过隧道发送到移动节点的当前位置，隧道的出口即为新的转交地址，从而完成了一次完整的切换。

11.3.2 移动 IPv4 切换的问题

在移动 IPv4 的切换过程中产生的问题通常包括切换延迟、分组丢失和乱序分组，因而需要采用各种切换优化技术来减少切换延迟或降低分组丢包率。

1. 切换延迟

切换延迟主要分为二层延迟和三层延迟。二层切换发生时，移动节点从旧接入点接入到新接入点，需要与新接入点建立连接，之后与旧接入点断开连接。二层延迟主要是指此过程中产生的延迟。三层切换发生时，移动节点要从旧外地代理接入到新外地代理，此过程分为如下几步。

（1）移动检测过程中，移动节点根据代理广播消息来判断自己所在的链路，信息检测时间及代理通告消息的发送时间形成了移动检测延迟。

（2）转交地址获取过程中，会产生转交地址延迟。

（3）代理注册过程中，移动节点会向新外地代理发送注册请求消息，在外地代理确认无误后，会请求消息发给移动节点的家乡代理。此时，家乡代理收到有效的注册请求消息，更新移动节点的相应绑定表项，最终完成了移动节点发送注册应答。此过程如果家乡链路和外地链路相距较远，将产生明显的注册延迟。

2. 分组丢失

两层切换开始后，移动节点就与旧外地代理断开连接，此时无法从新外地代理接收到 IP 分组，同时移动节点没有更新转交地址，所以通信节点仍向移动节点旧的转交地址发送 IP 分组，这就导致了这些 IP 分组的丢失。可以看出，分组丢失的多少与切换延迟是有直接关系。如果切换延迟很短，那么分组丢失就会很少；反之，分组丢失就会增加。

由以上原因来分析解决分组丢失问题的方法。首先，缩短切换延迟可以有效减少分组丢失。其次，如果转发移动节点 IP 分组的旧外地代理能够对所转发的分组进行缓存，则当发生切换时，旧外地代理就可以自动将缓存中的 IP 分组重发到新的转交地址，这也同样可以减少分组的丢失。

3. 乱序分组

乱序分组通常产生在蜂窝重叠情况下，如果移动节点收到来自新外地代理的第一个报文时，移动节点已经接收到了来自旧外地代理报文，则不会产生乱序分组的问题。而若移动节点接收到第一个来自新外地代理的报文时，移动节点还在继续接收来自旧外地代理报文，则会产生分组乱序问题。

11.3.3　移动 IPv4 低延迟切换技术

为了减轻移动 IPv4 切换过程带来的传送时延和分组丢失情况，提出了各种低延迟和低损失切换（也称平滑切换）技术作为改进方案，同时具备低延迟和低损失两种切换技术优点的切换技术被称为无缝切换技术。

低延迟切换技术主要目的是使移动节点在切换过程中通信连接中断的时间达到最小，而注册切换技术是低延迟切换技术最重要的部分。在移动 IPv4 基础上提出的低延迟切换技术，包括三种注册切换方法：预注册（pre-registration）切换、过后注册（post-registration）切换和联合切换，其中联合切换是前两种切换方法的综合。

1. 预注册切换技术

预注册切换方案中允许移动节点预先准备 IP 层切换，在二层切换完成前使移动节点在网络的帮助下进行三层切换。三层切换可以是网络发起的，也可以是由移动节点发起的。因此，移动节点和外地代理同时使用二层触发器来进行三层切换事件触发。预注册方案与二层移动相结合有助于实现外地代理之间的无缝切换。

在预注册切换方法中，当移动节点当前处于外地网络时，在发生切换之前就先与新外地网络中的外地代理进行通信，在新的外地代理上建立它的注册状态，加快切换处理过程。

2. 过后注册切换技术

过后注册切换方案也是移动 IPv4 的扩展方案。旧外地代理和新外地代理利用两层触发器在它们之间建立一条双向隧道，因此移动节点切换到新外地代理的子网时仍然能和旧外地代理保持通信。通过此方法实现在新的接入点快速建立服务，可以大幅减少对实时业务的影响。在与新外地代理建立二层通信之后，移动节点必须执行正式的移动 IPv4 注册，但是此注册可以根据移动节点和外地代理的需要而推迟执行。

　　基本操作过程如下。当移动节点和旧外地代理之间成功地完成移动 IP 地址的注册后，外地代理成为移动节点的"锚点"，也称为锚点外地代理（anchor foreign agent）。当移动节点又移动到一个新的外地网络时，移动节点可以推迟三层切换而继续使用其原有的锚点外地代理，如果移动节点没有完成向新外地代理的注册就移动到了第三个外地代理所在的网络，则第三个外地代理可以与锚点外地代理进行信令交互，使双向边隧道移到第三个外地代理，当移动节点在外地网络上完成注册的操作后，锚点外地代理发出的双向边隧道将被拆除。

3. 联合切换技术

　　联合低延迟切换方案同时运用预注册和过后注册两种低延迟切换技术。

　　如果是在移动节点的二层切换完成之前，预注册已经切换成功，那么联合切换方法就等价于预注册切换。如果在外地代理定时器超时之前，预注册还没有完成，那么直接使用过后注册切换。过后注册切换使移动节点不会由于链路出错而产生延迟或预注册切换消息丢失。启动过后注册的触发条件是外地代理定时器超时，即旧外地代理的定时器是在源触发后启动，而新外地代理的定时器将在目的触发后启动，或在移动发起的情况下启动。旧外地代理在接收到移动节点发送的注册请求消息后将会启动。外地代理的定时器复位是在接收到相应的注册回应消息并发送给移动节点之后。

11.4　移动 IPv6 技术原理

　　2004 年 6 月，IETF 公布了 RFC 3775，作为移动 IPv6 的建议标准，它定义了移动 IPv6（mobile IP version 6，MIPv6）的规范，解决了移动 IPv4 在 IP 地址、路由优化、安全性、扩展性等方面的问题。与移动 IPv4 一样，移动 IPv6 对于 IP 层以上的协议层是完全透明的，这使得移动 IPv6 节点在不同子网间移动时，运行在该节点上的应用程序无须修改或配置仍然可用。移动 IPv6 的主要目标就是使得移动节点总是通过家乡地址寻址，不管是连接在家乡链路还是移动到外地网络。

11.4.1　移动 IPv6 的术语

　　移动 IPv6 从移动 IPv4 中借鉴了许多概念和术语，例如 IPv6 中的移动节点、对端节点、家乡代理、家乡地址、转交地址、家乡链路和外地链路等概念和移动 IPv4 中的相应概念几乎一样，但两者还是有差别的，具体比较如表 11.1 所示。

表 11.1 移动 IP 术语比较

移动 IPv4	移动 IPv6
移动节点、家乡代理、家乡链路、外地链路	相同
移动节点的家乡地址	全球可路由的家乡地址和链路-局部地址
外地代理、外地转交地址	外地链路上的一个"纯"IPv6 路由器，没有外地代理，只有配置转交地址
配置转交地址，通过代理搜索、DHCP 或手工得到转交地址	通过主动地址自动配置、DHCP 或手工得到转交地址
代理搜索	路由器搜索
向家乡代理的经过认证的注册	向家乡代理和其他通信节点的带认证的通知
到移动节点的数据传送采用隧道	到移动节点的数据传送可采用隧道和源路由

11.4.2 移动 IPv6 的移动检测

移动 IPv6 与移动 IPv4 协议比较明显的区别之一在于它们的代理发现或移动检测机制不同，移动 IPv6 利用 IPv6 邻居发现协议（neighbor discovery protocol，NDP）来实现代理发现和移动检测。邻居发现协议是 IPv6 协议的一个基本的组成部分，其主要功能包括寻找同一链路邻居的链路地址和寻找能为其转发包的路由器。当移动节点移动至一个新路由器服务的无线传输范围时，移动 IPv6 节点通过邻居发现协议来检测新路由器的存在和原路由器的不可达。

为了更好地实现移动检测，移动 IPv6 对邻居发现协议作了以下扩充。

（1）更改路由器通告报文格式。移动 IPv6 在路由器通告消息中添加了一个单独的标记位，用来表示发送通告消息的路由器是该链路上的家乡代理。

（2）更改前缀信息选项格式。作为动态家乡代理地址发现的一部分，移动 IPv6 在构建家乡代理列表时需要路由器的全局地址。然而，邻居发现机制要求将路由器的链路本地地址作为每一个路由器通告的 IP 源地址。这样，邻居通告实际上只通告了链路本地地址。移动 IPv6 在路由器通告消息所使用的前缀信息选项中添加了相应标记位，使得邻居发现允许路由器通告其全局地址。

（3）新的通告时间间隔选项。该选项用于通告发送路由器在发送非请求组播路由器通告时的时间间隔。通告时间间隔的含义是路由器在该网口上发送相连的两个非请求路由器通告消息之间的最长时间。

（4）新的家乡代理信息选项。该选项用于通告一个家乡代理的信息，包括家乡代理的优先级和家乡代理的生存周期。

（5）对发送路由器通告的更改。改变邻居发现协议规范规定的路由器生成通告的频率，以及时地提供移动节点的移动检测。

利用扩充后的 IPv6 邻居发现协议，移动节点实现移动检测的主要方式有以下几种。

（1）邻居通告和路由器通告。

移动节点发送邻居请求消息来请求邻居的链路层地址，以验证它先前所获得并保存在缓存中的邻居链路层地址的可达性，或者验证它自己的地址在本地链路上是否是唯一的。移动节点在收到邻居请求消息时或者链路地址改变时，应发送邻居通告消息告知自己的链路层地址。

节点可以请求路由器立即发送其路由通告消息。路由器周期性发送路由器通告消息，用来提高其可用性，配置的链路和因特网参数包含网络地址前缀、建议的跳限值及本地链路最大传输单元，也包含指明节点应使用的自动配置类型的标志等。

（2）移动前缀通告和路由器通告。

移动节点离开家乡网络移动时，家乡代理发送移动前缀通告消息至移动节点，用来分发家乡链路的前缀信息，为响应移动前缀请求发送移动前缀通告消息。同时需要注意，如果发送该通告消息是为了响应一个移动前缀请求消息，则家乡代理必须从该 ICMPv6 移动前缀请求消息复制标识值至通告的标识字段。

移动节点发生移动后，首先发生二层切换，这时移动 IPv6 仍不能发现节点已经发生移动，直到接收到第一个带有移动 IPv6 标识的新路由器通告消息。路由器通告消息中携带的网络前缀信息和现有的网络接口中的前缀信息进行比较，发现两者不同，则证明移动节点已经发生移动。

11.4.3 移动 IPv6 的工作原理

无论移动节点在家乡链路还是在外地链路，总是通过家乡地址来寻址移动节点。当移动节点在家乡时，可以使用通常的路由机制来对发往移动节点的报文进行路由。由于移动节点的子网前缀是移动节点家乡链路的子网前缀，所以发往移动节点的报文将被路由到它的家乡链路。

当一个移动节点连接在外地链路时，它可以通过一个或多个转交地址或它的家乡地址来寻址。转交地址是当移动节点访问外地链路时获得的一个 IPv6 地址，此地址的子网前缀是移动节点所访问的外地链路的子网前缀。如果移动节点使用此转交地址连接该外地链路，那么发往这个转交地址的报文将被直接路由到在这个外地链路上的移动节点。

当移动节点离开家乡链路时，它要向家乡链路上的一个路由器注册自己的一个转交地址，并要求这个路由器作为自己的家乡代理。注册时，移动节点向家乡代理发送绑定更新消息，然后家乡代理要为移动节点返回绑定确认消息。移动节点把绑定更新消息中的转交地址向家乡代理注册，这个被注册的转交地址称为移动节点的主转交地址。移动节点的家乡代理在家乡链路上，利用代理邻居发现协议来为移动节点截获发往移动节点的报文，并且把每个报文通过隧道传送到移动节点的主转交地址。为了通过隧道传送截获的报文，家乡代理利用 IPv6 封装协议来封装报文，IPv6 封装的外部报头的目的地址是移动节点的主转交地址。

移动节点可以同时使用多于一个的转交地址。移动节点的主转交地址必须是唯一的，因为家乡代理只为每个移动节点维护一个转交地址，并且通常都是把报文通过隧道传送到移动节点的主转交地址。这样家乡代理使用隧道传送报文时就不必采取任何策略来决定要利用哪个转交地址作为隧道的出口，而把这项功能留给移动节点去完成。

11.4.4 移动 IPv6 与移动 IPv4 的比较

相对于移动 IPv4 技术，移动 IPv6 的优势非常明显，这些优势主要体现在以下四个方面。

1. 内嵌的安全机制

虽然两种 IP 标准目前都支持 IP 安全协议（IPSec），而且在今天的移动 IPv4 网络中已经使用了 IP 安全协议，但是移动 IPv6 将安全作为标准的有机组成部分，安全的部署是在更加协调、统一的层次上，而不是像 IPv4 那样通过叠加的解决方案来实现安全。通过移动 IPv6 中的 IP 安全协议可以对 IP 层上的通信提供加密、授权等功能。

2. 地址的自动配置

移动 IPv6 中主机地址的配置方法要比移动 IPv4 多，任何主机 IPv6 的地址配置包括无状态自动配置、全状态自动配置（DHCPv6）和静态地址。这意味着在移动 IPv6 环境中的编址方式能够实现更加有效的自我管理，使得移动、增加和更改都更加容易，并且显著降低了网络管理的成本。IPv6 地址的自动配置还简化了移动节点转交地址的分配。

3. 更好的移动性

移动 IPv6 实现了完整的 IP 层的移动性，特别是面对移动终端数量剧增，只有移动 IPv6 才能为每个设备分配一个永久的全球 IP 地址，由于移动 IPv6 很容易扩展、有能力处理大规模移动性要求，所以它将能解决全球范围的网络和各种接入技术之间的移动性问题。

4. 结构简单，易于部署

由于每个 IPv6 的主机都必须具备通信节点的功能，当与运行移动 IPv6 的主机通信时，每个 IPv6 主机都可以执行路由的优化，从而避免三角路由问题。另外，与移动 IPv4 不同的是，移动 IPv6 中不再需要外地代理。

11.5　移动 IPv6 切换技术

在移动 IPv6 中，当移动节点或网络检测到移动发生时，发起移动 IPv6 切换。切换过程包括移动接入的链路切换（即链路层切换）和注册（即网络层切换）两个步骤。一般来说，移动节点只有在这两部分工作都完成后才能进行通信，而这种固有的顺序性，使得网络层切换具有固有的延迟。目前，主要有三种典型的切换方案，它们分别是标准移动 IPv6（MIPv6）、快速移动 IPv6（fast MIPv6）和层次化移动 IPv6（hierarchical MIPv6）。

11.5.1　MIPv6 切换技术

如图 11.8 所示，一个完整的 MIPv6 的切换过程如下。

（1）移动节点或网络检测到移动节点移动的发生，即发生链路层切换。

（2）链路层切换完成后，移动节点利用已知的信息，通过地址配置机制或 DHCP 在新的接入网络中获取其转交地址，然后在链路上进行重复地址检测。

（3）移动节点利用转交地址，通过其默认路由器向家乡链路上的家乡代理和通信对端发送绑定更新消息申请注册，注册之前需要先完成认证与授权过程。如果不知道家乡代理的 IPv6 地址，移动节点还必须先发起一个动态家乡代理发现过程来获取家乡代理的地址及相关信息。

（4）家乡代理和通信对端向移动节点发送绑定更新确认消息，移动节点在接收到家乡代理发送的绑定更新确认后，切换操作即完成。

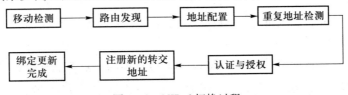

图 11.8　MIPv6 切换过程

尽管 MIPv6 在性能方面优于 MIPv4，但在标准移动 IPv6 切换过程中仍然存在以下一些问题。

（1）较长的移动检测时延。在移动 IPv6 的切换中，首先要进行移动检测，之后要执行路由发现、地址配置、和地址重复检测等过程，在确定地址后，还要进行认证预授权。这样，当不利用任何提示信息并且移动节点没有数据需要发送的时候，移动检测过程通常需要很长的时间。

（2）重复地址检测时延。这是 MIPv6 切换延迟中需要时间最长的一个阶段。对于 MIPv6，当移动检测判断出要发生三层切换时，移动节点就需要配置新的转交地址以和其他节点进行通信。此时，无论移动节点是根据无状态的自动配置还是依据有状态方式来获取新转交地址，都需要在使用该地址之前进行重复地址的检测，以此来保证不出现地址冲突。重复地址检测过程是利用邻居请求（neighbor solicitation）和邻居通告（neighbor advertisement）报文来进行的。可见，重复地址检测虽然减小了地址冲突的可能，但同时该机制的引入也增加了整个的通信时延。

11.5.2　FMIPv6 切换技术

针对 MIPv6 中存在的诸多问题，FMIPv6 切换提出了相应的改进办法。FMIPv6 主要是对移动节点与新接入路由器之间的通信进行了优化，解决移动节点检测到新链路后如何发送分组，以及当新接入路由器检测到移动节点后是如何给移动节点发送分组的问题。

1. FMIPv6 的相关术语

FMIPv6 切换对 MIPv6 网络的结构进行了一定的扩展，引入了一些新的功能实体和术语。

（1）接入点（access point，AP）：指连接至 IP 子网的二层设备，此设备提供了至移动节点的无线连接。

（2）原接入路由器（previous access router，pAR）：移动节点在切换之前的默认路由器。

（3）新接入路由器（new access router，nAR）：移动节点在切换之后的默认路由器。

（4）原转交地址（previous CoA，pCoA）：移动节点在前接入路由器上有效的转交地址。

（5）新转交地址（new CoA，nCoA）：移动节点在新接入路由器上有效的转交地址。

（6）分配地址（assigned address）：一种新转交地址的特定配置类型，其中新接入路由器为移动节点分配 IPv6 地址。

同时，FMIPv6 在移动 IPv6 基础上增加了一些新的消息类型。

（1）代理路由器通告（proxy router advertisement，PrRtAdv）：指由原接入路由器发送至移动节点的消息，此消息也可作为网络发起切换的触发器。

（2）路由器请求代理通告（router solicitation for proxy advertisement，RtSolPr）：由移动节点发送至原接入路由器的消息，该消息可确认潜在的切换的信息。

（3）快速邻居通告（fast neighbor advertisement，FNA）：由移动节点发送至新接入路由器的消息，该消息通知移动节点的接入。当移动节点没有收到快速绑定确认消息时，该消息也可以用于确认新转交地址的使用。

（4）快速绑定更新（fast binding update，FBU）：来自移动节点的消息，移动节点通知它的原接入路由器对其流量进行重定向，即将流量重新指向新接入路由器。

（5）快速绑定确认（fast binding acknowledge，FBack）：来自原接入路由器，目的是响应快速绑定更新的消息。

（6）切换发起消息（handover initiate，HI）：由原接入路由器发送至新接入路由器的关于移动节点切换的消息。

（7）切换确认（handover acknowledge，Hack）：由新接入路由器发送到原接入路由器来响应切换发起消息的消息。

2. FMIPv6 的基本思想

在 FMIPv6 中，移动节点通过发送快速邻居通告消息来宣告它的存在。如果移动节点需要与家乡代理或相关的通信节点进行绑定更新，就可以利用新接入路由器和原接入路由器之间的隧道来接收和发送分组。当移动节点接入新的子网时，一定要获取新的子网前缀，按此机制提前进行移动检测与重复地址检测，这样移动节点进入新子网后就可以用新转交地址作为源地址在上行链路上进行发送分组了。

而在下行方向，当新接入路由器要发送分组到移动节点时，原本需要执行邻居发现机制来检测移动节点是否存在和确定其链路层地址，而使用前面提到的快速邻居通告消息令移动节点主动发送通告消息，可减小这一过程的延迟。

3. FMIPv6 的工作原理

FMIPv6 允许移动节点在原接入路由器时就可获得新的子网前缀的信息，这样就可以预先产生新转交地址，减少 MIPv6 中移动节点切换后再通过一系列操作配置转交地址的时延。同时 FMIPv6 要求移动节点获得新转交地址后在新旧接入路由器之间建立一条隧道，这样当移动节点发生切换时仍然可以接收到通信节点发送的分组。该分组将由原接入路由器截获并通过隧道来转发给新接入路由器。当新接入路由器未收到移动节点的通告时就先缓存这一分组，等到移动节点发出通告确认它移动到此接入路由器时，新接入路由器才将分组转发给移动节点的新转交地址。其具体切换过程如图 11.9 所示。

(1) 当移动节点由于二层触发而进入新网络时，会发出一个路由器请求代理消息给原接入路由器。原接入路由器收到后会发出一个切换发起消息给新接入路由器。

(2) 当新接入路由器收到切换发起消息后，便发送一个切换确认消息给原接入路由器，并把移动节点的新转交地址告诉给原接入路由器。

(3) 作为对路由器请求代理消息的回应，原接入路由器回送一个代理路由器通告消息给移动节点，移动节点在收到此消息后就可得到自己在新网络上的转交地址。

(4) 同时，在移动节点收到原接入路由器发送过来的代理路由器通告时，会向原接入路由器发出一个快速绑定更新消息（FBU）。

(5) 原接入路由器收到 FBU 后，建立一个原接入路由器和新接入路由器之间的隧道，再回应一个快速绑定确认消息（FBack）给移动节点和原接入路由器所在的网络，同时还要通过隧道发送到新接入路由器所在网络。

(6) 当移动节点达到新的网络，且已与新的网络建立其二层连接后，移动节点会发出一条快速邻居通告消息（FNA），新接入路由器此时就可以向移动节点转发数据分组。

(7) 至此，移动节点和新接入路由器之间就可以进行报文的传送了。

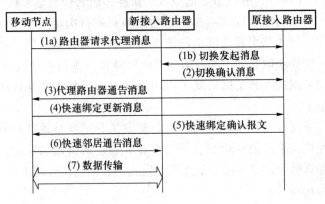

图 11.9 FMIPv6 切换过程

4. 小结

FMIPv6 使移动节点可以预先产生在发起切换后才能得到的转交地址，这样减少了移动节点移动后与转交地址配置相关的时延；同时新旧路由器之间隧道的建立，也降低了因为切换而产生的数据丢失。

相对于 MIPv6 协议，FMIPv6 的主要改进体现在以下两个方面：① 引入链路层触发器，减少移动检测时延；② 通过隧道转发和缓存机制，使移动节点在完成绑定更新过程之前，仍能使用旧转交地址收发报文。

但是，FMIPv6 仍然存在以下一些问题。

（1）如移动节点的注册信令开销仍然比较大。在每一次的 FMIPv6 切换汇总都存在移动节点向家乡地址和通信节点的注册过程，如果移动节点在短时间内在网络间频繁切换，移动节点的注册将产生大量的信令开销。

（2）如果移动节点在两个接入路由器之间快速运动，也会造成 FMIPv6 性能的恶化。

（3）可能出现一次切换尚未完成，移动节点却回到了原来的接入路由器区域的情况。此时原接入路由器和新接入路由器都无法正常工作，最终会导致数据的丢失。

11.5.3　HMIPv6 切换技术

为了解决移动 IPv6 所造成的大量控制信令在网络中传输的问题，并缩短在绑定更新过程造成的切换延迟，一种改进方法是对不同性质的切换分别对待，以减少信令的开销，人们提出了移动节点切换注册本地化的思路。如果让移动节点的切换只在某个区域内发生，就不需要每一次都通过家乡代理在相关通信节点处进行切换，这就是层次型移动 IPv6 切换技术工作的基本思路。

1. HMIPv6 的相关术语

相对于 MIPv6，HMIPv6 中定义了一个新的功能实体和两个新的地址概念。

（1）移动锚点（mobility anchor point，MAP）：可以是 HMIPv6 网络中任何一个层次路由器，主要负责处理移动节点在本地域内的移动。

（2）MAP 域转交地址（MAP care-of-address，MCoA）：指移动节点从访问网络中获得的一个地址，本地转交地址是移动锚点所在子网中的地址，因此移动节点在收到移动锚点时可以自动配置这个地址。

（3）链路转交地址（link care-of-address，LCoA）：指移动节点以其默认的路由器所通告的前缀为基础，而在相应接口上配置的链路转交地址。

HMIPv6 将特定区域划分为同一个管理域进行统一管理，同时将此区域中的路由器按照层次化的构建方法进行设置。当发生域内移动时，移动节点只需向移动锚点发送相应的绑定更新来实施本地注册即可。这种方法不仅避免了移动节点在同一域内因移动所引发的对家乡代理及相关通信节点绑定的更新过程，缩短了注册所消耗的时间，同时还降低了移动节点与家乡代理及相关通信节点之间的信令。

HMIPv6 技术降低切换时延的主要思路如下。首先，当移动节点发送绑定更新至本地移动锚点时，只是在本地实现的一种绑定，而非家乡代理或通信节点，此操作可以大大减少家乡代理和通信节点的注册负担，起到优化的作用。其次，在来自家乡代理和所有通信节点的确定新位置前，移动节点只需传送一个绑定更新消息，而无须考虑移动节点的通信节点数量和其他细节，这样减少了移动节点注册等待的时间，减少了切换时延。最后，在移动 IPv6 中引入分级移动管理模式，可以实现在对移动 IPv6 和其他 IPv6 协议影响最小的情况下，增强移动 IPv6 的性能。

HMIPv6 可以与 MIPv6 快速切换协议配合，两者并不冲突。FMIPv6 的机制使得移动节点在使用 MIPv6 路由优化时，可以相对通信节点和家乡代理隐藏自己的位置。同样，层次移动 IPv6 的实现与底层接入技术无关，此机制支持移动节点在不同类型的接入网之间进行移动。

2. HMIPv6 的工作原理

在 HMIPv6 中，移动锚点实际是执行"本地"家乡代理的功能，是将移动节点的区域转交地址和链路交地址进行绑定，因此，在引入移动锚点后，HMIPv6 的切换过程分为两种不同的情况：区域内的移动和跨区域的移动，也称为微移动和宏移动。

（1）移动节点在同一个移动锚点域内运动，即微移动。在此情况下，移动节点只需向移动锚点注册新的链路转交地址，区域转交地址并不改变，因此就不需要对家乡地址和通信节点进行重新绑定。需要注意是，移动节点可能向与其位于相同链路的通信节点发送包含其链路转交地址的绑定更新消息，这个过程将直接通过路由而不经过移动锚点，如图 11.10 所示。

（2）移动节点在不同移动锚点域内移动，即宏移动。移动节点移动至新的移动锚点域时，通过无状态方法构成区域转交地址。由基于移动锚点选项中的前缀构成区域转交地址，移动节点发送本地绑定更新消息至移动锚点，消息中设置了 A 和 M 标记。在区域绑定更新消息的家乡地址选项中包含了移动节点的区域转交地址，使用链路转交地址作为绑定更新消息的源地址。该绑定更新消息将移动节点的区域转交地址与其链路转交地址进行绑定。然后移动锚点如同一个家乡代理，将在其链路上针对移动节点区域转交地址执行重复地址检测，并返回一个绑定确认消息至移动节点。

在向移动锚点注册之后，移动节点必须通过发送绑定更新消息向其家乡代

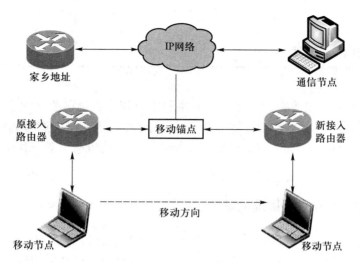

图 11.10　HMIPv6 网络拓扑

理注册新的区域转交地址，这在移动 IPv6 中指定了本地转交地址和家乡地址之间的绑定。该绑定消息家乡地址选项中使用移动节点的家乡地址，在源地址字段中使用区域转交地址作为转交。移动节点也发送相同的绑定更新消息至其当前的通信对端节点。为了加快移动锚点之间的切换并减少报文的丢失，移动节点应该发送一个区域绑定更新至其前移动锚点，以指定移动节点新的链路转交地址。

　　为了使移动锚点能将收到发送至移动节点区域转交地址的报文，在移动节点和移动锚点之间建立双向隧道。移动节点所发送的所有报文都将通过隧道传送至移动锚点，其外层报头在源地址字段中包含移动节点的链路转交地址，在目的地地址字段中包含移动锚点的地址。内层报头在源地址字段中包含移动节点的本地转交地址，在目的地地址字段中包含通信对端地址。同样所有发送至移动节点区域转交地址的报文都将被移动锚点截获，并通过隧道传送至移动节点的链路转交地址。

3. 小结

　　在 HMIPv6 模型中，引入移动锚点减少了移动节点与当前区域以外节点的信令交互，它可以支持 MIPv6 的快速切换，帮助节点实现无缝移动。总的来说，此方案能够降低移动节点与外地切换的时延和切换过程中的丢包现象，同时也较好地解决了移动节点在相邻子网间的来回移动问题。同时，HMIPv6 的另一个优势是，它只引入了一个类似本地的家乡代理的移动锚点节点，并没有引入更多的附加机制，和其他方案具有很好的兼容性。

11.6　移动 IP 组播

移动 IP 组播就是将 IP 组播技术和移动 IP（包括移动 IPv4 与移动 IPv6）技术相结合，解决在移动环境中 IP 组播的问题。但是，如何将两者进行有效的结合，使之能为移动节点提供高效、稳定、可行的组播服务，是十分值得研究的问题。

11.6.1　移动 IP 组播组管理的缺陷

在移动 IP 组播中，移动 IP 的局部任务仍然保持不变，还是负责组成员管理和局部报文投递。但是，在移动环境下，直接应用互联网组管理协议（internet group management protocol，IGMP）会产生一些问题。

（1）占用过多的带宽。由于在移动 IP 组播中一些移动节点和移动代理之间使用点到点链路，直接应用 IGMP，移动代理就需要在每条链路上周期性地发出查询并等待应答，这显然是不必要的。如果在共享介质网络中，会使每个组最多只有一个应答报文发送，其他同组的应答报文将会受到抑制，从而节省了带宽。而在点到点链路上，只有一个节点与移动代理相连，不存在抑制其他同组的应答报文的问题，因此体现不出周期性查询的优越性，反而因周期性查询而占用了大量的带宽。

（2）存在离开延时（leave latency）问题。离开延时问题是指当移动代理在连续几次访问中都无法检测到某一组应答，就认为局域网上不存在该组成员。而在这期间，即使所有节点都退出所在的组，还会有报文发送给网络，直到移动代理从组列表中删去该组，造成网络资源的浪费。

（3）节点无法进入休眠状态。当移动节点加入某一组后，移动节点必须随时准备响应移动代理的查询报文，从而使它不能进入休眠状态，造成了电力浪费。

11.6.2　移动 IP 组播路由

当移动节点在家乡网络上时，发送和接收组播报文的路由原理与固定节点一样，但如果节点在外地网络上就有差别了。

如图 11.11 所示，外地网络上的移动节点作为组播源，移动组播路由协议在为组播报文选择路由时，要用到报文的源地址，且要求源地址拓扑正确，即报文源地址的网络前缀必须与生成报文所在网络的网络地址一致。如果移动节点组播报文源地址使用其主地址，则组播路由器无法识别，将丢弃该报文。对此，可以使用转发地址作为组播报文的源地址，并使用隧道技术。

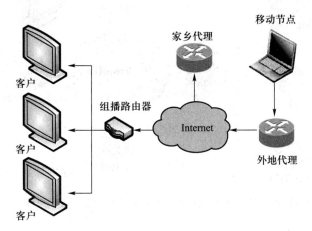

图 11.11   移动 IP 组播 (移动节点为源)

　　移动节点对报文进行封装：内层是正常的组播 IP 报文，原地址为移动节点的家乡地址；外层 IP 报文源地址是移动节点的转发地址，目的地址是移动节点的家乡代理地址。当报文通过隧道方式传送给家乡代理后，家乡代理解开外层报文，然后同处理正常组播报文一样投递内层报文，就好像报文是在主网络上生成的一样。这种方法中家乡代理承担了组播路由器的任务，因此家乡代理成为整个路由的中间节点，可能会引起三角路由问题。

　　当移动节点接收组播报文时，为了接收报文，移动节点要以一种适当的方式通知组播路由器需加入某一组，组播路由器也要能够找到移动节点的当前位置。可以采用以下三种方式来实现对移动节点当前位置的搜索。

1. 家乡代理路由

　　在该方案中，家乡代理同时也是组播路由器，负责为移动节点进行组播路由。当移动节点位于外地网络时，与家乡代理建立一条双向的隧道，移动节点通过该隧道向家乡代理发送组成员信息，家乡代理同样也通过该隧道向移动节点发送组播报文。这种方法的优点是与现有网络有较高的互操作性，只要对移动节点和家乡代理做少量的修改就可以支持组播。但是这种方式不能高效使用网络资源，不仅存在三角路由问题，而且当外地网络上有多个移动节点加入同一组时，这些移动节点与各自家乡代理之间建立了不同的隧道，组播报文分别经过这些隧道到达各自移动节点，会造成资源的严重浪费，如图 11.12 所示。

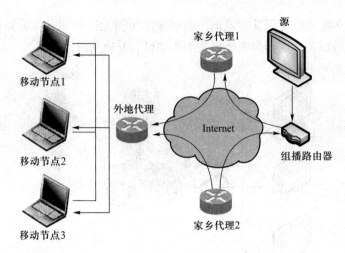

图 11.12   移动 IP 组播中的家乡代理路由（移动节点为客户）

2. 外地代理路由

在外地代理路由中，组成员信息的搜索以及组播报文的投递完全由外地代理承担。与家乡代理路由方式相比，由于省去了家乡代理这个中间环节，因此不存在三角路由问题，也避免了报文的多次重复复制，节省了网络开销，同时由于组成员信息的搜集是在本地进行的，因而组成员管理的开销也可以大大降低。

但是由于组播会占用较多的网络资源，并且该方式要求所有的外地网络都必须能够提供组播服务，因而这种方式会使组播的应用范围受到限制。

3. 组合路由

组合路由是家乡代理路由和外地代理路由两种方式的混合。外地代理收集组成员信息并与家乡代理之间为各组建立唯一的一个隧道，组播报文首先发给家乡代理，经隧道到达外地代理，最终投递到移动节点。对某一组而言，当第一个移动节点提出加入申请时，外地代理通知为其服务的家乡代理建立隧道，随后加入的移动节点，不管为它们服务的家乡代理是否与第一个相同，都可利用此隧道接收组播报文。若建立隧道的家乡代理所服务的移动节点都退出了所在的组，此家乡代理通知外地代理拆掉该隧道，重新选择家乡代理建立隧道。该方案的效率比家乡代理而言，效率更高，但仍存在三角路由问题；同时由于需要管理动态隧道，因而管理开销很大。

11.6.3   移动 IP 组播切换

与单播环境相似，移动 IP 组播的切换过程可分为两个阶段：移动检测阶段和重新注册阶段。切换完成后，移动节点就可以在新的外地网络中正确接收报文。而原来的外地网络中组播树的树枝则会因为移动节点移动到外地网络出现超时，进而被删除；或者原来的外地网络中的组播路由器具有主动发现功能，则路由器主动发现移动节点已经离开网络，因而主动删除组播树中的树枝。

如图 11.13 所示，当移动节点由家乡网络移动到外地网络 1 时，移动节点通过外地网络 1 中的组播路由器 1 发送加入组播组的请求，最终建立从家乡网络的汇集路由器到组播路由器 3、组播路由器 1，再到移动节点的组播树（如图 11.13 中的实线①所示）。当外地网络节点向移动节点发送报文时，外地网络节点先将报文发给移动节点所对应的家乡汇集路由器，再通过组播树转发给移动节点。而移动节点发送给外地网络节点的报文则是采用正常 IP 路由。

如果移动节点从外地网络 1 移动到外地网络 2，它向外地网络 2 中的组播路由器 2 发起请求加入组播组的加入消息。当加入消息到达组播路由器 3 时，在原有的组播树上增加一根树枝，新的数据将会沿着这根新的树枝到达移动节点（如图 11.13 中虚线②所示），切换过程即告结束。

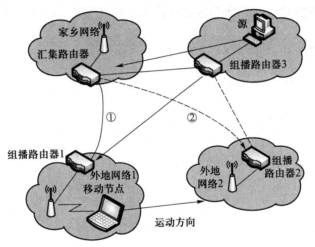

图 11.13　移动 IP 组播切换

在切换过程中，影响切换性能的因素主要有移动检测时延、重新注册时延和切换引起的丢包三个。在传统的移动 IP 中，切换时延等于自移动节点离开原有的网络开始，到移动节点从新的网络向达家乡代理路由器发起注册请求为止的这段时间。若在移动环境下采用组播方式进行通信，则切换的时延就等于自移动节点离开原先的网络开始，到移动节点发起的加入消息到达交叉组播路由器的这段时间。

思考题

1. 移动 IPv4 的主要功能实体有哪些？

2. 在移动 IPv4 中，代理发现对后续的注册和分组路由阶段有什么意义和作用？

3. 移动 IPv4 的两种低延迟切换技术分别针对哪些环节做了优化和改进？

4. IPv6 邻居发现协议对移动 IPv6 技术有什么重要意义？

5. 在一个完整的 FMIPv6 切换过程中，新接入路由器与原接入路由器之间要交换哪些信息？

6. 在 HMIPv6 中，如何识别一个切换过程是微移动还是宏移动？

7. 将 HMIPv6 中的移动锚点与 FMIPv6 中的新接入路由器相比较，它们的作用和功能有哪些异同点？

8. 移动 IPv6 的两种快速切换技术能够应用到移动 IP 组播的切换机制中吗？为什么？

9. 移动 IPv4 的组播切换机制与单播切换机制有什么主要不同？

在线测试 11

参 考 文 献

[1] RAPPAPORT T S. 无线通信原理与应用. 蔡涛, 译. 北京: 电子工业出版社, 1999.

[2] 施晓秋. 计算机网络. 3 版. 北京: 高等教育出版社, 2018.

[3] 樊昌信, 曹丽娜. 通信原理. 6 版. 北京: 国防工业出版社, 2006.

[4] STALLINGS W. 无线通信与网络. 何军, 等译. 北京: 清华大学出版社, 2005.

[5] 谢希仁. 计算机网络. 4 版. 北京: 电子工业出版社, 2003.

[6] 朱刚, 谈振辉, 周贤伟. 蓝牙技术原理与协议. 北京: 北方交通大学出版社, 2002.

[7] 方旭明, 何蓉. 短距离无线与移动通信网络. 北京: 人民邮电出版社, 2004.

[8] CISCO SYSTEMS, CISCO NETWORKING ACADEMY PROGRAM. 思科网络技术学院教程——无线局域网基础, 刘忠庆, 郭立军, 张晓峰, 译. 北京: 人民邮电出版社, 2005.

[9] 张振川. 无线局域网技术与协议. 沈阳: 东北大学出版社, 2003.

[10] RAPPAPORT T S. 无线通信原理与应用. 2 版. 北京: 电子工业出版社, 2009.

[11] 何希才, 卢孟夏. 现代蜂窝移动通信系统. 北京: 科学出版社, 1999.

[12] 韦惠民, 李白萍. 蜂窝移动通信技术. 西安: 西安电子科技大学出版社, 2002.

[13] 韦惠民, 李国民, 暴宇. 移动通信技术. 北京: 人民邮电出版社, 2006.

[14] 韩斌杰, 杜新颜, 张建斌. GSM 原理及其网络优化. 2 版. 北京: 机械工业出版社, 2009.

[15] 窦中兆, 雷湘. CDMA 无线通信原理. 北京: 清华大学出版社, 2004.

[16] BERNI A, GREGG W. ON THE UTILITY OF CHIRP MODULATION FOR

DIGITAL SIGNALING. IEEE TRANSACTIONS ON COMMUNICATIONS, 1973, 21 (6): 748 - 751.

[17] KAM B P . MACA - a new channel access method for packet radio// Computer Networking Conference on Arrl/crrl Amateur Radio, 1990: 134-140.

[18] BHARGHAVAN V, DEMERS A, SHENKER S, et al. MACAW: a media access protocol for wireless LAN's// Conference on Communications Architectures. ACM, 1994: 212-225.

[19] HAAS Z J, DENG J . Dual busy tone multiple access (DBTMA) -a multiple access control scheme for ad hoc networks [J]. IEEE Transactions on Communications, 2002, 50 (6): 975-985.

[20] PERKINS C E, Bhagwat P . Highly dynamic Destination-Sequenced Distance-Vector routing (DSDV) for mobile computers [J]. Acm Sigcomm Computer Communication Review, 1994, 24 (4): 234-244.

[21] JOHNSON D B, MALTZ D A. Dynamic Source Routing in Ad Hoc Wireless Networks. Mobile Computing, 1996, 353: 153-181.

[22] 孙利民. 无线传感器网络. 北京: 清华大学出版社, 2005.

[23] WEI Y, HEIDEMANN J, ESTRIN D. An energy-efficient MAC protocol for wireless sensor networks// Proceedings of INFOCOM, 2002, 1567-1576.

[24] POLASTRE J, HILL J, CULLER D. Versatile low power media access for wireless sensor networks. the Proceedings of SenSys, 2004, Baltimore, MD, USA, 2004.

[25] POLASTRE J, HILL J L, CULLER D E . Versatile low power media access for sensor networks// Proceedings of the 2nd International Conference on Embedded Networked Sensor Systems, SenSys 2004, Baltimore, MD, USA, November 3-5, 2004. ACM, 2004.

[26] INTANAGONWIWAT C, GOVINDAN R, ESTRIN D. Directed Diffusion: A Scalable and Robust Communication Paradigm for Sensor Networks//Proceedings of the MobiCOM 2000, August 2000, Boston, Massachussetts.

[27] HEINZELMAN W R, CHANDRAKASAN A, BALAKRISHNAN H . Energy-Efficient Communication Protocol for Wireless Microsensor Networks// hicss. IEEE Computer Society, 2000.

[28] BULUSU N, HEIDEMANN J, ESTRIN D . GPS-less low-cost outdoor localization for very small devices [J]. IEEE Personal Communications, 2000, 7 (5): 28-34.

参考文献　329

[29] MADDEN S, FRANKLIN M J, HELLERSTEIN J M, et al. TAG: A Tiny AGgregation Service for Ad-hoc Sensor Networks// Symposium on Operating Systems Design & Implementation Copyright Restrictions Prevent Acm from Being Able to Make the Pdfs for This Conference Available for Downloading. 2002, 36 (SI): 131-146.

[30] TIAN, HE, BRIAN, et al. AIDA: Adaptive application-independent data aggregation in wireless sensor networks. Acm Transactions on Embedded Computing Systems, 2004, 3 (2): 426-457.